高等职业教育机电类专业系列教材

机械基础及钳工操作

主 编 过建新 陈 成

副主编 王 亚 盛 锋

西安电子科技大学出版社

内 容 简 介

本书是按照课程项目化教学方法的要求编写的，内容主要包括钳工基础知识与实践、钳工技能知识与实践、装配工艺基础与实践，每个章节均结合课题，侧重选取典型项目如鸭嘴锤头、凹凸配合件、角度凸台配合、三件组合镶配、燕尾三角组合镶配、三角 V 形组合、螺旋传动机构、曲柄滑块机构、折弯机、平口钳等作为实践内容。本书侧重于培养学生机械基础综合能力、机构加工工艺理论分析能力和独立的实践操作能力，以期最大程度地调动学生学习的主动性和积极性。

本书可作为高等职业院校和中等职业学校机械类专业的教学用书，也可供企事业单位从事机械行业及相关钳工操作的专业技术人员自学参考。

图书在版编目(CIP)数据

机械基础及钳工操作/过建新，陈成主编. —西安：西安电子科技大学出版社，2017.9
(2024.7 重印)
ISBN 978-7-5606-4683-1

Ⅰ.① 机⋯　Ⅱ.① 过⋯　② 陈⋯　Ⅲ.① 机械学—教材　② 钳工—教材
Ⅳ.① TH11　② TG6

中国版本图书馆 CIP 数据核字(2017)第 226857 号

策　　划　高 樱
责任编辑　阎 彬
出版发行　西安电子科技大学出版社(西安市太白南路 2 号)
电　　话　(029)88202421　88201467　　　邮　编：710071
网　　址　www.xduph.com　　　　　　　　电子邮箱：xdupfxb001@163.com
经　　销　新华书店
印刷单位　咸阳华盛印务有限责任公司
版　　次　2017 年 9 月第 1 版　2024 年 7 月第 5 次印刷
开　　本　787 毫米×1092 毫米　1/16　　　印　张　14.5
字　　数　341 千字
定　　价　39.00 元

ISBN 978 - 7 - 5606 - 4683 - 1
XDUP 4975001 - 5

＊ ＊ ＊ 如有印装问题可调换 ＊ ＊ ＊

前　言

机器是由部件和零件构成的。零件是机械制造中最基本的单元，因其形状、大小和功能的不同，设计中选用的材料也不相同，比如钢铁、有色金属或其他复合材料等。因此，不同零件的制造有不同的工艺要求。

机械制造工种较多，制造企业一般都配备车工、铣工、刨工、焊工、磨工、镗工、钳工和热处理等工种。其中钳工是以手工操作为主，技能要求较高的工种之一。

钳工是使用钳工工具或设备，按图纸要求对工件进行加工、装配、维护和修理的工种。钳工工作的特点是手工操作多、灵活性强、工作范围广、技术要求高。在实际生产工作中，尽管现代科技高速发展，加工设备不断更新，制造工艺加速优化，但是钳工操作从工件划线到装配，从机械维护到修理仍以手工操作为主。

我国《国家职业标准》将钳工划分为三类，即装配钳工、机修钳工和工具钳工。

(1) 装配钳工：其工作任务主要是零件制造、机械装配与调整；

(2) 机修钳工：其工作任务主要是机器安装、维护与修理；

(3) 工具钳工：其工作任务主要是工具、模具和刀具制造与维护。

钳工专业尽管有多种分类，但是其操作技能基础是一致的，主要包括划线、錾削、锯削、锉削、钻孔、锪孔、铰孔、攻螺纹与套螺纹、矫正与弯形、刮削、研磨、技术测量和简单热处理等。

本书以项目为载体，融合机械基础知识、钳工技能知识和钳工操作基础。项目设计结合专业能力要求梳理知识点，项目制作既能增强形象直观效果，又能有利于理论知识吸收与应用，体现"教中做、做中学、学练相结合"的理实一体化学习方法。

本书采用多项目编制，内容由浅入深、重点前后分化、难点循序上升，编写内容重视机械基础知识，突出项目加工工艺分析和钳工技能操作方法，适合起始学习专业知识的学生，能够帮助学生培养自主学习能力，积累操作实践经验，提高分析问题和解决问题的能力以及综合应用能力。

编　者

2017 年 4 月

目 录 1

目 录 2

第一章 钳工基础知识与实践

学习与实践要求

(1) 熟悉钳工场地,了解钳工特点。

(2) 熟悉常用工具,掌握使用方法。

(3) 了解量具结构,掌握测量识读。

(4) 熟悉钳工设备,掌握操作方法。

(5) 识读图样要求,分析加工工艺。

(6) 遵守安全规则,履行操作规程。

项目一 鸭 嘴 锤 头

一、项目学习任务书

项目名称		鸭嘴锤头	制作方法	按图纸要求钳工制作
工作任务		知 识 要 求		能 力 要 求
1	项目学习与操作准备	• 了解钳工性质,熟悉钳工特点。 • 熟悉钳工操作安全规程。 • 识读图纸,熟悉尺寸公差概念。 • 熟悉常用划线基准选择形式。 • 熟悉锯削技能知识		• 了解台虎钳结构,熟悉维护保养方法。 • 了解量具分类,熟悉适用范围。 • 熟悉划线工具,掌握划线基本方法。 • 掌握钳工操作站姿等基本要领。 • 掌握锯削操作基本要求
2	项目备料与操作实施	• 了解锉刀分类,熟悉应用选择。 • 熟悉锉削技能知识。 • 熟悉尺寸术语及定义、形位公差名称与符号。 • 了解应用量具结构和测量读值方法		• 掌握锉削操作基本要求。 • 掌握锯削和锉削结合操作基本方法。 • 熟悉平面度、平行度、垂直度锉削方法。 • 掌握角尺、游标卡尺和千分尺等量具应用方法
3	项目质量检验与总结	• 了解孔加工概念,熟悉孔加工类型。 • 了解麻花钻的组成和金属切削运动。 • 熟悉螺纹加工应用知识。 • 鸭嘴锤头加工质量分析		• 熟悉台钻结构,掌握其基本操作方法。 • 熟悉麻花钻的选择和装夹应用方法。 • 熟悉钻孔、扩孔和螺纹加工方法。
4	参考教材	• 公差配合与技术测量(机械工业出版社) • 机械制图(机械工业出版社)		

二、钳工安全操作规程

(1) 进入车间遵守纪律，不要追跑与大声喧闹。

(2) 按要求穿戴防护用品，保证操作安全。

(3) 不准擅自使用不熟悉的机床和精密仪器。

(4) 操作机床严禁戴手套，切勿用手清理切屑。

(5) 錾子头部若有毛刺应及时倒角，避免伤手。

(6) 勿用嘴吹切屑，避免切屑入眼。

(7) 工量具摆放指定位置，不能混杂堆放。

(8) 保持场地整洁与卫生，做好 5S 管理工作。

(9) 学习与实践过程中服从指导老师具体安排。

三、鸭嘴锤头加工分析

图 1-1 所示为本项目制作的鸭嘴锤头。鸭嘴锤头用 $\phi 30 \times 102$ 圆钢制作，以手工操作为主，其鸭嘴部分有斜面和圆弧相切。鸭嘴锤头制作需具备划线、锯削、锉削和孔加工等操作技能，应用的(钳工)设备、工具、量具和刀具种类较多。制作过程中需要结合和应用钳工操作技能知识、钳工工艺知识、机械识图和公差配合与技术测量等专业理论知识。

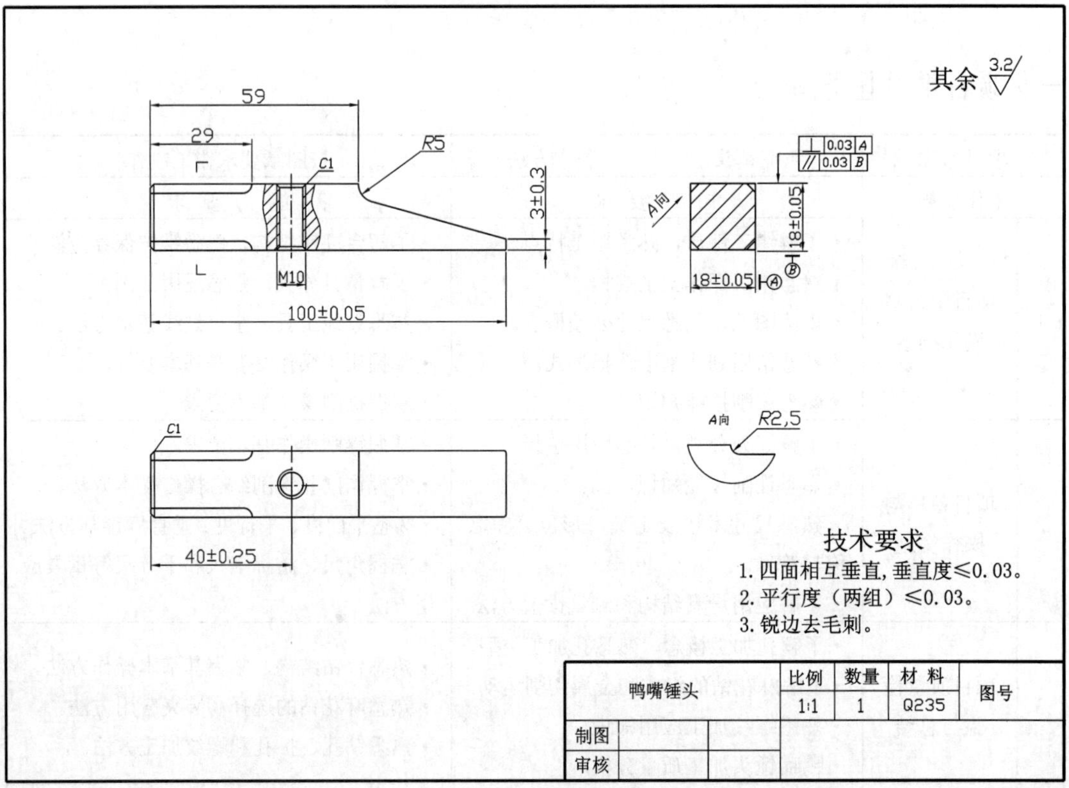

图 1-1

1. 备料

(1) 备料尺寸：圆钢$\phi30 \times 102$。

(2) 材料：Q235 碳素结构钢。Q235 是金属中碳素结构钢的一种牌号。"Q" 为钢材料屈服强度汉语拼音的首字母，"235" 代表屈服强度 ≥235 MPa。

2. 检测

测量坯料尺寸是否符合备料要求，如图 1-2 所示。所测坯料的任一尺寸小于备料要求时，要分析是其否还有加工余量，若没有加工余量则为废料。

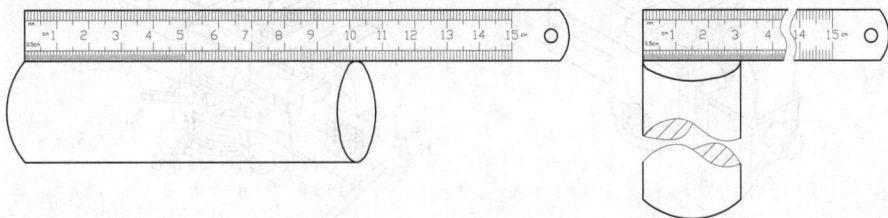

图 1-2

3. 工件夹持

将工件固定在某一夹紧设备上，以便进行锯削、锉削和孔加工等工作，这一步骤称为工件夹持。机械夹持设备种类较多，钳工常用夹持设备为台虎钳，而台虎钳一般固定在钳工台上。

相关知识　钳工台与台虎钳

1. 钳工台

钳工台也称工作台，如图 1-3 所示，台上安装台虎钳和安全网，钳工台的作用是放置钳工常用工、夹、量具，以方便操作。

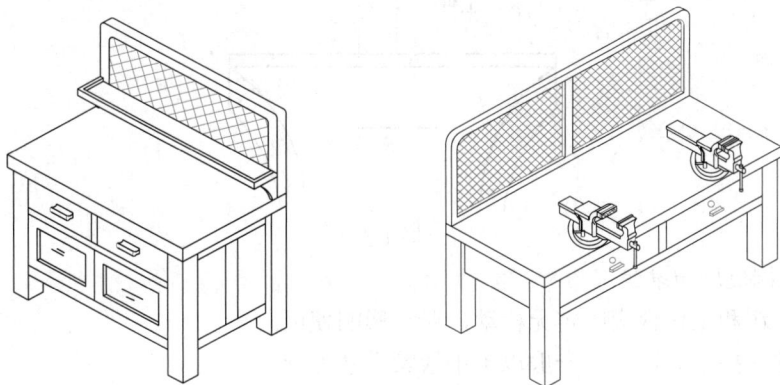

图 1-3

2．台虎钳

台虎钳是用来夹持工件的通用夹具，其尺寸规格以钳口的宽度表示，常用规格有100 mm、125 mm、150 mm 等。

台虎钳分固定式和回转式两种，分别如图 1-4(a)、(b)所示。两者结构基本相同，因回转式台虎钳比固定式台虎钳增加了一个回转底座，钳身可在底座上固定和回转，操作方便，能满足不同方位的加工需要而应用较广。

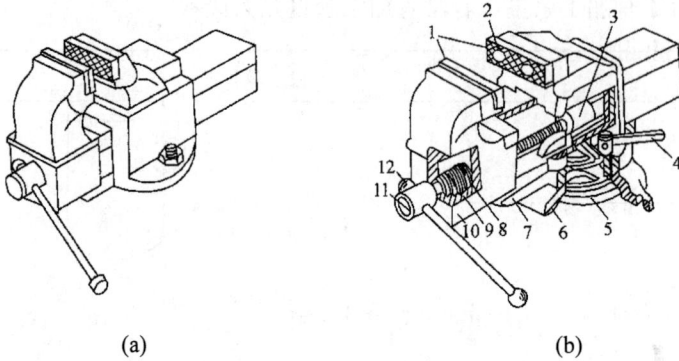

(a)   (b)

1—钳口；2—螺钉；3—螺母；4—锁紧手柄；5—夹紧盘；6—转盘座右；7—固定钳身；

8—挡圈；9—弹簧；10—活动钳身；11—丝杆；12—工作手柄

图 1-4

1) 台虎钳操作方法

(1) 逆时针转动工作手柄 12，丝杆 11 在固定螺母 3 中旋转，带着活动钳身 10 向外移动；将工件放入钳口 1 中，顺时针转动手柄 12 将工件夹紧。为方便操作可转动虎钳角度，拧松手柄 4 转动钳身 7，使虎钳处于所需位置再拧紧手柄 4。

(2) 工件夹持应安全、牢固无松动，但夹紧力不能使工件产生变形。锉削时，工件夹持一般高出钳口 20 mm 左右，避免过高而产生锉削抖动，影响锉削表面质量，夹持方法如图 1-5 所示。

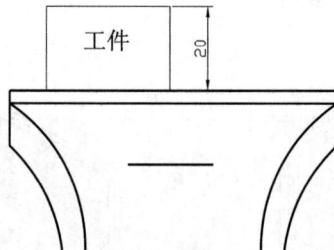

图 1-5

2) 台虎钳使用和维护

(1) 台虎钳和工作台应固定无松动，避免影响使用。

(2) 工件夹持用力适当，一般以单手扳紧手柄为准。

(3) 台虎钳上砧座可用于轻敲作业，应避免在其他部位敲击。

(4) 丝杆螺母注油润滑，以便于操作及延长使用寿命。

4. 锉削圆柱端面

锉削圆柱一端，垂直度(⊥)≤0.03，Ra3.2，如图1-6所示。

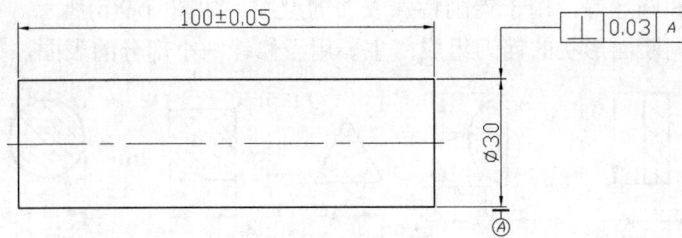

图1-6

注意：符号"⊥"表示垂直度，是公差配合中的位置公差，表示φ30端面对圆柱基准轴线垂直度在0.03的两平行平面内。

相关知识　锉削工具与平面锉削

1. 锉削工具

用锉刀对工件表面进行切削加工的方法称为锉削，其加工精度可达0.01 mm，表面糙粗度Ra0.8。锉刀是锉削加工的主要工具，用碳素工具钢(T12或T13)制成，切削部分经热处理淬火，硬度可达62HRC以上。

(1) 锉刀的结构。锉刀由锉身(工作部分)和刀柄两部分组成，如图1-7所示。锉身正反两面的刀刃为切削工作面，锉刀舌用来安装手柄。

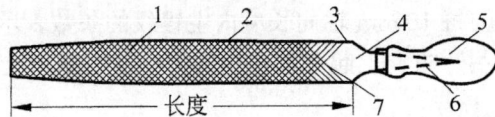

1—锉刀面；2—锉侧面；3—底齿纹；4—锉柄部分；5—锉刀柄；6—锉刀舌；7—面齿纹

图1-7

(2) 锉刀的分类。通常锉刀是按齿纹和用途分类的。

按齿纹分为单齿纹和双齿纹两种：单齿纹锉刀的锉纹按一个方向排列，全齿宽参加切削，因后角处容屑空间大和切削力大，适用于较软的铝、锡等材料，如图1-8(a)所示；双齿纹锉刀的齿纹按两个交叉方向排列，锉削时每个齿的锉痕交叉不重叠，能得到较高尺寸精度和较小表面粗糙度值，适用于较硬材料锉削，如图1-8(b)所示。

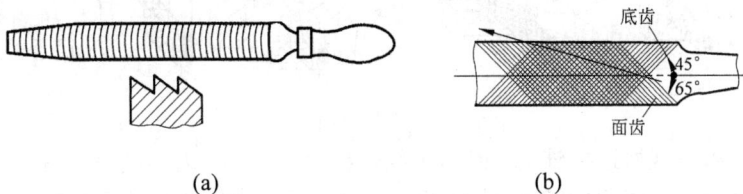

(a)　　　　　　　　　　　　(b)

图1-8

按用途分有普通钳工锉、异形锉和整形锉三种：普通钳工锉刀如图 1-9(a)所示，按其断面形状不同分平锉、半圆锉、三角锉、方锉和圆锉等；异形锉刀分刀口锉、菱形锉、扁三角锉、椭圆锉和圆锉等，用于锉削特殊表面的型腔，如图 1-9(b)所示。整形锉刀又称什锦锉，由多种不同断面形状的锉刀组成，主要用于修锉细小部分的表面，如图 1-9(c)。

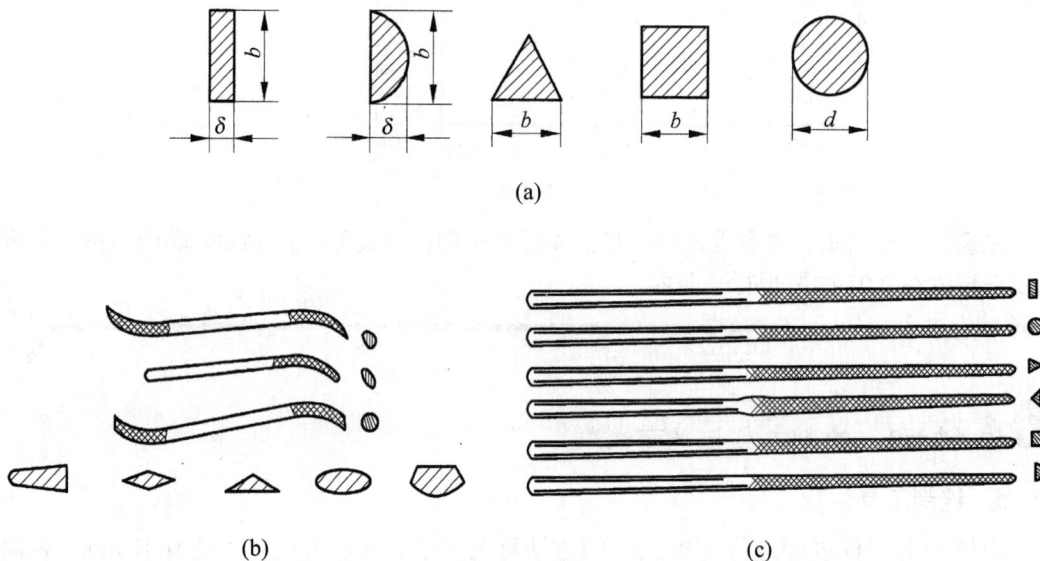

(a)

(b)   (c)

图 1-9

(3) 锉刀的规格。锉刀的规格主要有尺寸规格和齿纹粗细规格两种。

锉刀尺寸规格：圆锉以断面直径表示；方锉以方形尺寸表示；其它锉刀以锉身长度尺寸表示。常用锉刀尺寸有 100、150、200、250 和 300 mm 等。

齿纹粗细规格：以锉刀每 10 mm 轴向长度内主锉纹的条数表示，主锉纹是指锉刀上起主要刀削作用的齿纹；而另一方向上起分削作用的齿纹称辅助齿纹。

2. 锉刀的应用选择

(1) 按工件加工形状选择锉刀。如图 1-10 所示，以工件表面或内腔形状选择锉刀断面形状，以工件表面大小选择锉刀尺寸大小。

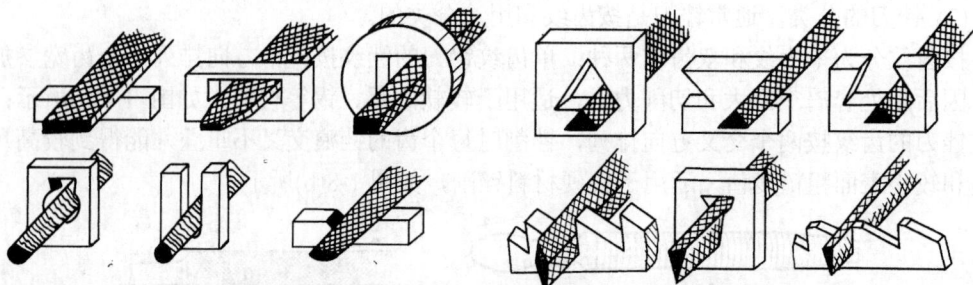

图 1-10

(2) 按齿纹粗细规格选择锉刀。锉刀齿纹规格分粗齿、中齿和细齿三种。如表 1-1 所示，粗齿纹用于粗加工，中齿纹用于半精加工，细齿纹用于精加要求较高的加工。

表 1-1 锉刀齿纹粗细规格的选择

锉 刀	适 用 场 合		
	加工余量/mm	尺寸精度/mm	表面粗糙度 Ra/μm
粗齿锉刀	>0.5	0.2~0.5	50~25
中齿锉刀	0.2~0.5	0.05~0.2	12.5~6.3
细齿锉刀	0.05~0.2	0.01~0.05	6.3~3.2

3. 锉削基本操作

(1) 锉刀握法。较大锉刀握法如图 1-11 所示,右手指伸展,掌心朝天逆时针转动 90°,锉柄端顶住掌心,大拇指放在柄的上部,其余四指满握手柄。左手用大拇指根部压在锉刀头部表面上,其余四指自然弯曲,由中指和无名指勾住锉刀前端。

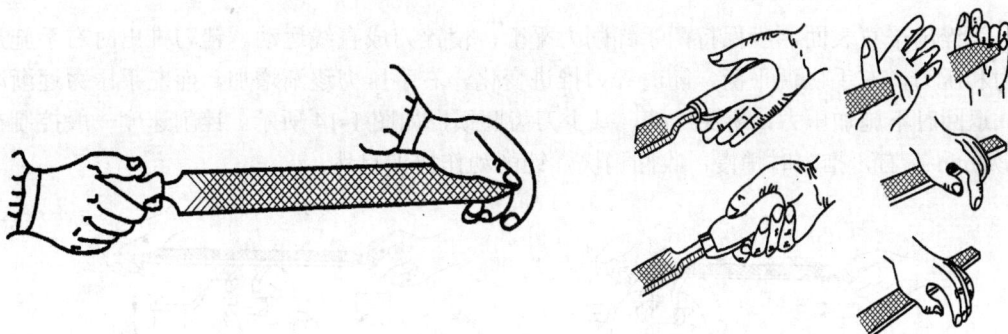

图 1-11

(2) 锉削站姿。锉削站姿是人体在锉削加工中站立的正确姿势,它对锉削质量、锉削力发挥和人的疲劳程度有一定影响。人体锉削站姿如图 1-12 所示,左脚对应台虎钳垂直线成 30°度,右脚成 75°踩在垂直线上,人体形成 45°左右,两脚分开距离约 300 mm,可根据身高等情况进行调整。锉削时右臂和锉刀成一条直线,左膝稍弯曲,站姿协调自然。

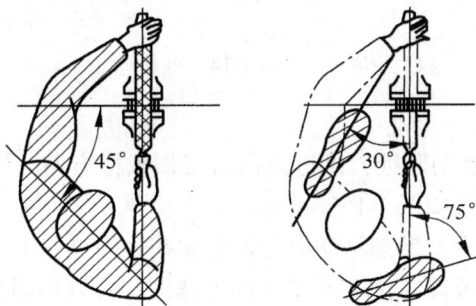

图 1-12

(3) 锉削动作。锉削起始前,身体前倾 10°,重心在左脚上,右肘尽量向后收缩;开始锉削 1/3 行程,身体逐渐前倾至 15°;其次 1/3 行程时,右肘向前推进,身体前倾到 18°;锉削最后 1/3 行程时,右肘继续向前推进,左膝随锉削运动而屈伸,身体自然收回到 15°。一次锉削结束后进行下一次锉削,往复循环,如图 1-13 所示。

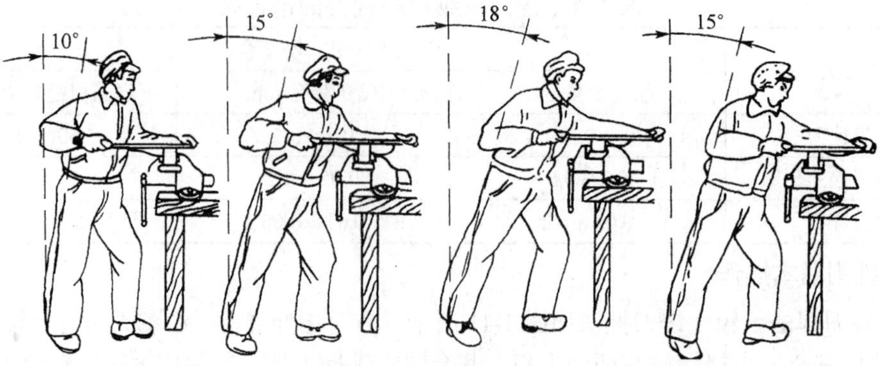

图 1-13

4．锉削力与锉削速度

为锉出平直表面，应保持两手锉削力平衡，使锉刀成直线运动。锉刀推出时右手施加推力和压力，左手协调平衡，随着锉刀推进变化，右手压力逐渐增加，而左手压力逐渐减少，退回时不施加压力，避免摩擦，减少刀齿磨损，如图 1-14 所示。锉削速度一般控制在 40 次/min 左右，推出时稍慢，收回稍快，锉削动作协调自然。

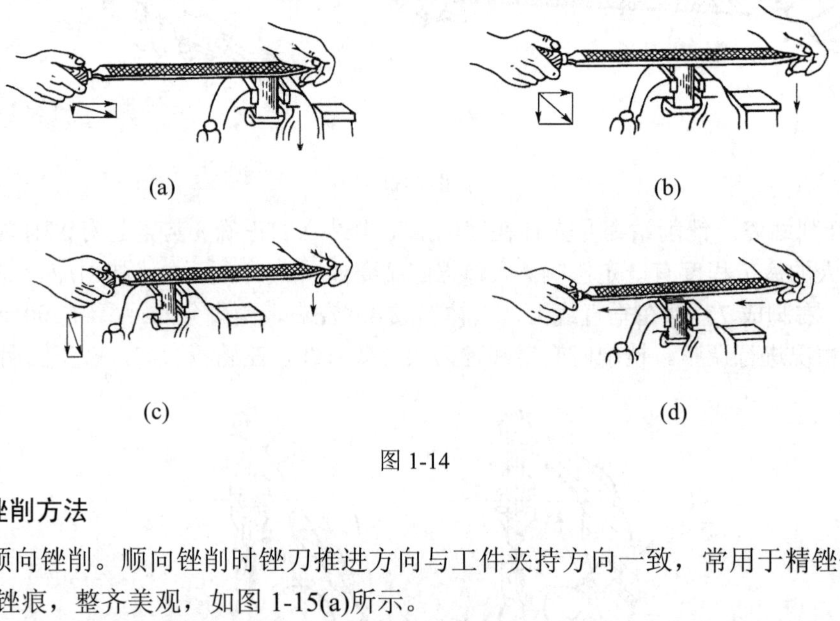

(a)   (b)

(c)   (d)

图 1-14

5．锉削方法

(1) 顺向锉削。顺向锉削时锉刀推进方向与工件夹持方向一致，常用于精锉修正，可得到正直锉痕，整齐美观，如图 1-15(a)所示。

为保持较好的锉削平面，锉削移动应均匀穿插在锉削过程中，即在起始锉削位置锉削一(或几次)后，锉刀向右(或向左)移动约 2/3 锉刀宽度，再以相同方法进行锉削，使平面均匀平整，如图 1-15(b)所示。

(2) 交叉锉削。交叉锉削时锉刀对应工件夹持方向先右转 35°夹角以顺向锉削方法锉削平面，完成后，锉刀对应工件夹持方向再左转 35°夹角锉削，以产生交叉锉痕。交叉锉削的优点是增加了锉刀与工件的接触面积，易控制锉削平面，并且通过交叉锉痕，也便于判别锉削位置。交叉锉削如图 1-15(c)所示。

(3) 推锉。推锉是用双手大拇指和食指夹持锉刀两侧面，在狭长工件表面上平稳推拉锉削。推锉能获得光滑表面和较小粗糙度值，但锉削效率低，常用于最后修整和表面锉痕处理，如图 1-15(d)所示。

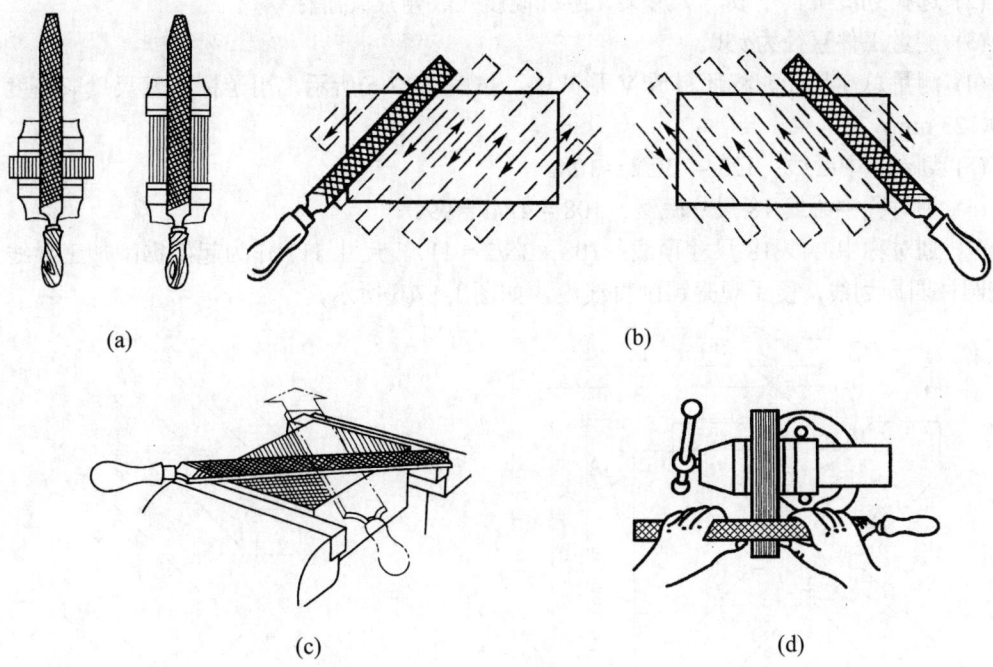

(a)   (b)

(c)   (d)

图 1-15

注意：起始练习应掌握顺向锉削和交叉锉削方法，尽可能不使用推锉。

5. 检测

检测端面垂直度，要求垂直度≤0.03。

检测方法：以圆柱体为基准，刀口角尺(见图 1-16(a))基座平行靠紧圆柱面，刀口对准锉削面并观察刀口与端面间的透光度，然后圆柱体旋转 90°再检测一次，结合两次检测情况，分析垂直度误差大小，必要时进行修锉。具体检测方法如图 1-16(b)所示。

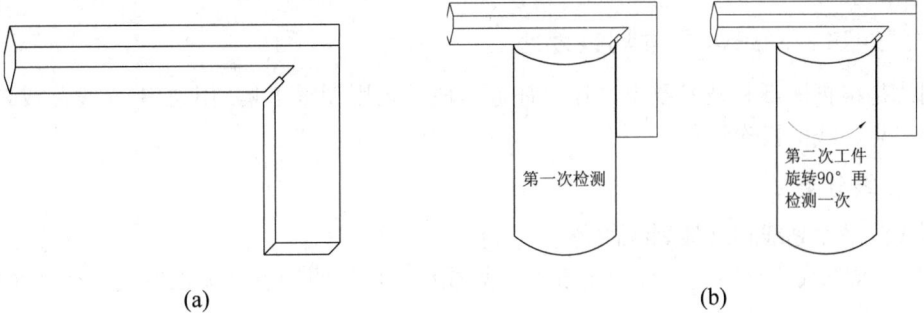

第一次检测

第二次工件旋转90°再检测一次

(a)   (b)

图 1-16

6. 划线

(1) 坯料去毛刺、涂色。

(2) 选择划线工具平板、V 形架、游标高度尺、角尺、游标卡尺。

(3) 测量工件直径为 $\phi30$。

(4) 测量总高尺寸。将坯料放 V 形架中，按图 1-17(a)所示，用游标高度尺量取高度尺寸为 123 mm。

(5) 划 $\phi30$ 中心线：123 − 30/2 = 108。

(6) 划对称中心线 18 尺寸底线：108 − 18/2 = 99。

(7) 划对称中心线 18 尺寸顶线：108 + 18/2 = 117。尺寸 117 作为起始锯削加工界线，环绕圆柱四周划线，便于观察锯削直线度，如图 1-17(b)所示。

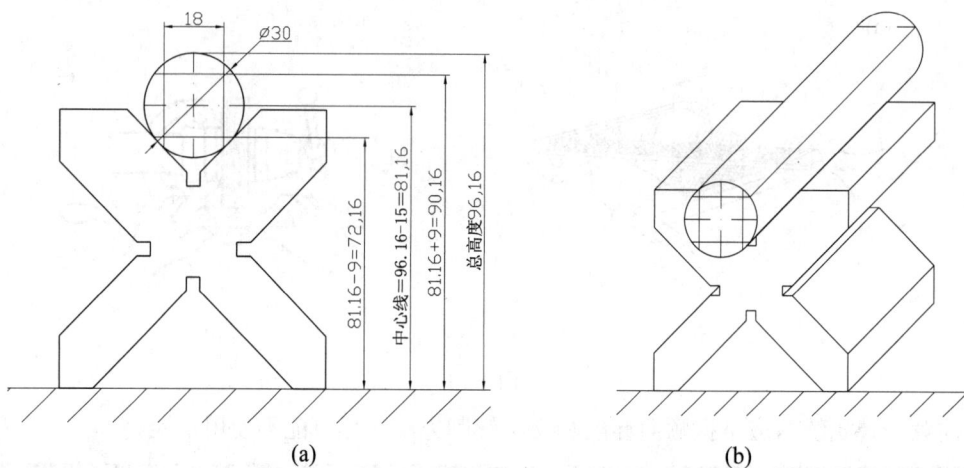

(a)   (b)

图 1-17

(8) 划垂直线：将坯料旋转 90°用角尺校准中心线平行度，用以上相同方法划出正方形垂直尺寸界线。

注意：圆柱体置于 V 形架上划线时，因无压紧装置，应防止工件转动。

相关知识　划线工具与划线方法

划线是根据图纸和技术要求，在毛坯或半成品上用划线工具划出加工界线，或划出作为基准的点、线的操作过程。

1. 划线分类

划线分平面划线和立体划线两种。

(1) 平面划线：只需在工件一个表面上划线后，就能明确表示加工界线，称平面划线，如图 1-18(a)所示。

(2) 立体划线：需要在工件的几个互成不同角度的表面上划线，才能明确表示加工界线，称立体划线，如图 1-18(b)所示。

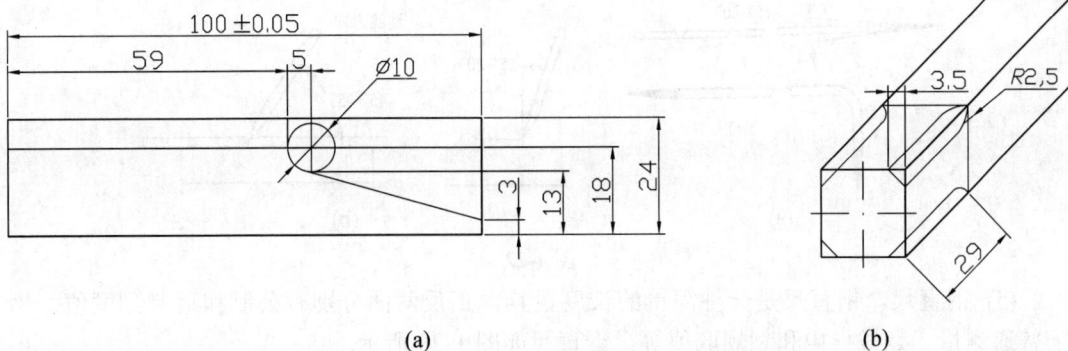

(a)   (b)

图 1-18

2. 划线工具与使用方法

(1) 划线平板。划线平板由铸铁经精刨或刮削制成，如图 1-19 所示。划线平板用于进行工件的划线和检测。平时应置于水平状态，并保持清洁，上油防锈，使用时工件的工量具应轻拿轻放，切勿损伤台面。

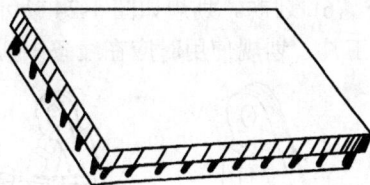

图 1-19

(2) 游标高度尺(划线尺)。游标高度尺如图 1-20(a)所示，是较为精密的划线工具。它可用来测量工件高度尺寸，又可以用量爪直接划线。常用游标高度尺的精度为 0.02 mm。

游标高度尺的划线方法：拧松锁紧螺钉，移动游标尺到所需尺寸；拧紧螺钉，并使爪尖与工件成 30°～45°角，用爪尖划线，如图 1-22(b)所示。

(3) 划针盘。划针盘如图 1-21 所示，由底盘、支架和划针组成。划针盘是在工件上直接划线、引线或找正的工具。通常划针盘的直线尖用于划线，弯头尖用于找正。

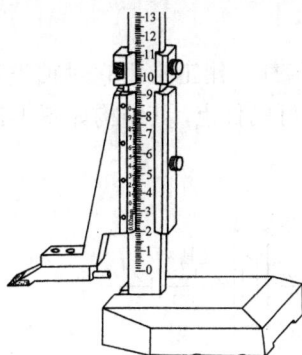

(a)

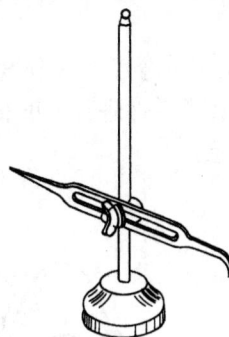

(b)

图 1-21

图 1-20

(4) 划针。划针是直接在工件上进行划线的工具，如图 1-22(a)所示。划针用 $\phi3\sim\phi5$ 弹簧钢丝或高速钢制成，针尖部磨成 15°～20°并淬火处理，也有针尖焊接硬质合金的划针。划针的使用方法如图 1-22(b)所示，通常划针与钢直尺、角尺等量具结合使用。

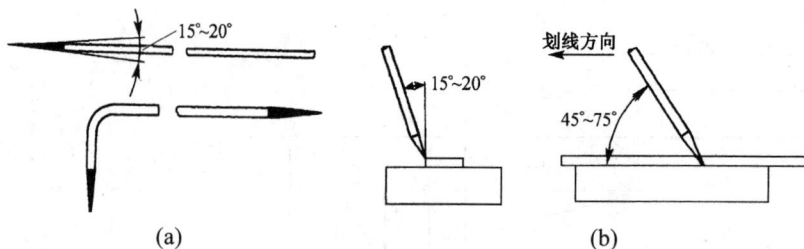

图 1-22

(5) 钢直尺。钢直尺是一种简单的长度量具，正反两面分别有公制和英制刻度值，用于普通测量、划线导向和划规取值等，钢直尺如图 1-23 所示。

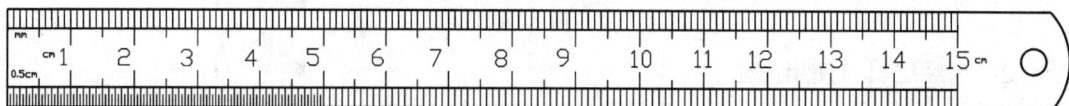

图 1-23

(6) 划规。划规如图 1-24 所示，是用来划圆、圆弧、等分角度、等分线段和量取尺寸的工具。划规使用时应在线条中心点上敲一个冲眼定中心，具体使用方法与圆规类似。

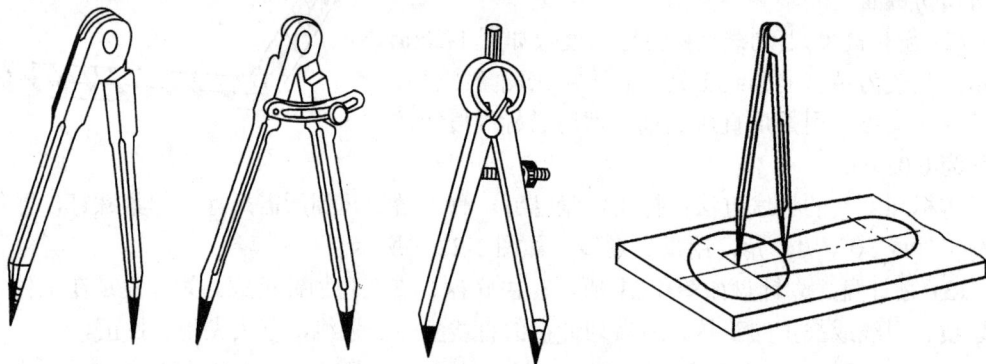

图 1-24

(7) 分度头。分度头是铣床铣削齿轮和等分圆周角度用的附件，钳工常用它对轴类和圆片类零件进行分度和划线。分度头具有划线精度高、分度质量好的优点，其结构如图 1-25 所示。

1—三爪卡盘；2—蜗轮；3—蜗杆；4—轴；5—套；6—分度盘；7—锁紧螺钉；8—手柄；9—分度插销

图 1-25

分度头分度原理：分度头手柄 8 转一周，蜗杆 3 相应转一周，与蜗杆啮合的蜗轮 2(40 齿)转一个齿，即转 1/40 周，卡盘所夹持的工件跟随转 1/40 周。如果工件作 Z 等分，则工件转过每一等分时分度头手柄应转的转数 n 可由式(1-1)计算。

$$n = \frac{40}{Z} \qquad\qquad (1-1)$$

式中：n——工件转过每一等分时，分度头手柄转过的圈数；Z——工件的等分数。

例 1-1　在工件圆周上均匀分布有 5 个孔，试求圆周 5 等分时每个等分线应转分度头手柄 n 多少圈？

根据式(1-1)有 $n = \dfrac{40}{Z} = \dfrac{40}{5} = 8$ 圈

即划完一条中心位置线后，分度手柄应转过 8 圈再划下一条等分线。

例 1-2　用分度头在工件端面上进行 6 等分的划线方法。

根据公式 $n = \dfrac{40}{Z} = \dfrac{40}{6} = 6\dfrac{2}{3}$ 圈。分度手柄转过 6 圈后，余下的 2/3 圈需要应用分度盘上标注的多种分度圈孔数进行选择计算。具体方法是：将分子、分母同时扩大相同倍数，使它的分母数等于某一孔圈的等分孔数，此时对应的分子数就是手柄转过此孔圈的孔数。

在本例中，将 2/3 的分子和分母同时扩大 10 倍为 20/30，然后，手柄在分度盘 30 孔圈上转 20 孔。

在工件端面上划完 6 等分线中的第一条中心等分线后，手柄转 6 圈，然后在分度盘 30 孔的孔圈上转 20 孔，然后定位并划第二条线。

依上面的方法即可将 6 等分线逐一划出。

(8) 宽座直角尺。宽座直角尺如图 1-26(a)所示，可作为划平行线和垂直线的导向工具(如图 1-26(b)、(c)所示)，也可在平板上用于检验或找正工件垂直度。

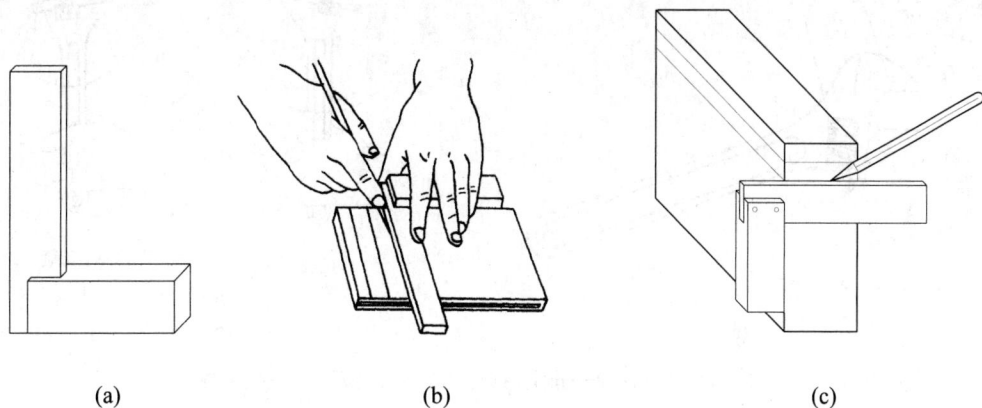

| (a) | (b) | (c) |

图 1-26

(9) 样冲。样冲如图 1-27(a)所示，常用于工件所划加工线上冲眼，作为加工界限标志、圆弧中心和钻孔中心点等。冲眼方法 1-27(b)所示，将样冲外倾 30°，尖端对准垂直线，在垂线上缓慢下滑至中心交点后，样冲置于垂直用锤轻敲冲眼，冲眼直径取 $\phi1.5$ 左右。

(a)　　　　　　　　(b)　　　　　　　　(c)

图 1-27

(10) 手锤。手锤(如图 1-28 所示)为通用工具，钳工常用来冲样眼、整形、錾削和装配等。手锤规格较多，以锤头重量来表示，有 0.25 kg、0.5 kg、0.75 kg、1 kg 等。

图 1-28

(11) 通用扳手。通用扳手(活扳手)的开口尺寸可在一定范围内调节，主要用来装拆六角形、正方形等各种不同直径的螺母、螺栓，也是较大工件划线时常用的辅助工具，通用扳手如图 1-29(a)所示，其使用方向如图 1-29(b)所示。

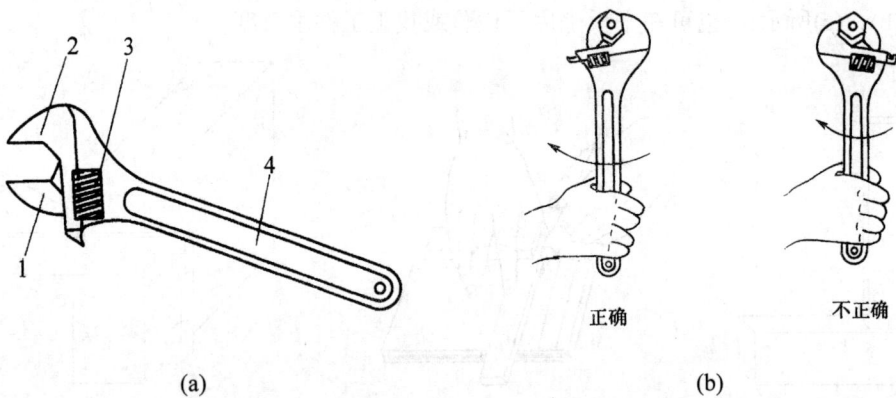

(a)　　　　　　　　　　　　(b)

1—活动钳口；2—固定钳口；3—调整螺杆；4—扳手体

图 1-29

(12) 螺丝刀。螺丝刀主要用来装拆头部开槽的螺钉等，也是划线辅助工具。螺丝刀分一字和十字两种，如图 1-30(a)、(b)所示。

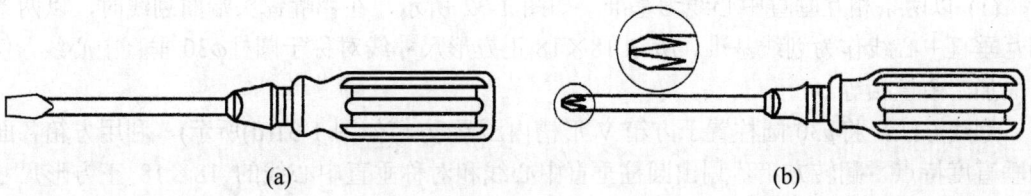

(a)   (b)

图 1-30

(13) 划线支撑与夹持工具。划线时常用一些辅助工具用来支撑和夹持工件，如图 1-31 所示依次为垫铁、V 形架、直角铁、方箱和千斤顶。

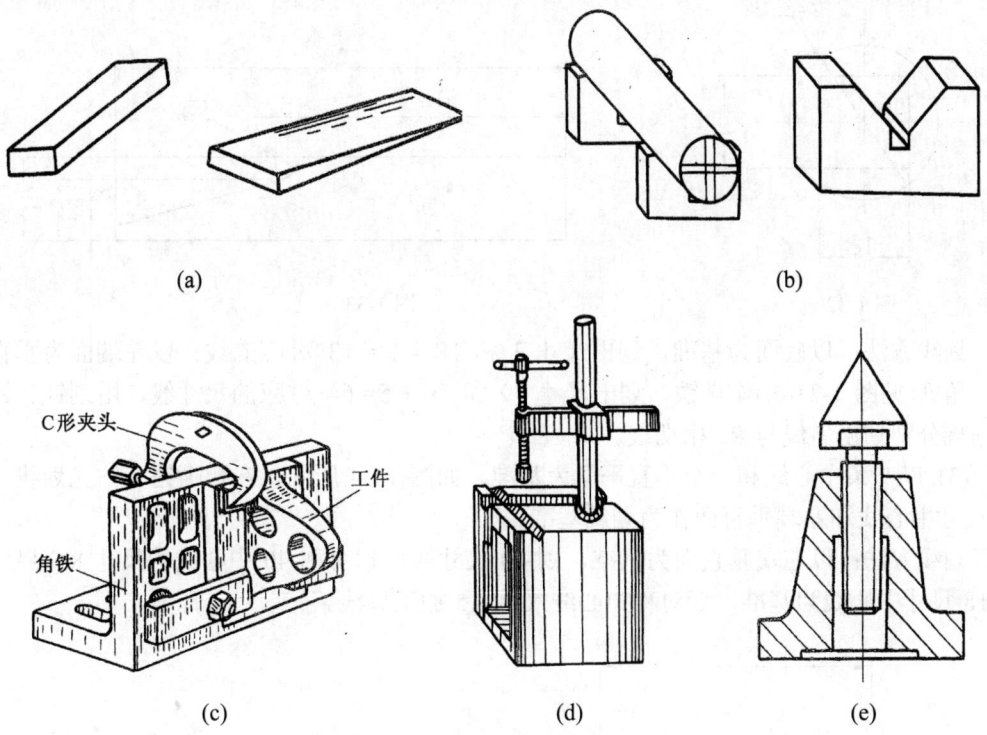

(a)   (b)

C 形夹头
工件
角铁

(c)   (d)   (e)

图 1-31

3. 划线前的准备

划线前首先要看懂图样，分析工艺要求，明确划线任务，其次选择划线工具、量具，然后检验工件是否符合质量要求，最后对工件划线表面进行清理、涂色，确定划线基准。

4. 划线基准选择

划线时，在工件上选择某个点、线、面作为划线依据，使之能正确划出其它各部尺寸或形状的相对位置要求，此依据称为划线基准。

在零件图上用来确定其他点、线、面位置的基准，称为设计基准。

划线原则是划线基准与设计基准重合，其优点是可直接读取设计尺寸，简化尺寸换算过程，减少积累误差，提高划线质量。

常用划线基准形式和划线方法有以下三种：

(1) 以两条相互垂直中心线为基准。如图 1-32 所示，在鸭嘴锤头端面划线时，以两条相互垂直中心线作为划线基准，所划 18×18 正方形尺寸线对称于圆柱φ30 垂直中心线，使各面加工余量相等。

划线方法：将φ30 圆柱置于方箱 V 形槽内压紧(方箱如图 1-31(d)所示)，利用方箱各面的垂直度特点，翻转方箱，划出圆柱垂直中心线和对称垂直中心线的 18×18 正方形尺寸界线。

(2) 以两个相互垂直平面为基准。如图 1-33 所示，在鸭嘴锤头的侧面划线，以底面和左端垂直面作为划线基准，划 R5 与斜面尺寸位置线。

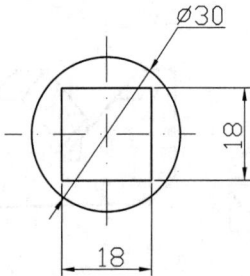

图 1-32

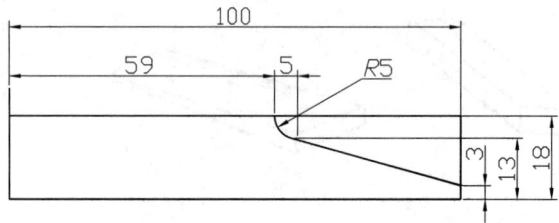

图 1-33

划线方法：以底面为基准，划出尺寸 3 和 18 − 5 = 13 对应的线；以左端面为垂直基准，角铁(见图 1-31(c))作靠铁，划出尺寸 59 和 59 + 5=64 对应的尺寸线，用划针、钢尺和划规分别划出斜线与 R5 相切线。

(3) 以一条中心线和一个垂直平面为基准。如图 1-34 所示，在鸭嘴锤头钻孔划线，以 18 尺寸中心线和左端垂直面作为划线基准。

划线方法：以左端垂直面为基准，划 40 尺寸线；划对称 40 中心线的尺寸 8.5 界线；以 18 尺寸中心线为基准，划对称中心线尺寸 8.5 加工界线。

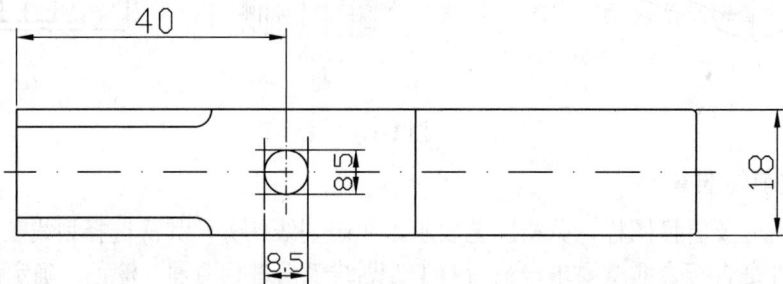

图 1-34

5. 划线基本要求

划出的线条应清晰均匀，定形、定位尺寸准确；划线时由于选择的工具不同，允许所划线条宽度也有所不同；零件划线精度一般应控制在 0.1～0.5 mm。

注意：工件上所划加工尺寸界线只能作为加工尺寸位置参考线，而尺寸公差要求必须通过量具的检测来保证。

7. 锯削

锯削鸭嘴锤头平面 1，要求直线度≤0.8，留锉削加工余量 1 mm，如图 1-35 所示。

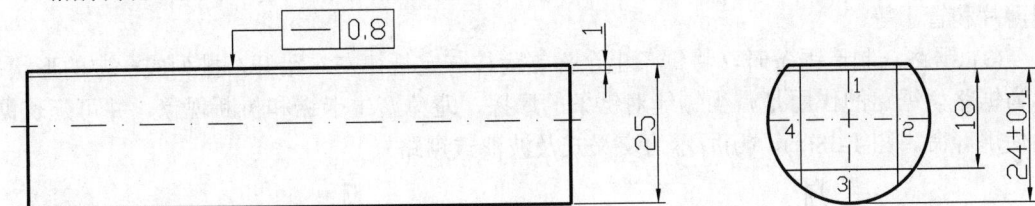

图 1-35

相关知识　锯削工具与锯削方法

1. 锯削工具

用手锯对材料进行分割或切槽的加工方法称为锯削。锯削使用的工具是手锯，手锯由锯弓和锯条组成。

锯弓分可调式和固定式两种(见图 1-36(a)、(b))，其作用是用来安装和张紧锯条。

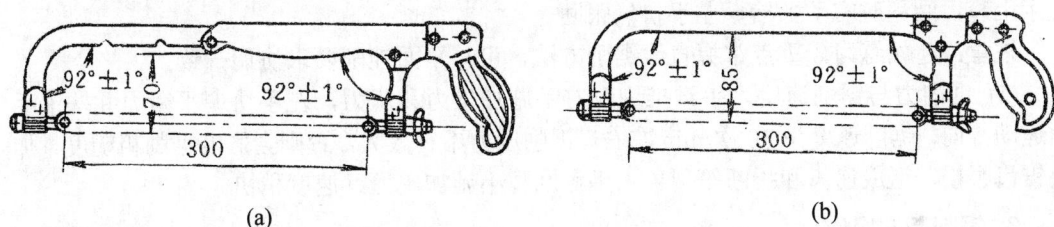

(a)

(b)

图 1-36

锯条是锯割材料的刀具。锯条长度以两端装夹孔的中心距离表示，常用锯条长度为 300 mm。

2. 锯削技能知识

(1) 锯齿的切削角度。锯齿的切削角度如图 1-37 所示，它的后角较大为 40°～45°，其作用是有足够的容屑空间，减少锯齿后刀面与切屑之间的摩擦。

图 1-37

(2) 锯齿的粗细。锯齿的粗细以锯条每 25 mm 长度内的齿数表示。锯齿粗细规格一般分粗、中、细齿三类：粗齿 14～18 齿，中齿 22～24 齿，细齿 24～32 齿；齿数越多则表示锯齿越细。锯齿规格应根据锯割材料的软硬和厚薄来确定：粗齿锯条锯齿少、锯缝宽容屑量大，适用于铜、铝、铸铁和非金属等较软材料；细齿锯条则相反，适用于较硬的钢、金属薄片和管子等。

(3) 锯路。制造锯条时，将锯条上全部锯齿按一定规律左右错开，排列成一定的形状，称为锯路。锯路的作用是减少锯缝对锯条的摩擦，避免产生卡锯和折断现象，并可延长锯条使用寿命。图 1-38(a)、(b)所示为交叉式及波浪式锯路

(a)   (b)

图 1-38

(4) 锯削方法。锯削时锯弓的运动方式有两种：一是直线运动锯削，它与平面锉削时锉刀的运动一样。二是小幅度上下摆动锯削，摆动手锯 15°左右，即推进时，右手下压，左手上翘，回程时右手上抬，左手自然跟回。

注意：起始练习，重点掌握直线锯削方法，可与平面锉削要求协调一致。

(5) 锯削力与锯削速度。手锯推进时右手施加推力和压力，左手协调平衡力并扶正手锯运动方向，锯削速度为 30 次/min 左右。锯削压力不宜太大，否则会影响锯削粗糙度，加快锯齿磨损，造成崩齿和折断等现象。手锯回程不施加压力、速度稍快。

3. 锯削基本操作

(1) 锯条安装。锯条的安装要注意锯齿的切削方向，因手锯是推进时切削，因此刀齿角应向前，如图 1-39(a)所示。注意，图 1-39(b)所示的锯条安装方向是错误的。调整锯条松紧程度，一般以右手拇指和食指拧紧螺母所使的力为准。

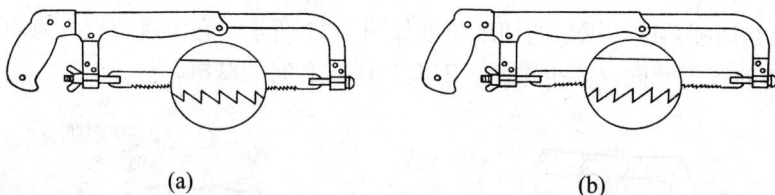

(a)   (b)

图 1-39

(2) 锯削站姿。锯削站姿与锉削站姿基本相同，如图 1-40 所示。锯削起始时身体稍前倾，重心在左脚上，左膝随锯削运动而屈伸，做到协调自然。

(3) 手锯握法。右手满握手柄，大拇指压在食指上(食指也可靠在锯架上)。左手四指勾住前锯架，拇指靠着架背，双手扶正手锯，如图 1-41 所示。另可利用右手食指和左手拇指控制手锯垂直度。

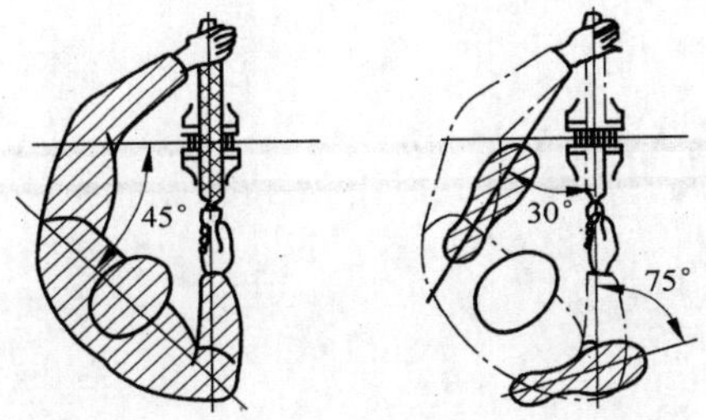

图 1-40

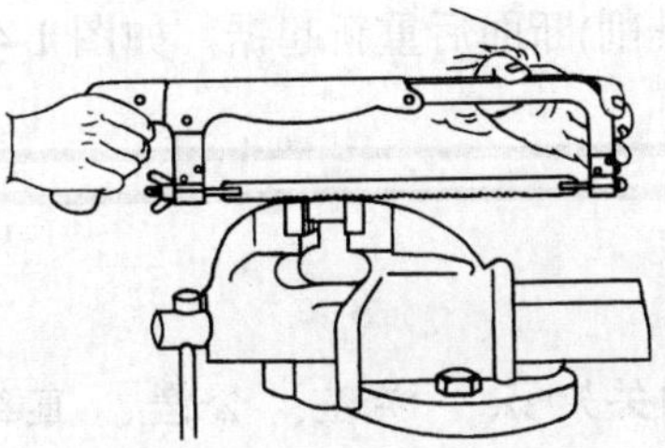

图 1-41

(4) 起锯方法。起锯是锯削的开始。起锯时，用左手拇指(或食指)放在锯割线一侧作定位点(靠锯)，使锯条能靠着拇指的起始位置开始锯削(如图 1-42(a)所示)。起锯角度 θ 为 15° 左右，起锯行程要短、压力相应要小，速度要慢，当锯条切入 2 mm 左右后，双手扶正手锯逐步减小 θ 角度，引锯成一条直线后进入正常锯削。

起锯可分远起锯和近起锯两种。远离操作者一端的起锯称远起锯，如图 1-42(b)所示，靠近操作者一端的起锯称近起，如图 1-42(c)所示。一般采用远起锯，它能使锯齿平稳切入，避免产生顶齿和崩齿等现象。

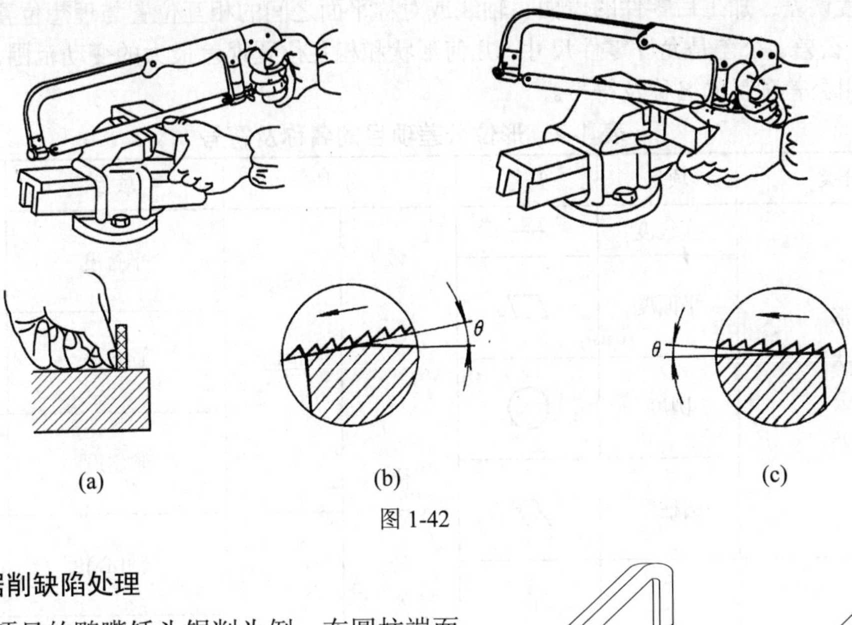

(a)

(b)

(c)

图 1-42

4．锯削缺陷处理

以本项目的鸭嘴锤头锯削为例，在圆柱端面锯削时锯缝偏离中心线 9 mm，处于圆弧面上，因锯齿两侧切削受力不均，易产生锯缝偏斜，因此锯削时要多观察锯缝垂直度。

(1) 如果锯缝向外偏斜但误差不大，可利用锯条在锯缝中的间隙，适当调整手锯角度，将锯弓朝偏斜锯缝的反向调整，减慢锯削速度，注意观察逐步纠正，如图 1-43(a)所示。

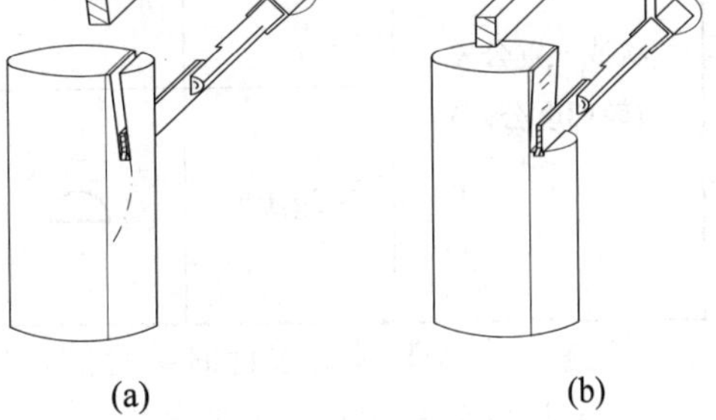

(2) 如果锯缝偏斜较大或向内偏斜，而无法调整，可在锯缝深度位置处垂直锯削去除偏斜余料，

(a)

(b)

图 1-43

修正(锉削)断面后重新起锯，如图 1-43(b)所示。

相关知识　误差、公差、直线度

(1) 精度与误差。零件制造得绝对准确是不可能的，也是不必要的，它即不经济又不科学。如要满足零件的互换性要求，只要限制零件的几何参数，即允许几何参数在一定范围内的变化即可。

零件加工后的几何参数与理想零件几何参数相符合程度，称为精度。它们之间的差值称为误差。误差大小反映了加工精度的高低，因此，企业中常用误差来表示加工精度。

零件几何参数误差种类有：

尺寸误差：加工后零件的实际尺寸与理想尺寸之差；

形状误差：加工后零件的实际表面形状与理想形状的差异；

位置误差：加工后零件的表面、轴线或对称平面之间的相互位置与理想位置的差异。

(2) 公差。公差是允许零件尺寸、几何形状和相互位置误差最大的变动范围，表 1-2 所示为常用公差项目的名称及符号。

表 1-2　形位公差项目的名称及符号

分类	项目	符号	分类		项目	符号
形状公差	直线度	—	位置公差	定向	平行度	//
	平面度	▱			垂直度	⊥
	圆度	○			倾斜度	∠
	圆柱度	⌀		定位	同轴(心)度	◎
状或位置公差 (轮廓度公差)	线轮廓度	⌒			对称度	═
					位置度	⊕
	面轮廓度	⌒		跳动	圆跳动	↗
					全跳动	⌰

注意：公差是零件设计时给定的，用以限制加工误差，而误差是零件加工后产生的。

(3) 形位公差代号。形位公差代号包括形位公差项目符号，形位公差的框格和指引线，形位公差数值和其它有关符号，基准字母等。如图 1-44 所示。

(4) 基准代号。对于有位置公差要求的零件，在技术图样上必须标明基准。基准代号由基准符号、圆圈、连线和字母组成。如图 1-45 所示。

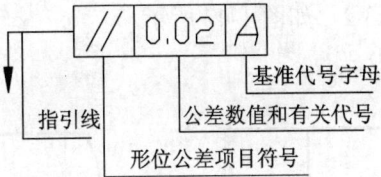

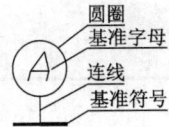

图 1-44   图 1-45

(5) 直线度术语及定义。

在给定方向上，直线度公差带是距离为公差值 t 的两平行平面之间的区域。如图 1-46(a) 所示，框格表示被测圆柱面的任一素线必须位于距离为公差值 0.02 的两平行平面之间。

对于任意方向，要在公差值前加注 ϕ，表示直线度公差带是直径为 t 的圆柱面内的区域。如图 1-46(b) 所示，被测圆柱体的轴线必须位于直径为 ϕ0.05 的圆面内。

(6) 直线度检测方法。如图 1-46(c) 所示，用刀口尺(刀口角尺)检测加工面，作纵向透光法检测，以透过光线的强弱判断误差大小。稍宽的面检测一次后提起刀口横向移动，再检测一次。提起刀口的目的是减少摩擦，避免刀口磨损。

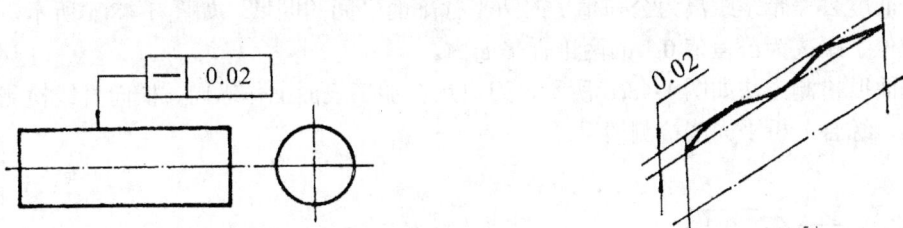

(a)

(b)

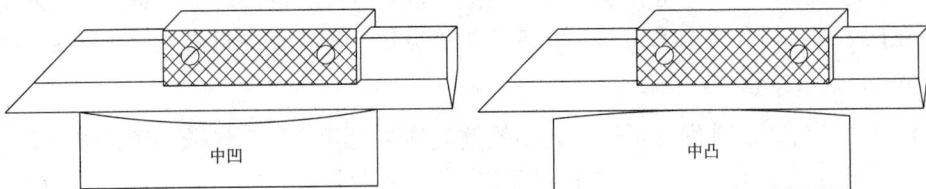

中凹   中凸

(c)

图 1-46

8. 锉削

粗锉平面 1，基本保证锉削平面和尺寸 24 余量均匀。精锉平面 1，控制尺寸 24±0.1(游标卡尺测量)、平面度≤0.03(刀口角尺检测)，*Ra*3.2，如图 1-47 所示。

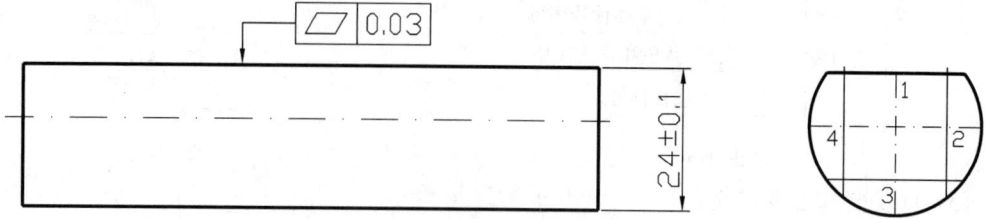

图 1-47

相关知识　平面度、零件互换性概念、尺寸术语及定义

1. 平面度

平面度公差带是距离为公差值 *t* 的两平行平面之间的区域。如图 1-48(a)所示，被测表面必须位于距离为公差值 0.1 的两平行平面内。

平面度检测方法如图 1-48(b)所示，刀口尺在加工表面上作纵向、横向直线检测和对角线检测，综合分析平面度检测情况。

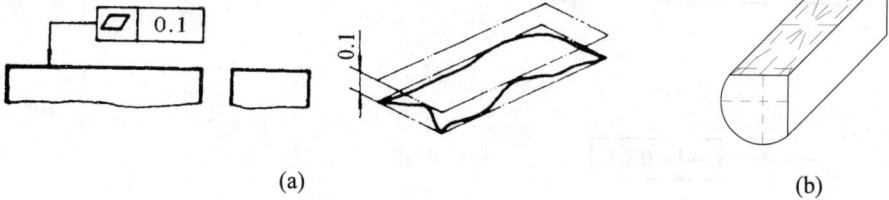

(a)　　　　　　　　　　　　(b)

图 1-48

2. 零件互换性概念

(1) 完全互换。完全互换的含义是从同一规格的一批零件中任取一件，不经任何修配就能装到机器上，而且能满足规定的性能要求。

(2) 不完全互换。不完全互换的含义是把一批相互配合的零件分别按尺寸大小分为若干组，在同一组的零件才具有互换性；或者虽不分组，但需作少量修整后才具有互换性。

3. 尺寸术语及定义

(1) 尺寸。用特定单位表示长度大小的数值称为尺寸。长度包括直径、半径、宽度、深度、高度和中心距等。尺寸由数字和特定单位两部分组成，如 30 mm(毫米)，60 μm(微米)等。机械制造中常用 mm、μm 作为特定单位。不同长度单位的换算关系如下：

1 米(m)＝10 分米(dm)＝100 厘米(cm)＝1000 毫米(mm)

1 毫米(mm)＝100 忽米(cmm)＝1000 微米(μm)

(2) 基本尺寸。设计时给定的尺寸称为基本尺寸。基本尺寸是根据零件使用要求，通过计算、试验或类比的方法并经过标准化后确定的。

如图 1-49(a)所示，$\phi 16$ 为轴的直径基本尺寸，40 为轴的长度基本尺寸；图 1-49(b)中 $\phi 20$ 为孔直径的基本尺寸。

图 1-49

孔的基本尺寸用 D 表示，轴的基本尺寸用 d 表示。(标准规定：大写字母表示孔的有关代号，小写字母表示轴的有关代号。)

(3) 实际尺寸。实际尺寸是通过(加工)测量获得的尺寸。

(4) 极限尺寸。允许尺寸变化的两个界限值，称为极限尺寸。两个界限值中较大的一个称为最大极限尺寸(D_{max})；较小的一个称为最小极限尺寸(D_{min})。

机械制造中，由于有各种误差的存在(如机床精度误差、量具精度和刀具精度误差等)，不可能把相同尺寸的零件都加工成同一个尺寸。因此，只要满足使用要求，可以按照标准人为的给出这个尺寸变动范围，这就是极限尺寸概念。

极限尺寸是以基本尺寸为基数进行确定的，它可以大于、等于或小于基本尺寸。基本尺寸可以在极限尺寸所确定的范围内，也可以在所确定的范围外。

在图 1-50 中，有

孔的基本尺寸(D)=$\phi 30$ mm

孔的最大极限尺寸(D_{max})=$\phi 30.021$ mm

孔的最小极限尺寸(D_{min})=$\phi 30$ mm

轴的基本尺寸(d)=$\phi 30$ mm

轴的最大极限尺寸(D_{max})=$\phi 29.993$ mm

轴的最小极限尺寸(D_{min})=$\phi 29.980$ mm

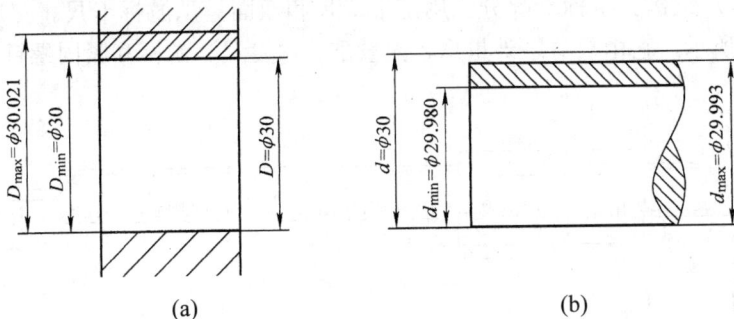

图 1-50

零件加工后的实际尺寸，应介于两个极限尺寸之间，即不允许大于最大极限尺寸，也不允许小于最小极限尺寸，否则零件尺寸就不合格。

零件尺寸的合格与否取决于实际尺寸是否在极限尺寸所确定的范围内，与基本尺寸无直接关系。

相关知识　量具与游标卡尺

1．量具概念

用来测量零件尺寸公差、形位公差和表面粗糙度等的工具称为量具。机械制造中应用量具的种类较多，根据其用途和特点可分为万能量具、专用量具、标准量具三类：

(1) 万能量具：一般都有刻度，在测量范围内可以测量零件尺寸、形状的具体数值，如游标卡尺、万能角度尺、千分尺等。

(2) 专用量具：不能测出具体的实际尺寸，只能测出零件的形状、尺寸是否合格，如塞规(见图 1-51(a))、卡规(见图 1-51(b))、塞尺等。

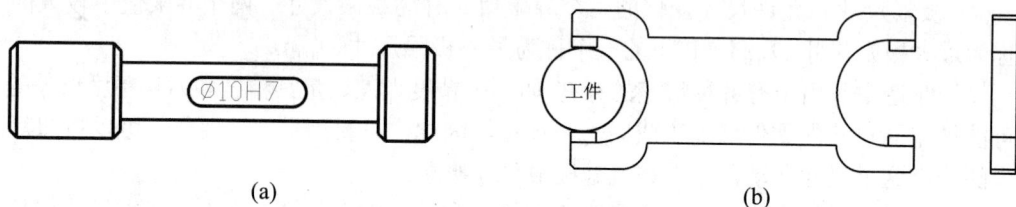

(a)   (b)

图 1-51

(3) 标准量具：只能制造成某一固定尺寸，用来校对和调整其他量具，也可以作为标准与被测量具进行比较，如量块和粗糙度对比块等。

2．游标卡尺

游标卡尺有较好的尺寸测量精度，常用来测量工件长度、外径、内径、深度等。游标卡尺常用规格有 0～100 mm、0～125 mm、0～150 mm、0～200 mm，游标卡尺精度按游标每格的读数值分 0.1 mm(1/10)、0.05 mm(1/20)、0.02 mm(1/50)三种，精度 0.02 的游标卡尺为常用量具。

(1) 游标卡尺结构。游标卡尺分三用游标卡尺和双面量爪游标卡尺。三用游标卡尺的结构如图 1-52 所示，它由尺身、外量爪、内量爪、深度尺、游标和紧固螺钉等组成。

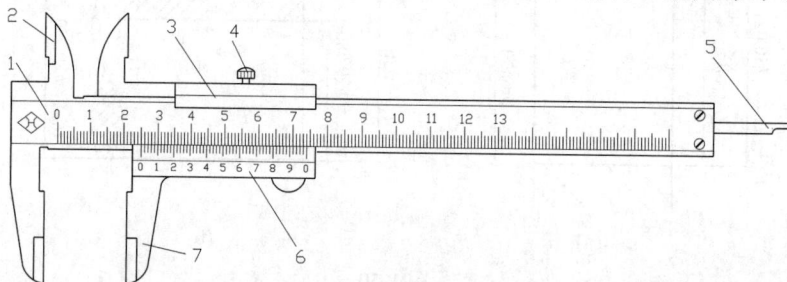

1—尺身；2—内量爪；3—尺框；4—紧固螺钉；5—深度尺；6—游标；7—外量爪

图 1-52

(2) 游标卡尺刻线原理。精度 0.02 mm 的游标卡尺，尺身刻线每格长度为 1 mm，当外量爪贴合时，游标上刻线 50 格等于尺身上刻线 49 格，如图 1-53 所示。因此，游标上刻线每格距离为 49/50＝0.98 mm，则尺身与游标每格相差为 1－0.98＝0.02 mm。此值为游标卡尺的测量精度。

图 1-53

(3) 游标卡尺使用与读数方法：

① 使用前检查游标卡尺零位线准确性。擦净量爪两测量面，将游标移动到与尺身量爪贴合，查看尺身零位线和游标零位线是否正直，两条零位线应对齐，无偏移。

② 测量方法：移动游标至略大于被测零件尺寸，将尺身基准量爪与被测零件基准面贴合并保持平行，如图 1-54(a)所示，大拇指推动游标至被测表面时读取数值，如图 1-54(b)所示。

注意：测量时移动游标要缓慢，推力适中，不宜太大。

(a)   (b)

图 1-54

③ 读数方法：读取测量数值时，首先读出游标尺零位线左边尺身上的整毫米数，然后在游标上找出与尺身刻度线对齐的一条线，游标上零位线到对齐尺身线的距离是不足 1 mm 的小数值。最后整数值与小数值相加就是测量的实际尺寸。如图 1-55(a)所示为 52 + 0.66 = 52.66，图 1-55(b)所示为 12 + 0.3 = 12.3。

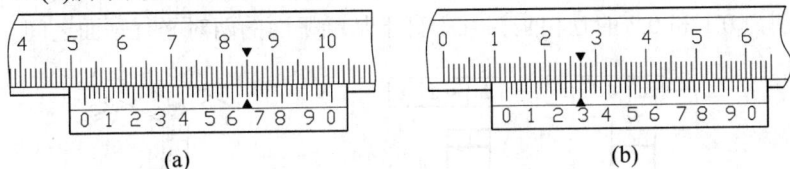

(a)   (b)

图 1-55

9．锯削

锯削垂直面 2，留精加工余量 1 mm。

10. 锉削

以平面 1 为基准，锉削垂直面 2，控制尺寸 24±0.1，垂直度≤0.03，去毛刺，Ra3.2，如图 1-56 所示。

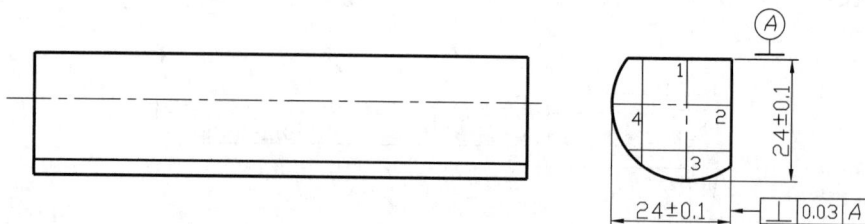

图 1-56

注意： 平面 1 和垂直面 2 是两个相互垂直的基准面，作为鸭嘴锤头后道工序加工的工艺基准与测量基准。

相关知识　垂直度

1. 垂直垂直度术语及定义

(1) 面对面垂直度标注要求。当给定一个方向时，公差带是距离为公差值 t，且垂直于基准平面的两平行平面之间的区域。图 1-57 表示被测面必须位于距离为公差值 0.05，且垂直于基准平面 A 的两平行平面内。

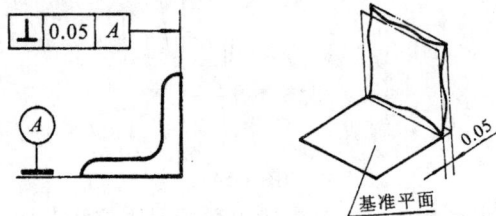

图 1-57

(2) 线对面垂直度标注要求。当给定两个相互垂直的方向时，公差带分别是互相垂直的距离为 t_1 和 t_2 且垂直于基准平面的两对平行平面之间的区域。图 1-58 表示被测轴线必须位于距离分别为 0.1 和 0.2 的互相垂直且垂直于基准平面的两对平行平面之间。

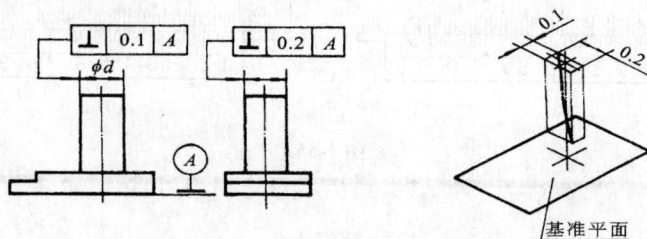

图 1-58

2．垂直度检测方法

如图 1-59 所示，用角尺基座紧贴工件基准面，刀口移向垂直度被测表面，观察被测表面透光强弱情况，综合分析垂直度加工质量。

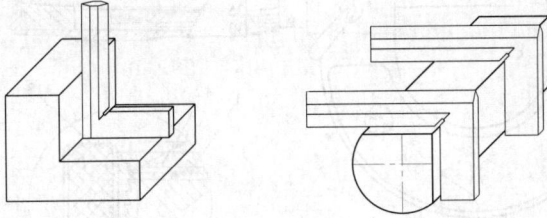

图 1-59

11．划线

以平面 1 和垂直面 2 为基准，划出 18×18 正方形尺寸界线，如图 1-60 所示。

12．锯削

锯削平行平面 3，留精加工余量 1 mm。

13．锉削

以平面 1 为基准，锉削平行面 3，测量尺寸 18±0.05(千分尺测量)、平行度(∥)≤0.03，去毛刺，$Ra3.2$，如图 1-61 所示。

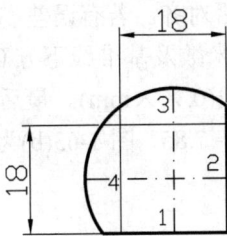

图 1-60

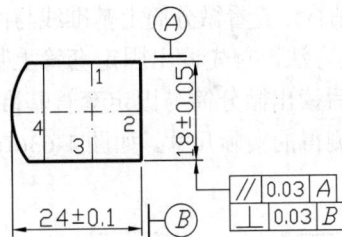

图 1-61

相关知识　千分尺、平行度

1．千分尺

千分尺是常用精密量具之一，其测量精度比游标卡尺高。千分尺按其用途不同可分为外径千分尺、内径千分尺、深度千分尺、螺纹千分尺和公法线千分尺等。

(1) 外径千分尺的结构。图 1-62 所示为 0～25 mm 的外径千分尺，其结构由尺架、测微螺杆和测力装置等组成。

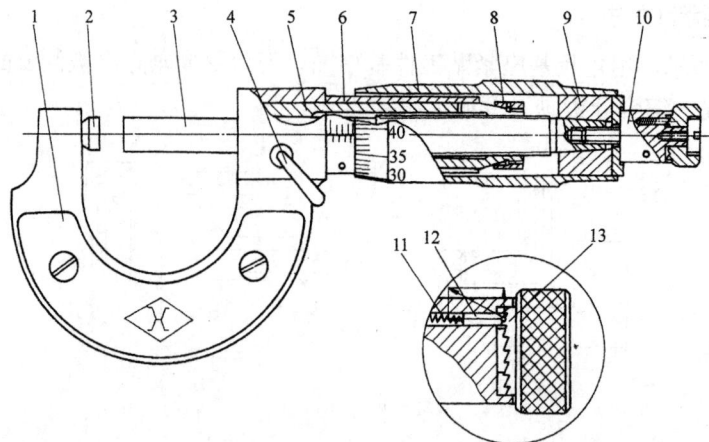

1—尺身；2—砧座；3—测微螺杆；4—锁紧手柄；5—螺纹套；6—固定套管；7—微分筒；
8—调整螺母；9—接头；10—测力装置；11—弹簧；12—棘轮爪；13—棘轮

图 1-62

(2) 外径千分尺刻线原理。固定套管 6 上的轴向线为基准线，基准线上下相邻两刻线每格为 0.5 mm，测微螺杆 3 上的螺距为 0.5 mm，当微分筒 7 转一周时，带动测微螺杆轴向移动 0.5 mm。微分筒圆周上的刻线等分为 50 格，因此，微分筒对基准线转一格时，测微杆移动 0.5/50＝0.01 mm，即千分尺的测量精度为 0.01 mm。

(3) 外径千分尺使用与读数方法。

① 检查零位。首先擦净砧座 2 基准面和测微螺杆 3 的测量面，然后转动棘轮旋钮使测量面和基准面贴合，查看微分筒上基准线与固定套上零位线是否对齐。若有误差，必须校正。

② 读数方法，首先读出固定套管上基准线上方的整毫米数及基准线下方 0.5 mm 的半毫米数，然后读出微分筒与固定套管基准线对齐的一条刻线(0.××mm)。最后将两个读数值相加就是测得的实际尺寸。如图 1-63(a)所示为 7.5 + 0.35 = 7.85，图 1-63(b)为 10 + 0.07 = 10.07。

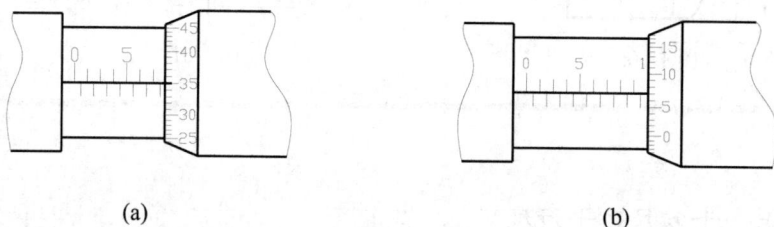

(a)

(b)

图 1-63

2. 平行度术语及定义

由于被测要素和基准要素均可为平面或直线，因此平行度有面对面、面对线、线对面和线对线四种形式：

(1) 平行度(面对面)。公差带是距离为公差值 t，且平行于基准面的两平行面之间的区域。如图 1-64 所示公差带是距离为公差值 0.05，且平行于基准面 A 的两平行面之间。

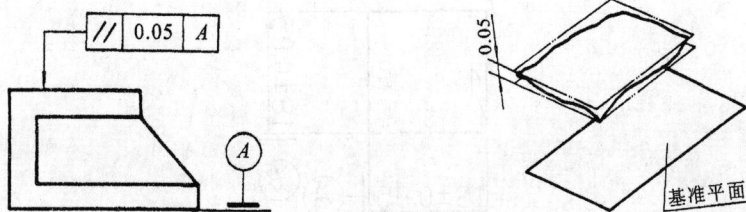

图 1-64

(2) 给定两个互相垂直的方向时，公差带是两对互相垂直的距离为 t_1 和 t_2，且平行于基准线的两平行平面之间的区域。如图 1-65 所示，被测轴线必须位于距离分别为公差值 0.1 和 0.2 的在给定的互相垂直方向上且平行基准轴线两组平行平面之间。

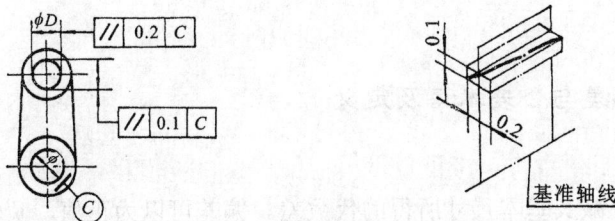

图 1-65

(3) 平行度检测方法。应用游标卡尺或千分尺测量面与面之间的平行度。通过工件基准面在测量加工面尺寸公差的同时，读取被测平面的平行度值，该值必须小于等于设计的平行度要求。

14．划线

以底面和左端面为基准，划出尺寸 18 线、R5 线和斜面位置线，(双面划线)如图 1-66 所示。

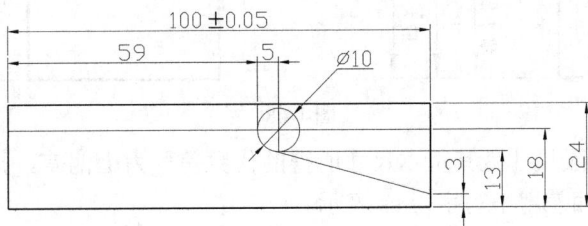

图 1-66

15．锯削

锯削平面 4，留精加工余量 1 mm。

16．锉削

以垂直面 2 为基准，锉削平行面 4，控制尺寸 18±0.05，平行度≤0.03，去毛刺，Ra3.2，如图 1-67 所示。

图 1-67

17. 锉削

锉削总长尺寸 100 ± 0.05，垂直度≤0.03，去毛刺，$Ra3.2$。

相关知识　偏差与公差术语及定义

1. 偏差

偏差是某一尺寸减其基本尺寸所得的代数差。偏差可以为正值、负值或零值，使用时要注意偏差值的"+""-"号。

偏差有极限偏差和实际偏差。

(1) 极限偏差：极限尺寸减去其基本尺寸所得的代数差。由于极限尺寸有最大极限尺寸和最小极限尺寸之分，因此，所对应的极限偏差又分上偏差和下偏差。如图 1-68 所示。

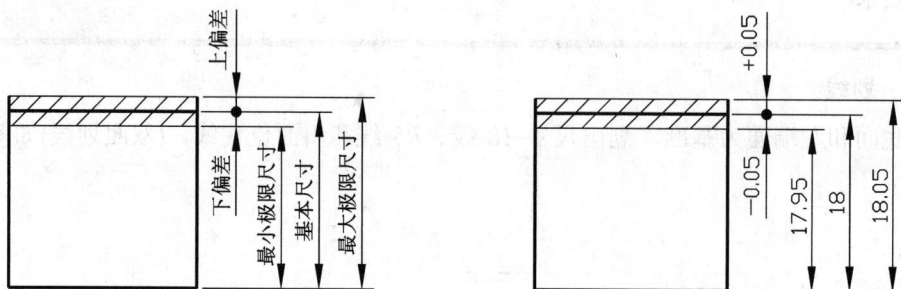

图 1-68

上偏差：最大极限尺寸减其基本尺寸所得的代数差称为上偏差。孔的上偏差用大写字母 ES 表示，轴的上偏差用小写字母 es 表示。

$$
\begin{aligned}
(孔)ES &= D_{\max}-D \\
(轴)es &= d_{\max}-d
\end{aligned}
\tag{1-2}
$$

下偏差：最小极限尺寸减其基本尺寸所得的代数差称为下偏差。孔的下偏差用大写字母 EI 表示，轴的下偏差用小写字母 ei 表示。

$$
\begin{aligned}
(孔)EI &= D_{\min}-D \\
(轴)ei &= d_{\min}-d
\end{aligned}
\tag{1-3}
$$

在图样上和技术文件上标注极限偏差数值时，上偏差标在基本尺寸右上角，下偏差标在基本尺寸右下角，要注意的是，当偏差为零值时，必须在相应的位置上标注"0"，标注方式如：$\phi 30^{-0.006}_{-0.014}$、$35^{\ 0}_{-0.04}$、$20^{+0.021}_{\ 0}$、$25^{+0.04}_{+0.02}$。当上、下偏差数值相等而符号相反的对称偏差，用简化标注方式(如图 1-68 中的 18±0.05)。

(2) 实际偏差：实际尺寸减其基本尺寸所得代数差。

注意：合格零件的实际偏差应在规定的上、下偏差之间。

2. 公差

公差又称为尺寸公差(T)，是允许尺寸的变动量。

公差的数值等于最大极限尺寸减最小极限尺寸之差，或上偏差减下偏差之差，其表达式为：

孔的公差　　　　　　$T_h = |D_{max} - D_{min}| = |ES - EI|$

轴的公差　　　　　　$T_s = |d_{max} - d_{min}| = |es - ei|$　　　　　　(1-4)

公差以绝对值定义，因此没有正负的含义。另外公差不能取零值，就是说尺寸公差所标注的上、下偏差不能同时为"0"。

按式(1-4)计算图 1-68 所示尺寸 18±0.05 的最大极限尺寸、最小极限尺寸、上偏差、下偏差和公差如下：

最大极限尺寸　　　$d_{max} = d + es = 18 + 0.05 = 18.05$ mm

最小极限尺寸　　　$d_{min} = d + ei = 18 + (-0.05) = 17.95$ mm

上偏差　　　　　　$es = d_{max} - d = 18.05 - 18 = 0.05$ mm

下偏差　　　　　　$ei = d_{min} - d = 17.95 - 18 = -0.05$ mm

公差　　　　　　　$T_s = |d_{max} - d_{min}| = 18.05 - 17.95 = 0.1$ mm

3. 零线与尺寸公差带

为了说明尺寸、偏差和公差之间的关系，一般采用极限与配合示意图，如图 1-69 所示。这种示意图是把极限偏差和公差部分放大而尺寸不放大画出来的，从图中可以直观地看出基本尺寸、极限尺寸、极限偏差和公差之间的关系。

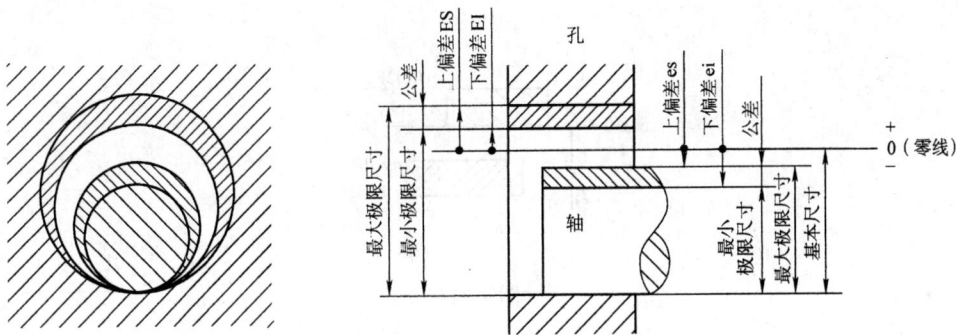

图 1-69

零线与尺寸公差带图如图 1-70 所示，该图不画出孔和轴的全形，只将公差部分放大画出，这种图形称为极限与配合图解。

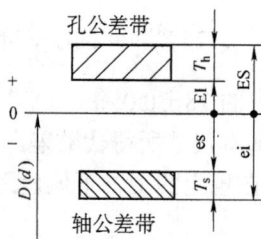

图 1-70

(1) 零线。在极限与配合图解中，表示基本尺寸的一条直线称为零线。

识读方法。以零线为基准确定偏差。在零线的左端画有表示偏差大小的纵坐标并标上"0"和"+""−"号，在左下方画上单向箭头的尺寸线，并标上基本尺寸数值。正偏差位于零线上方，负偏差位于零线下方，零偏差与零线重合。

(2) 公差带。在极限与配合图解中，由代表上偏差和下偏差或最大极限尺寸和最小极限尺寸的两条直线所限定的区域称为公差带。极限与配合图解也称为公差带图解。

识读方法：

① 在同一公差带图中，孔和轴的公差带的剖面线相反，剖面线宽度不相等，便于识读与区别。

② 尺寸公差带的要素有两个：尺寸公差带大小与尺寸公差带位置。公差带大小是指公差带沿垂直于零线方向的宽度，由公差大小决定；公差带的位置是指公差带相对于零线的位置，由靠近零线的上偏差或下偏差决定。

③ 如图 1-71 所示，零线上方为孔的公差带。基本偏差为下偏差，基本尺寸$\phi 25$，上偏差+0.021，下偏差 0，标注方式$\phi 25^{+0.021}_{0}$。

④ 如图 1-71 所示，零线下方为轴的公差带。基本偏差为上偏差，基本尺寸$\phi 25$，上偏差-0.020，下偏差-0.033，标注方式$\phi 25^{-0.020}_{-0.033}$。

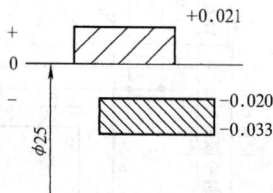

图 1-71

18. 锯削

锯削斜面余料，留锉削加工余量。

斜面锯削方法如图 1-72(a)所示。鸭嘴锤头垂直夹持，在端面垂直起锯 1mm 深的锯路作为斜面锯削的起锯定位，然后将鸭嘴锤头旋转角度夹持，使锯削斜面线成垂直线(如图

1-72(b)所示)，在 1 mm 定位锯路处锯削斜面。

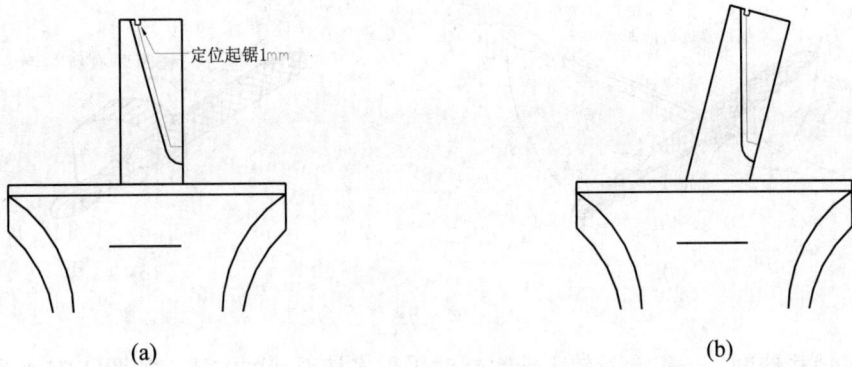

定位起锯1mm

(a)　　　　　　　　　　　(b)

图 1-72

19. 锉削

锉削 $R5$ 与斜面使之相切。

相关知识　圆弧锉削

1. 内圆弧锉削

工件锉削夹持如图 1-73(a)所示。根据圆弧大小选择圆锉或半圆锉，以顺向锉削方法推进的同时，右手顺(或逆)时针转动锉刀 60°左右，并向左(或右)绕圆弧有所移动，如图 1-73(b)所示。此过程同时完成三个动作，即锉削推进运动、顺圆弧锉削移动和绕锉刀轴线转动。这种方法可减少产生多圆弧凹痕，形成光滑圆弧。

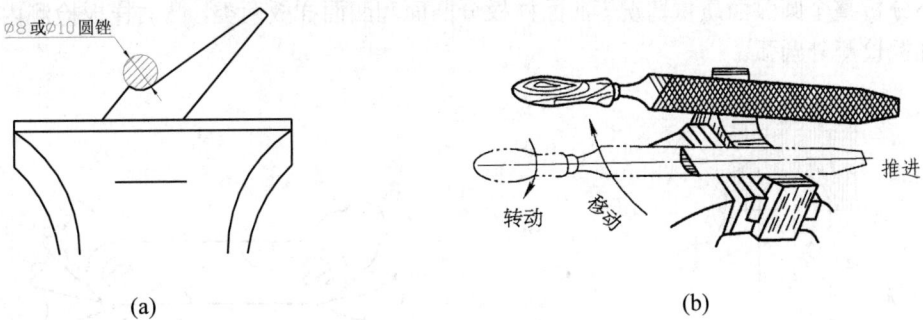

∅8或∅10 圆锉

转动　移动　推进

(a)　　　　　　　　　　　(b)

图 1-73

2. 外圆弧锉削

(1) 顺圆弧锉削。顺圆弧锉削方法如图 1-74(a)所示。在锉刀顺圆弧推进的同时，双手绕圆弧中心上下摆动。即锉削推进时，右手下压，左手跟随锉刀上翘。

(2) 顺向修整锉削。如图 1-74(b)所示，在圆弧表面上进行局部锉削，修正圆弧轮廓度。将锉刀作顺向锉的同时，右手作一个顺(或逆)时针小角度手腕转动，左手跟随右手作相应的协助动作。

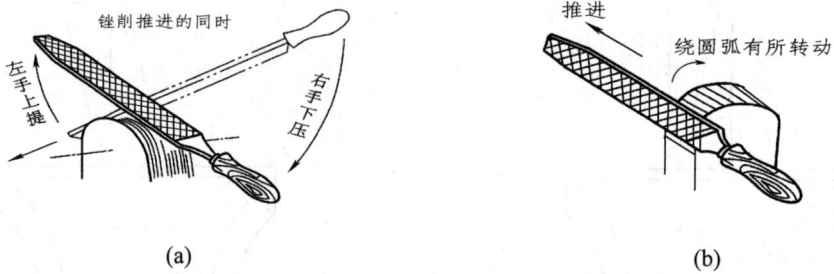

(a)   (b)

图 1-74

(3) 多棱形锉削。一般余量较大或粗锉时采用多棱形锉削方法。如图 1-75 所示，按圆弧要求对称均匀锉削，不断增加棱边数，使锉削面逐步形成多棱圆弧，最后以顺圆弧锉削方法修整圆弧。

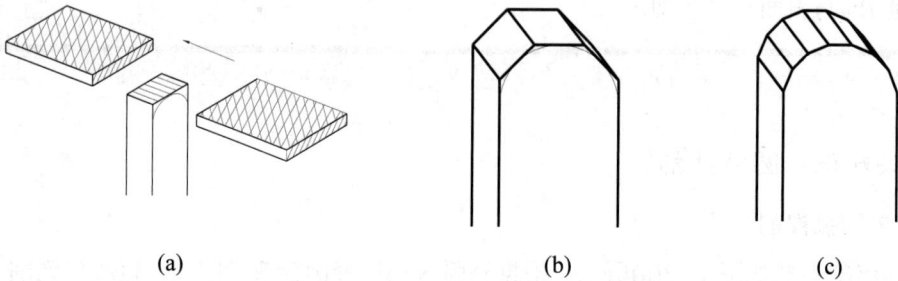

(a)   (b)   (c)

图 1-75

3. 圆弧检测方法

外圆弧检测方法如图 1-76(a)所示，用曲面样板(见图 1-76(b))检测锉削面轮廓度，以透光大小分析整个圆弧面质量情况。曲面样板分凸面和凹面样板两类，凸面样板检测内圆弧，凹面样板检测外圆弧。

(a)   (b)

图 1-76

20. 锉削

锉削 4-$R2.5$ 光滑连接倒角面，锤头夹持方法如图 1-77(a)所示。

注意: (1) $R2.5$ 可利用 V 形架划线。

(2) 平面划线尺寸为 $2.5 \times 1.414 = 3.54$。

21. 倒角

端面四边倒角 $C1$ 均匀对称,夹持方法如图 1-77(b)所示。

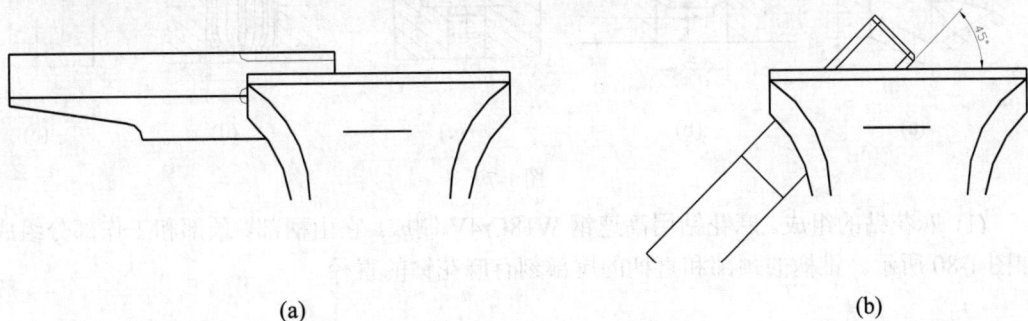

(a)   (b)

图 1-77

22. 划线

划 M10 螺纹孔中心线。

23. 钻孔

钻定中心孔 $\phi3$ 深 3(双面),如图 1-78(a)所示;钻 M10 螺纹孔预孔 $\phi6$;扩 M10 螺纹底孔 $\phi8.5$,如图 1-78(b)所示。

注意检测孔距尺寸,选择正确的中心孔钻预孔,穿孔时手动进给要平稳、缓慢。

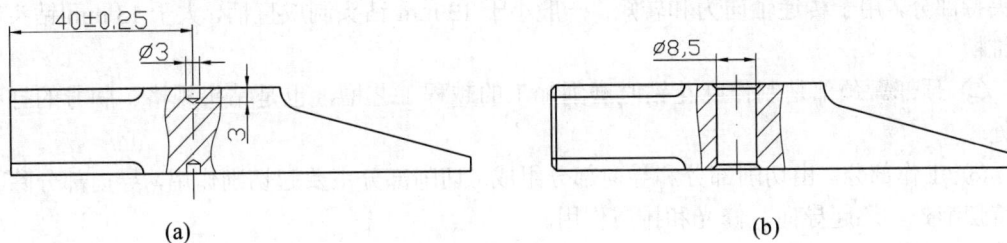

(a)   (b)

图 1-78

24. 倒角

孔口(双面)倒角 $C1.5$。(螺纹孔口倒角必须 $>P/2$,P 表示螺距。)

相关知识　孔加工基础知识

1. 钻孔

用钻头(麻花钻)在工件实体材料上加工出孔的方法,称为钻孔。

钻孔方法主要分两类:一是在工件实体上加工出孔的方法,图 1-79(a)所示即为用钻头进行钻孔的过程;二是在已有孔的基础上进行再加工,如图 1-79(b)~(e)所示依次为扩孔、锪孔、铰孔和攻螺纹。

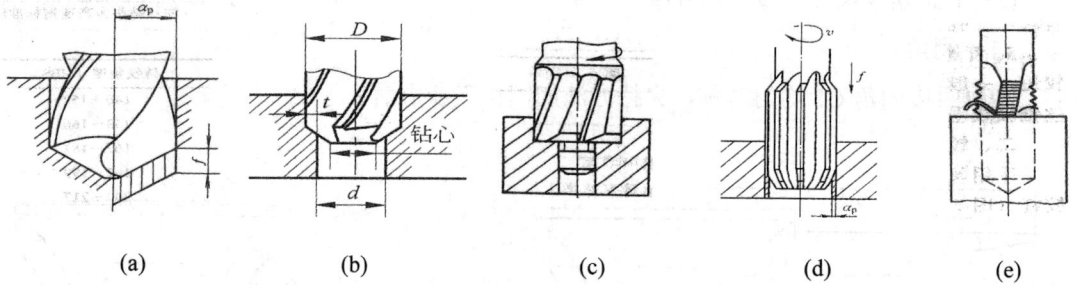

| (a) | (b) | (c) | (d) | (e) |

图 1-79

(1) 麻花钻的组成。麻花钻用高速钢 W18Cr4V 制成，它由柄部、颈部和工作部分组成，如图 1-80 所示。锥柄的颈部和直柄的尾部刻有麻花钻的直径。

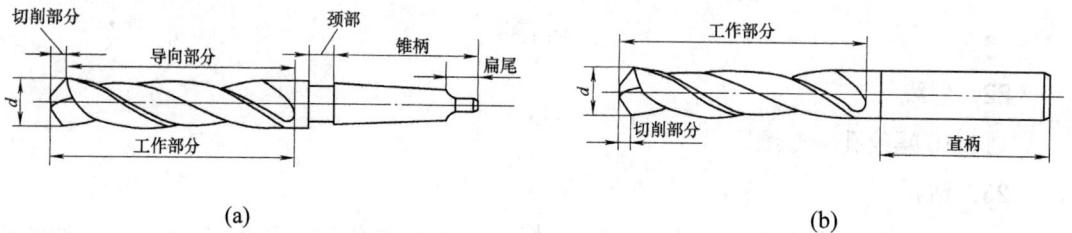

(a)   (b)

图 1-80

① 柄部。麻花钻分直柄和锥柄两种，如图 1-80(a)、(b)所示。柄部是与钻床主轴结合的夹持部分，用于传递轴向力和转矩。一般小于 13 mm 钻头制成直柄，大于 13 mm 钻头制成锥柄。

② 颈部。颈部是制作麻花钻时磨削加工的越程工艺槽，也是钻头规格、牌号的打印之处。

③ 工作部分。由切削部分和导向部分组成。切削部分主要起切削作用，导向部分除了支持切削外，还起导向、修光和排屑作用。

(2) 麻花钻切削部分的几何角度。麻花钻切削部分几何角度、各部分名称及辅助平面如图 1-81(a)～(c)所示，有顶角、前角、后角、横刃斜角、螺旋角、棱边(副后刀面、副切削刃)等。

① 顶角(2ϕ)。钻头两主切削刃在平行面内的投影夹角。顶角大小影向主切削刃上切削力大小，顶角大轴向力大，定心差，顶角小轴向力小，承受转矩大。标准麻花钻顶角为 $118° \pm 2°$。

② 前角(γ_0)。前角是前刀面与基面之间的夹角。前角大小影响切屑变形和主切削刃强度，决定着切削的难易程度。前角大小是变化的，外缘处最大，约 $30°$，接近轴心横刃处最小约 $-30°$。

③ 后角(α_0)。后角是后刀面与切削平面之间的夹角。后角影响后刀面与切削面之间的摩擦和主切削刃强度。主切削刃上各点的后角大小不相等，外缘处最小，约 $8°～14°$，越接近钻心处后角越大，约 $20°～26°$。

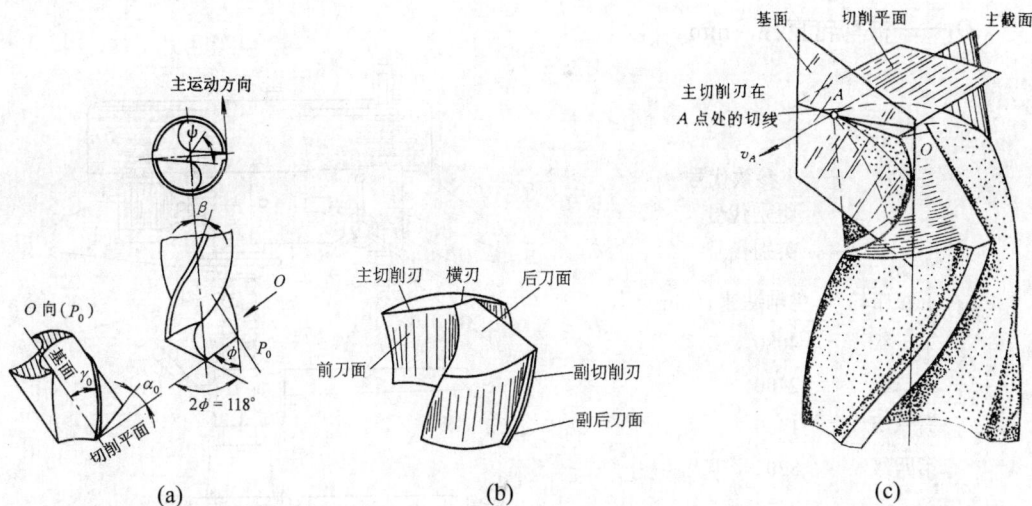

图 1-81

④ 横刃斜角(ψ)。钻头两主切削刃之间的连线称为横刃。横刃斜角是横刃与主切削刃在垂直于钻头轴线平面上所夹的角。它的大小由后角决定，后角大，横刃斜角小，横刃变长。麻花钻横刃斜角约 50°～55°。

⑤ 螺旋角(β)。螺旋角是麻花钻外缘螺旋线与轴心线的夹角。标准麻花钻的螺旋角在 18°～30°之间，它的作用是构成切削刃，利于排屑，又叫前刀面。

⑥ 棱边(副后刀面、副切削刃)。在麻花钻刀尖角外缘处两条略带倒锥的棱边，具有减少与孔壁摩擦的作用。

2. 钻床

钻床是孔加工中的常用设备，图 1-79 中所有的孔加工类型均可利用钻床完成。常用的钻床有台钻、立钻和摇臂钻。

1) 台钻

(1) 台钻概述。台式钻床简称台钻。台钻的钻夹头安装在主轴 3 的锥柄上，用于夹持钻头。台钻的结构简单，操作方便，是企业常用的设备。

图 1-82 给出了 Z4112 型台钻的外形结构及牌号中各位的含义。Z4112 台钻用 A 型三角带传递动力，有五级塔形带轮变换转速，手动调整转速和手动进给切削，钻孔直径小于 13 mm。进给手柄转动轴上有钻孔深度参照尺寸盘和深度要求限位装置。

台钻一般为三角带轮传动，依靠皮带与带轮之间的摩擦传递动力。首先转动(与电机主轴结合)的皮带轮 D_1 叫主动轮，由主动轮带动的皮带轮 D_2 叫被动轮。两个轮的转速比跟这两个轮的直径成反比，叫作传动比，用符号 i 表示。

$$i = \frac{n_1}{n_2} = \frac{D_2}{D_1}$$

式中：n_1——电机转速，r/min；

n_2——主轴转速，r/min；

D_1——主动轮直径，mm；

D_2——被动轮直径，mm。

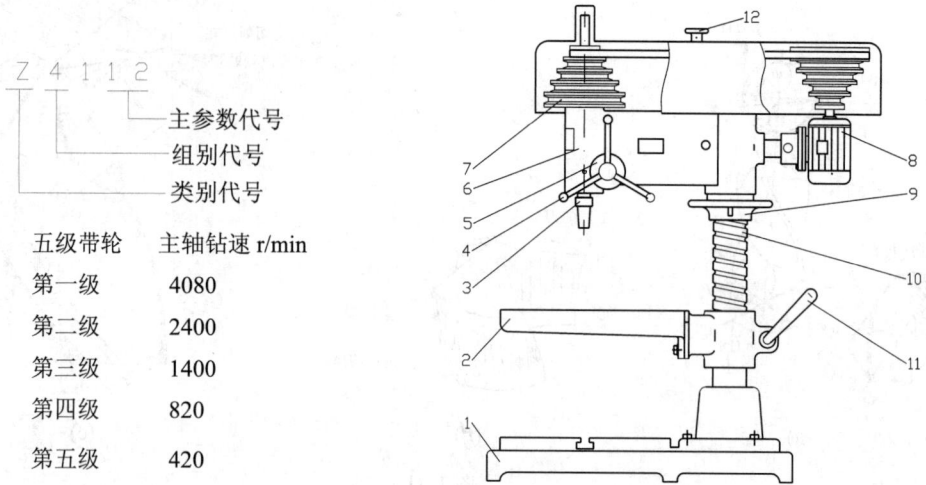

Z 4 1 1 2
主参数代号
组别代号
类别代号

五级带轮	主轴钻速 r/min
第一级	4080
第二级	2400
第三级	1400
第四级	820
第五级	420

1—底座平台；2—升降工作台；3—主轴；4—进给手柄；5—刻度盘；6—主轴箱；

7—带轮；8—电机；9—升降盘；10—立柱；11—锁紧手柄；12—安全罩开关盘

图 1-82

如果传动链中有几对带轮组成，则传动比计算公式为

$$i = \frac{n_1}{n_2} = \frac{D_2 \times D_4 \times D_6}{D_1 \times D_3 \times D_5} \cdots\cdots \tag{1-5}$$

(2) 台钻基本操作方法。

① 转速调整。逆时针旋转安全罩开关盘 12，弹开安全罩，手动调整传动带，将传动带置于带轮 7 所需变速槽内，合上安全罩，顺时针旋转手柄 12 锁紧。

② 高度调整。根据工件夹持高度，选择使用升降工作台 2 或底座平台 1，通过调整机头升降盘 9 或工作台 2 的高低位置获取工作高度和起钻距离，最后锁紧机头手柄和工作台手柄 11。

③ 起钻。按启动按钮，主轴旋转；左手抓住工件(或夹具)对准钻心点，右手转动进给手柄 4。由于台钻是手动进给，起钻和穿孔时右手施加的进给力不宜大，过程要平稳、稍慢。

2) 立钻

(1) 立钻概述。

立式钻床简称立钻，它有齿轮变速和自动进给机构。主轴进给箱和工作台安装在立柱导轨上，可分别手摇升降，调整工作高度。由于立钻刚性好、功能全、操作方便，有传递动力大和传动比大的特点，因此，常用于较大零件的钻孔、扩孔、锪孔、铰孔和攻螺纹等。

图 1-83 所示为 Z535 型立式钻床，其中 Z 是钻床汉语拼音的第一个字母，组别代号是5，代表立式。

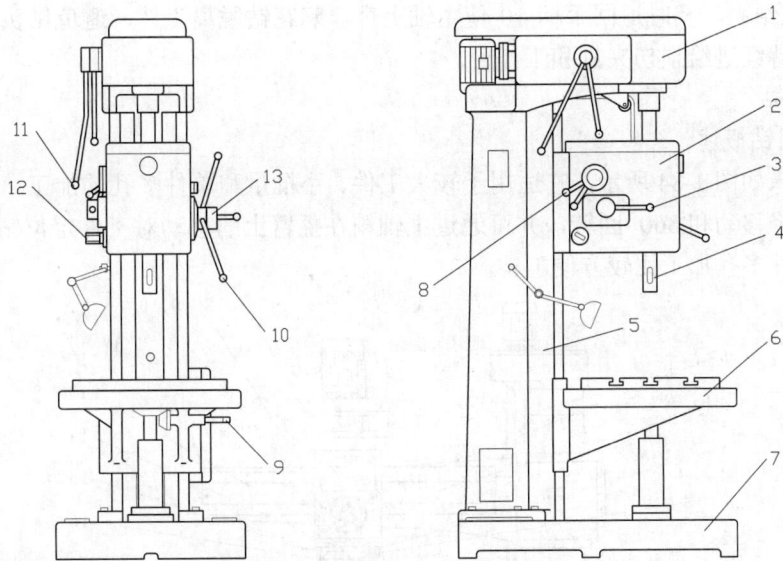

1—主轴箱；2—进给箱；3—操作手柄；4—主轴；5—立柱；6—工作台；7—底座；8—进给量选择手柄；

9、12—升降调整手柄；10—主轴进给手柄；11—转速选择手柄；13—手动自动进给转换手柄

图 1-83

Z535 型立式钻床的主要技术参数为：

最大钻孔直径　　　ϕ35 mm；

主轴内锥孔　　　　莫氏 4 号；

主轴最大行程　　　225 mm；

主轴转速　　　　　68～1100 r/min(共 9 级)；

主轴自动进给量　　0.11～1.6 mm/r(共 12 级)。

(2) 立钻操作基本方法。

Z535 型立钻有齿轮变速机构、自动进给箱和冷却润滑系统，使用前应先了解机床性能，调整好各项要求后方可起动开机，切勿起动后变速。

① 钻速选择。根据工件材质和钻孔直径等要求，选择主轴钻速，对应调整转速选择手柄 11。(立柱上贴有转速选择对应手柄调整牌。)

② 进给选择。Z535 型立钻进给运动有手动进给和自动进给两种。

手动进给：推进进给转换手柄 13，进入手动进给控制，钻孔加工时只要不断转动主轴进给手柄 10 即可。

自动进给：旋转进给量选择手柄 8，选取进给量对照牌中的相应数值，拉出进给转换手柄 13，转动手柄 10 进入自动进给。

③ 工件夹持。将工件固定在工作台上，通过调整用螺栓和压板将工件或夹具压紧固定。

④ 高度调整。根据工作要求，手摇工作台升降手柄 9 或进给箱升降手柄 12，调整工作高度、钻削行程和起钻距离。

⑤ 起钻。开总电源开关，下压操作手柄 3，主轴正转(注：操作手柄 3 上提为反转，中间为停止)。如果选择自动进给，在手动起钻正确后，再拉出自动进给手柄 13。

⑥ 钻孔结束，及时退回手柄 10 使主轴上升，麻花钻脱离工件，避免钻头在工件孔中产生摩擦或持续进给损伤夹具和工作台。

3) 摇臂钻

(1) 摇摇钻概述。

摇臂钻床如图 1-84 所示，它适用于较大工件、小批量和单件多孔的加工。由于摇臂可以沿立柱升降移动和 360°回转，并可通过主轴箱在摇臂上的移动对工件定位钻孔。因此，对大件或单件多孔加工比较方便。

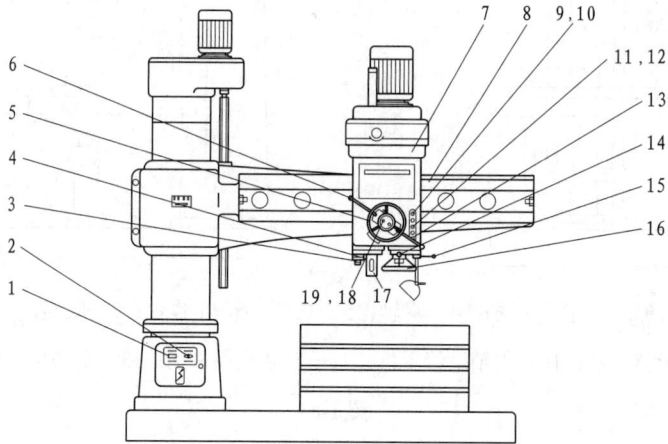

1—水泵开关；2—总电源开关；3—主轴转速选择盘；4—自动进给量选择盘；5—主轴箱移动手轮；
6—主轴进给手柄；7—主轴箱；8—摇臂；9、10—液压起动、停止按钮；11、12—摇臂升降按钮；
13—急停按钮；14—自动进给手柄；15—主轴操作手柄；16—微动进给手轮；17—主轴；
18、19—机床松开、锁紧按钮

图 1-84

摇臂钻的规格较多，常用摇臂钻牌号有 Z3025～Z3080 等。牌号为 Z3040 的摇臂钻的组别代号 3 为卧式，40 表示最大钻孔直径为 ϕ40 mm。

(2) 摇臂钻的基本操作。

① 工件装夹。先开总电源开关 2，按液压起动按钮 9，按机床松开按钮 18(3～5 秒)解开机床锁紧，按摇臂上升按钮 11 使摇臂上升足够高度，并推转摇臂使工作台有足够空间，按机床锁紧按钮 19(3～5 秒)机床锁紧。然后在工作台上安装工件或夹具并固定压紧。

② 高度调整。按机床松开按钮 18，转动摇臂、移动主轴箱使主轴对准工件上方，将麻花钻插入主轴莫氏锥孔内，按升降按钮 11、12 相应调整主轴工作行程和起钻距离。

③ 调整主轴转速和自动进给量。在主轴转速选择盘 3、自动进给量选择盘 4 的外缘上刻有相应的选择数值，旋转选择盘 3 和 4，使选取转速和进给量数值对准选择盘上方的基准点。

④ 垂直下压主轴操作手柄 15(5～10 秒)，液压调整系统工作，自动变换转速和进给量。(手柄 15 有五个功能：下压是变速，上提是空挡，中间是停车，顺时针拉主轴正转，逆时针推主轴反转。)

⑤ 起钻准备。左手转动进给手柄 6，使主轴伸向工件，右手转动主轴箱移动手轮 5，同时推拉移动手轮，转动摇臂 8，使麻花钻顶角对准钻孔中心点，待定位正确后按机床锁

紧按钮 19(5～10 秒)锁紧机床。

⑥ 起钻。拉主轴操作手柄 15 主轴正转，手动进给时转动主轴进给手柄 6 即可；若拉合主轴进给手柄 6，下压自动进给手柄 14，则进入自动进给。

主轴进给手柄 6 有三个功能：推开并旋转手柄 6 为手动进给；拉合手柄 6，转动手柄 16 为微量进给；拉合手柄 6，下压手柄 14 为自动进给。

3．金属切削过程

(1) 切削运动。切削时刀具与工件的相对运动称为切削运动。切削运动分主运动和进给运动。主运动是直接切除工件上多余金属层，使之转变为切屑的运动；进给运动是主轴向下移动使新的金属层不断地投入切削的运动。如图 1-85(a)所示，钻孔时钻头的旋转运动为主运动。

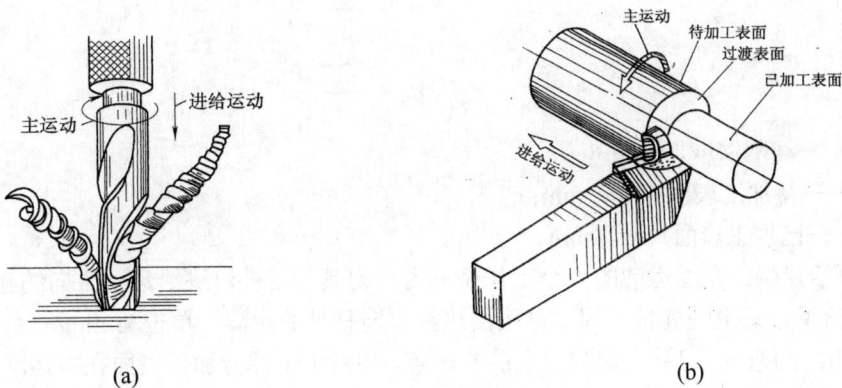

(a)   (b)

图 1-85

(2) 切屑的形成。在切削过程中，刀具切除工件上多余金属层而形成了切屑。切屑的形成，实质上是切削层在刀具的挤压作用下产生弹性变形、塑性变形、剪切滑移的结果。

(3) 切屑形成的工件表面，如图 1-85(b)所示。

① 待加工表面：工件上将被切去金属层的表面。

② 已加工表面：工件上已被切去金属层的表面。

③ 过渡表面：刀具主切削刃正在切削的表面，即已加工表面和待加工表面的连接面。

(4) 切屑的类型。

① 带状切屑：切削塑性材料时，选择较高切削速度和较小切削深度时易产生内表面光滑，外表面毛茸状连绵不断的带状切屑，如图 1-86(a)所示。

② 挤裂切屑：切削塑性材料时，选择较低切削速度和较大切屑深度时易生成内表面有裂纹，外表面呈齿状的挤裂切屑，如图 1-86(b)所示。

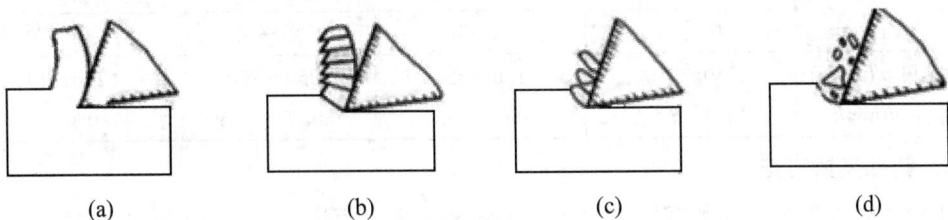

(a)   (b)   (c)   (d)

图 1-86

③ 单元切屑：在挤裂切屑生成过程中，如果切屑破裂成梯形块状，称为单元切屑。单元切屑又称粒状切屑，如图 1-86(c)所示。

④ 崩碎切屑：在切削铸铁、黄铜等脆性材料时，切削层未变形已经崩碎，成不规则粒状切屑。如图 1-86(d)所示。

(5) 切削力。切削力是切削时工件材料抵抗刀具切削所产生的阻力。切削力分主切削力、切深抗力和进给抗力。

(6) 切削用量。切削用量是衡量切削运动大小的参数，又称切削三要素，即背吃刀量(切削深度)a_p、进给量 f 和切削速度 v。

在切削用量中影响切削力最大的是背吃刀量，其次是进给量，最后是切削速度。

① 背吃刀量(a_p)：待加工表面与已加工表面之间的垂直距离。

钻孔：
$$a_p = \frac{D}{2}$$

(1-6)

扩孔：
$$a_p = \frac{D-d}{2}$$

式中，a_p——切削深度，mm；

D——待加工表面直径，mm；

d——已加工表面直径，mm。

② 进给量(f)：在主运动的一个工作循环内，刀具与工件沿进给运动方向的相对位移。如钻削进给量，是主轴旋转一周，钻头沿进给方向移动的距离，单位为 mm/r。

③ 切削速度(v)：刀具主切削刃上的某一点，相对于工件待加工表面在主运动方向的瞬时速度(主运动的线速度)。

$$v = \frac{\pi dn}{1000}$$

(1-7)

式中，v——切削速度，m/min；

d——钻头直径，mm；

n——钻床主轴转速，r/min。

4. 钻孔切削用量选择

钻床对一般钢材料的钻孔切削用量参考值如表 1-3 所示。

表 1-3　一般钢材料钻孔切削用量

钻孔直径(d)/mm	1～2	2～3	3～5	5～10
钻削速度 n/(r/min)	10000～2000	2000～1500	1500～1000	1000～750
进给量 f/(mm/r)	0.005～0.02	0.02～0.05	0.05～0.15	0.15～0.3
钻孔直径 d/mm	10～20	20～30	30～40	40～50
钻削速度 n/(r/min)	750～350	350～250	250～200.	200～100
进给量 f/(mm/r)	0.3～0.5	0.6～0.75	0.75～0.85	0.85～1

5. 钻孔夹持方法

孔加工时工件夹持一般根据其大小、形状和钻削力等情况，选用相应的夹持装置和夹持方法，保证安全和操作平稳，并提高孔的加工质量。常用的孔加工夹持装置有平口钳、可夹式 V 形架、垫铁与压板、角铁、手虎钳、三爪卡盘，分别如图 1-87(a)～(f)所示。

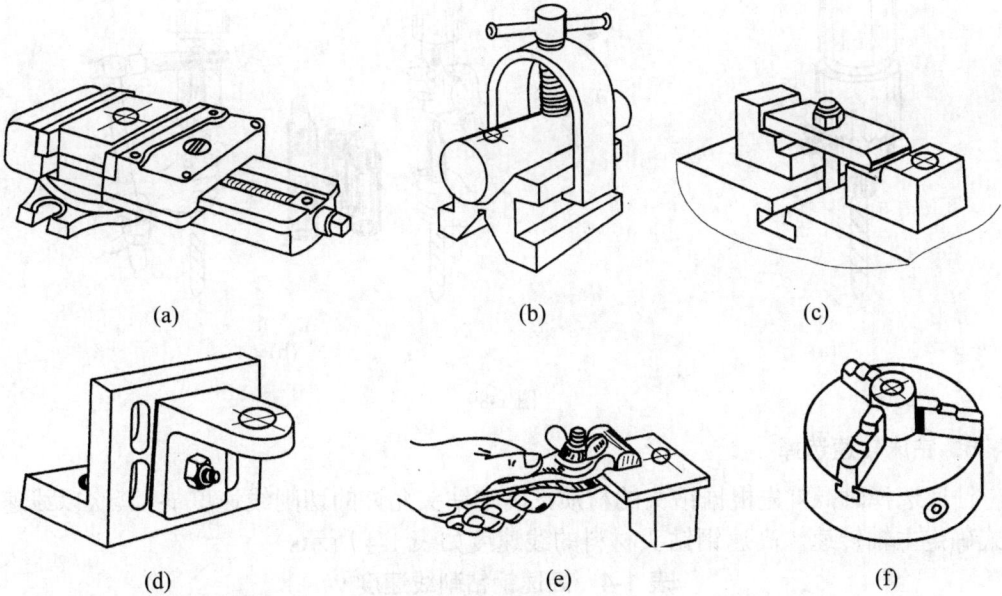

(a)	(b)	(c)
(d)	(e)	(f)

图 1-87

(1) 鸭嘴锤头夹持。鸭嘴锤头为长方体，选择平口钳装夹较为平稳、可靠，如图 1-88(a)所示。

注意：为保证孔距尺寸的正确，除了敲中心样冲眼外，还可在钻孔直径处划相应的尺寸圆或方框，敲样冲眼用于起钻时观察和调整孔径线对称中心的偏离情况，如图 1-88(b)所示。

40 ± 0.25

(a)	(b)

图 1-88

(2) 钻头装拆方法。

① 直柄钻头装拆。小于 $\phi13$ 的直柄钻头使用钻夹头夹持。装夹钻头时旋转夹头外壳，将钻头柄部插入夹头三爪内，用钻夹头钥匙扳手装入夹头上的孔中，使钥匙上的齿形与夹头外壳齿盘结合，顺时针旋转钥匙柄锁紧钻头。即正反旋转钥匙扳手，三爪开始伸缩，实现夹紧与放松功能，如图 1-89(a)所示。

② 锥柄钻头装拆。用钻头锥柄与钻床主轴锥孔连接，连接时擦净柄部，使扁尾平行于主轴腰形孔并与轴线一致，利用手臂冲力将扁尾插入锥孔使之锁紧。如果锥柄小于锥孔，应选用锥套过渡连接。拆卸时，用斜铁插入主轴(或锥套)的腰形孔中敲击斜铁即可，如图 1-89(b)所示。

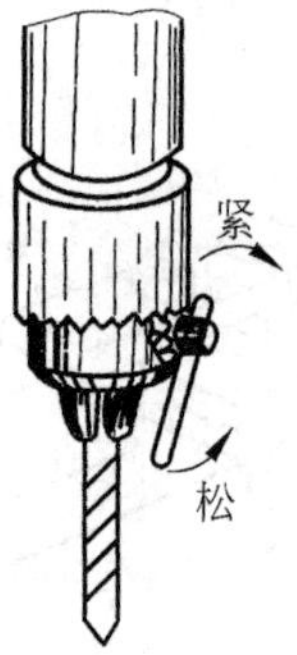

(a) 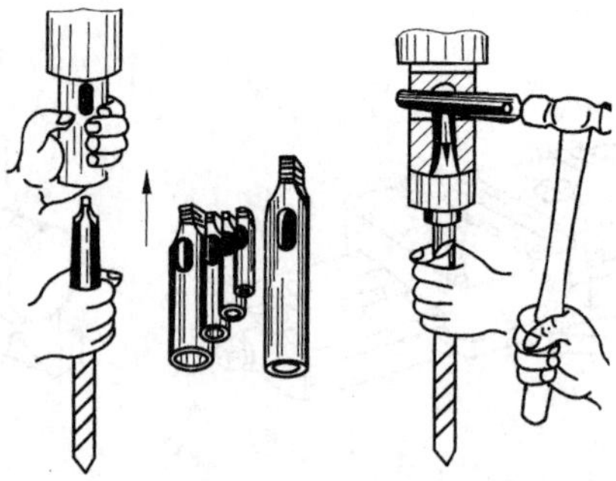   (b)

图 1-89

6．钻床转速选择

钻速选择时，首先根据钻头的材质，确定钻头允许的切削线速度 v；其次以线速度公式确定主轴转速。高速钢钻头材料的线速度如表 1-4 所示。

表 1-4　高速钢钻削线速度 v

高速钢钻头	铸铁	钢件	青铜、黄铜
钻削线速度 m/min	14～22	16～24	30～60

7．切削液选择

钻头在切削过程中会与工件和切屑摩擦产生切削热，切削热会影响钻头的使用寿命和孔的加工质量，因此，钻孔时应加注切削液降温，切削液的选用可参见表 1-5。

表 1-5　钻孔材料用切削液

工件材料	切 削 液
各类结构钢	3%～5%乳化液，7%硫化乳化液
不锈耐热钢	3%肥皂加 2%亚麻油水溶液，硫化切削液
铜	不用或 5%～8%乳化液
铸铁	不用或 5%～8%乳化液，煤油
铝合金	不用或 5%～8%乳化液，煤油，煤油与柴油的混合油
有机玻璃	5%～8%乳化液，煤油

8．起钻

起钻是钻孔的开始，起钻的好坏对孔的质量和孔距尺寸影响较大。因此，起钻时要缓慢，钻尖对准中心点，钻出浅坑后，检查浅坑圆与划线圆是否同心。

(1) 若偏离划线圆但超差不多，如图 1-90(a)所示，可微量调整工件(或主轴)进行借正。调整后借正钻削用手动进给，并多次点钻方式致产生正确浅坑为止。

(2) 若偏离划线圆较多，可用錾子在偏移方向的对应面上錾出几条浅沟槽，减少此处的切削阻力，使钻头钻削时反向偏移，达到借正目的，如图 1-90(b)所示。

(3) 借正后的浅坑圆如图 1-90(c)所示。

图 1-90

25．攻丝

攻 M10 螺纹，用角尺检测垂直度，加冷却润滑油。

相关知识 螺纹加工及相关知识

1．螺纹

螺纹加工是孔加工内容之一。用丝锥切削加工内螺纹称为攻螺纹，如图 1-91(a)所示；用板牙切削加工外螺纹称为套螺纹，如图 1-91(b)所示。

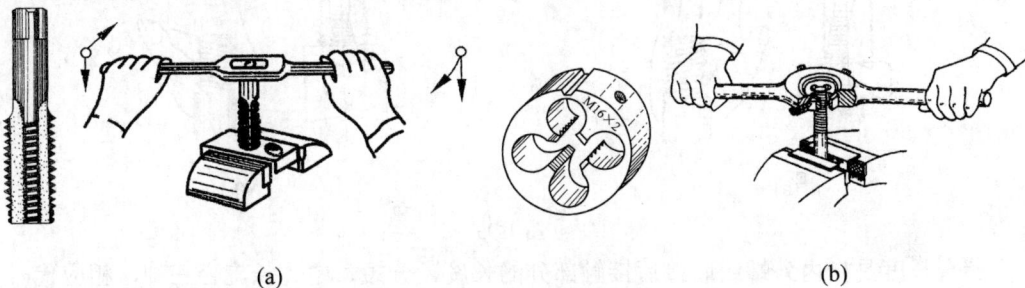

图 1-91

(1) 螺纹种类。螺纹种类较多，常用螺纹有标准螺纹、非标准螺纹和特殊螺纹。其中标准螺纹又分为普通螺纹、管螺纹、梯形螺纹和锯齿形螺纹。

(2) 螺纹加工形式。螺纹加工形式多种多样，有车削螺纹、磨削螺纹和机攻螺纹等，钳工只能加工普通螺纹和管螺纹(三角螺纹)。

(3) 螺纹参数。螺纹参数包括牙型、大径(直径)、线数(头数)、螺距(或导程)、旋向和精度等。

① 牙型。牙型是指螺纹轴线剖面内的轮廓形状，有三角形、矩形、梯形、锯齿形和圆形等，如图 1-92(a)～(e)所示。

② 大径(D、d)。大径是指外螺纹牙顶或内螺纹牙底的假想圆柱直径，公称直径。

③ 线数(n)。线数是指一个螺纹上旋转线的数目(头数 n)。

④ 螺距(P)、导程(P_h)。螺距是指相邻两牙在中径线上对应两点间的轴向距离。导程是指同一条螺旋线上的相邻两牙在中径线上对应两点间的轴向距离。对于单线螺纹，螺距就等于导程；对于多线螺纹，导程等于螺距与线数的乘积，$P_h = P \cdot n$。

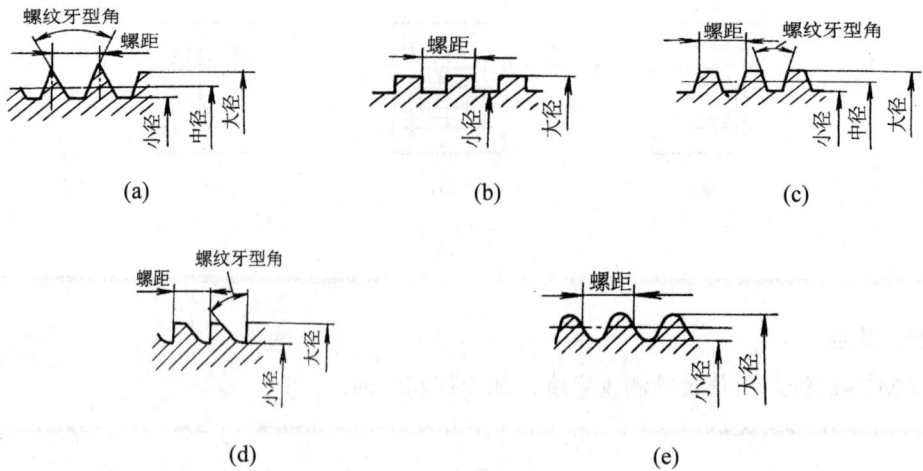

(a)   (b)   (c)

(d)   (e)

图 1-92

⑤ 旋向。螺纹旋向有左旋和右旋两种,顺时针旋入的螺纹为右旋,而逆时针旋入的螺纹为左旋,常用为右旋。图 1-93 所示为螺纹旋向的判别方法。

⑥ 精度。按三组旋合长度规定了相应若干精度等级,用公差带代号表示。

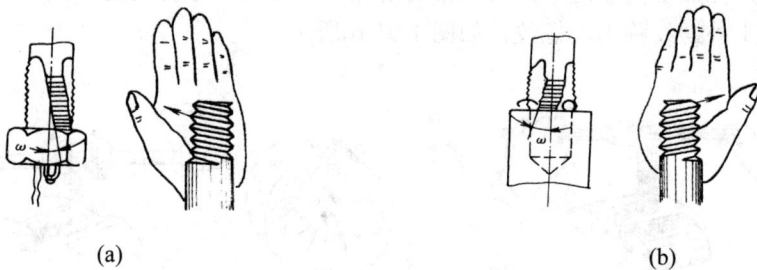

(a)   (b)

图 1-93

旋合长度是指内外螺纹联接后接触部分的长度,分短、中、长旋合三种,相应代号为 S、N、L。一般常用选择中等旋合长度,其代号 N 可省略不标。螺纹公差带由基本偏差和公差等级组成。

普通螺纹标记由螺纹代号、公差带代号和旋合长度组成。如普通螺纹国标 GB/T197—1981 规定标注方式:M12—5g6g—S 中,M12 表示普通粗牙螺纹、大径 12,普通粗牙螺纹不标螺距,S 表示短旋合长度,5g 表示中径公差带代号,6g 为大径公差带代号。又如 M20×2LH—6H 中,M20×2 表示普通细牙螺纹,大径 20、螺距 2,LH 表示左旋,6H 表示中径和大径公差带代号。

2. 攻螺纹工具

(1) 丝锥。

丝锥是加工内螺纹的工具,分机用丝锥(见图 1-94(a))和手用丝锥(见图 1-94(b))两种。机用丝锥用高速钢制成,手用丝锥用合金工具钢或轴承钢制成。

丝锥由工作部分和柄部组成,如图 1-94 所示。工作部分包括切削部分 L_1 和校准部分 L_2。切削部分制成锥形,由于丝锥外圆开有 3~4 条容屑槽,因而利用容屑槽和丝锥旋转方向磨制前角和后角,呈锥形多刃切削。校准部分有完整的牙型,起导向和修光作用。柄部方榫用以传递转矩。

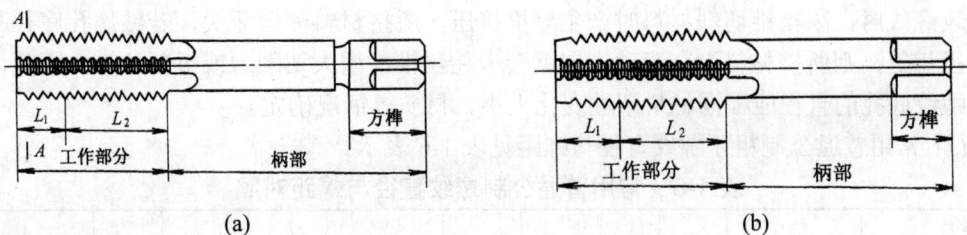

图 1-94

为了减少切削力和提高丝锥的使用寿命，把攻螺纹的整个切削量分配给几支丝锥，手攻丝锥 2～3 支为一组(分头攻、二攻、三攻)。其切削分配方式有锥形式和柱形式，如图 1-95(a)、(b)所示。

图 1-95

锥形式丝锥攻丝时，因一组中每支丝锥的大径、中径和小径都相等，只是切削部分的锥度不等，攻丝采用一、二、三攻进行切削。

柱形式丝锥攻丝时，因一组中每支丝锥的大径、中径、小径都不同，故攻丝顺序不能搞错，依次选用可使切削省力，得到较小表面粗糙度值。

(2) 铰杠。

铰杠是夹持丝锥和铰刀的工具。

铰杠有普通铰杠和丁字形铰杠两种，其中又分为固定式和可调式，其中可调式可根据方榫的大小选择和调整使用。铰杠如图 1-96 所示，其中图(a)、(b)分别为普通固定式和普通可调式；图(c)、(d)分别为丁字形固定式和可调式。

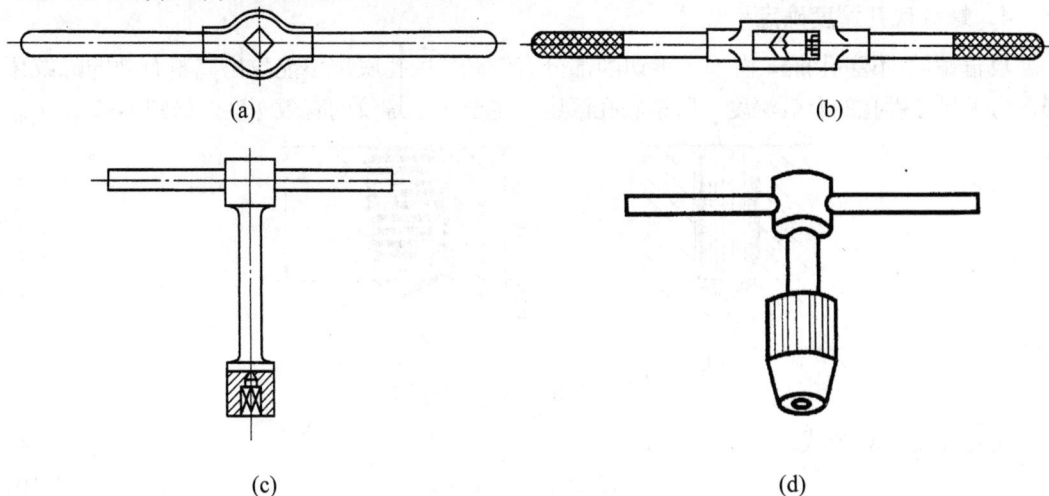

图 1-96

3．螺纹底孔直径确定

攻螺纹时，因丝锥切削材料时产生摩擦挤压，所挤材料流向牙尖，若钻螺孔底径与螺纹小径相等，则所挤材料没有流动去向就会卡住丝锥，增大切削力或折断丝锥。因此，加工时螺纹底孔的直径应根据材料塑性变化大小、材质等情况确定。

(1) 常用普通公制粗牙螺纹直径与螺距见表1-6表示。

表1-6　常用普通公制螺纹直径与螺距对照

直径 D /mm	2	3	4	5	6	8	10	12	14	16	18	20	22	24
螺距 /mm	0.4	0.5	0.7	0.8	1	1.25	1.5	1.75	2	2	2.5	2.5	2.5	3

(2) 钢件或塑性较大材料的底孔直径计算公式：

$$D_孔 = D - P \tag{1-8}$$

式中：$D_孔$——螺纹底孔直径，mm；

D——螺纹大径，mm；

P——螺距，mm。

例1-4　鸭嘴锤头上攻制M10螺纹孔。

分析：因鸭嘴锤头材料为Q235，是碳素结构钢，塑性较大，攻制M10普通螺纹时用钢件底孔直径计算公式。

已知M10螺距 $P=1.5$ mm，$D=10$ mm，求 D 孔。

根据底孔公式得：$D_孔 = D - P = 10 - 1.5 = 8.5$(mm)

故在鸭嘴锤头上钻M10螺纹底孔的直径为 $\phi 8.5$ mm。

(3) 铸铁或塑性较小材料，底孔直径计算公式：

$$D_孔 = D - (1.05 \sim 1.1)P \tag{1-9}$$

式(1-9)中的1.05~1.1是螺纹底孔大小的取值系数，对塑性变形较小的材料选择较大数值，反之选择较小数值。

4．螺纹底孔深度确定

攻盲螺纹(不穿孔)时，由于丝锥切削部分有锥角，盲孔底部不能攻出完整有效的螺纹牙形，为了保证螺孔的有效深度，所钻底孔深度一定要大于螺纹的有效深度，如图1-97所示。

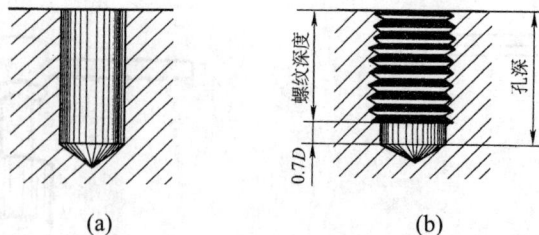

(a)　　　　　　　　(b)

图1-97

底孔深度计算公式：

$$H_深 = h_{有效} + 0.7D \tag{1-10}$$

式中：$H_深$——底孔深度，mm；

$h_{有效}$——螺纹有效长度，mm；

D——螺纹大径，mm。

例 1-5　在一零件上加工 M8×20 螺纹孔，材料为 HT15—33(铸铁)。

分析：因铸铁塑性变形较小，采用塑性变形较小的计算公式，系数选 1.1；又因 M8 螺纹孔的盲孔有效深度为 20，故应计算螺纹底孔深度。

己知 M8 的螺距 $P=1.25$mm，$D=8$ mm，系数 1.1，h 有效=20，求 D 孔，H 深。

根据底孔公式得：$D_{孔}=D-1.1P=8-1.1×1.25=6.625$ mm

由于麻花钻没有$\phi 6.625$ mm 钻头，所选择钻头直径为$\phi 6.6$ mm。

再根据底孔深度公式得：$H_{深}=h_{有效}+0.7D=20+0.7×8=25.6$ mm

故底孔有效深度取 26 mm。

5．攻螺纹

攻螺纹前将底孔口双面倒角，略大于螺纹大径，这样既可使丝锥容易切入材料，又可避免螺纹孔口碰撞，产生变形损坏。

(1) 工件夹持应保持底孔垂直于平面，便于攻螺纹时观察和控制垂直度。检测垂直度的方法如图 1-98(a)所示。

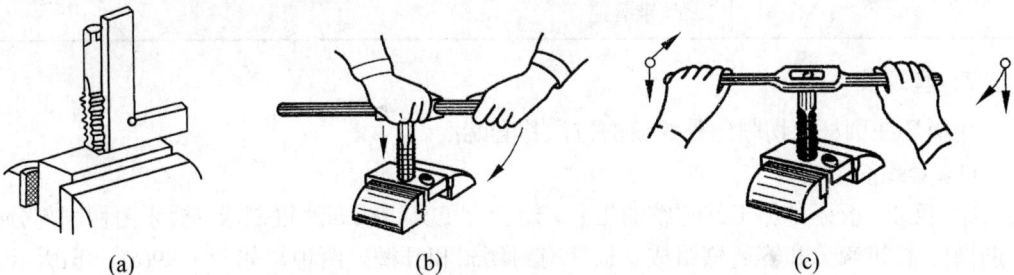

(a)　　　　　(b)　　　　　(c)

图 1-98

(2) 起攻时，把丝锥垂直置于底孔端面，两手掌握平稳，对丝锥稍加压力缓慢转动铰扛，如图 1-98(a)所示。当切入 1～2 牙后，检测并校准丝锥垂直度，若有偏斜，反转丝锥 1/4 转左右，使丝锥与所攻牙型有间隙，然后校准丝锥继续切入。

(3) 丝锥切入 3～4 牙后，可不施加压力，转动铰杠即可，过程中经常反转 1/3 圈，使切屑断碎便于排屑，避免容屑槽堵塞或折断丝锥，如图 1-98(c)箭头示向。

(4) 攻盲孔螺纹，要常退出丝锥清除底孔内切屑，避免攻丝达不到深度要求或者因切屑堵塞而折断丝锥。

(5) 攻塑性材料或精度较高的螺纹时，应加切削润滑液以提高螺纹精度和表面粗糙度，常用切削液的选用见表 1-7 所示。

表 1-7　攻螺纹切削液的选用

零 件 材 料	切　削　液
钢	乳化液、机油、菜油等
铸铁	煤油
铜合金	机械油、硫化油、甘油＋矿物油
铝合金	50%煤油＋50%机械油、85%煤油＋15%亚麻油、松节油

6. 攻螺纹常见缺陷分析

攻螺纹时经常产生质量问题，常见缺陷分析见表 1-8。

表 1-8 攻螺纹时常见缺陷分析

缺 陷 形 式	产 生 原 因
丝锥崩刃、折断或磨损过快	1. 螺纹底孔直径偏小或盲孔深度不够。 2. 没用切削液或切削液选择不当。 3. 机攻螺纹时切削速度偏快。 4. 手攻螺纹时两手用力不均或用力过猛，未常反转断屑，切屑堵塞
螺纹烂牙	1. 丝锥磨钝或切削刃上粘有积屑瘤。 2. 丝锥起攻与孔口端面不垂直，强行矫正。 3. 直接用二锥、三锥起攻螺纹。 4. 未加切削液
螺纹牙形不整	1. 螺纹底孔直径过大，同时易产生滑牙， 2. 丝锥磨钝

7. 套螺纹

用板牙在圆杆上切削出外螺纹的方法称套螺纹。

(1) 套螺纹工具。

① 板牙。板牙是加工外螺纹的工具，用合金工具钢或高速钢制成。板牙由切削部分(正反两面)、校准部分和容屑槽组成。板牙有封闭式和开槽式两种，如图 1-99(a)、(b)所示。

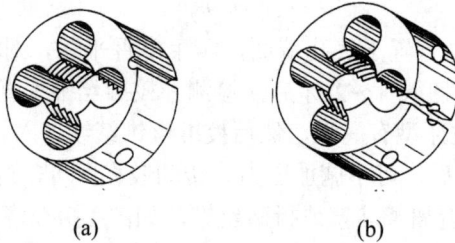

(a)   (b)

图 1-99

② 板牙架。板牙架是安装与夹紧板牙的工具。如图 1-100 所示，装入板牙后拧紧螺钉即可使用。

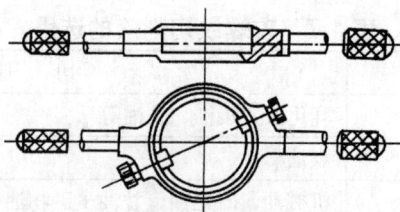

图 1-100

(2) 螺纹外圆直径确定。套螺纹过程中，板牙在切削材料的同时，因受挤压而产生塑性变形，所以套螺纹前圆杆直径应稍小于螺纹大径。圆杆直径计算公式为

$$d_{杆}=d-0.13P \tag{1-11}$$

式中：$d_{杆}$——套螺纹前圆杆直径，mm；

　　　d——螺纹大径，mm；

　　　P——螺距，mm。

(3) 套螺纹方法：

① 确定螺纹直径，切入端倒角 15°～20°，如图 1-101 所示。

② 虎钳夹持时，应使用软钳口或 V 形块。

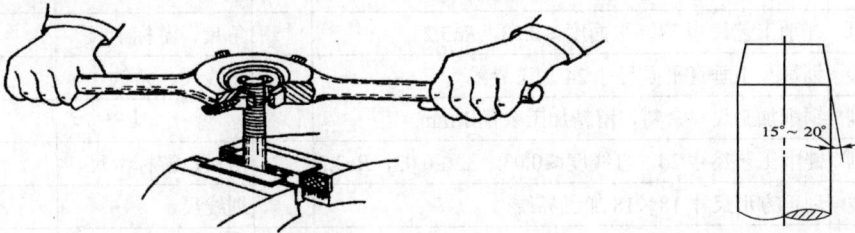

图 1-101

③ 套螺纹前注意板牙与圆杆的垂直要求。

④ 套螺纹时，两手平稳，适当施加压力，切入两牙后检查是否符合要求；如果歪斜退出半牙调整角度，缓慢切入，待正常后要经常反转 1/3 圈用于断屑。

⑤ 套螺纹与攻螺纹一样，应加润滑油，以提高表面粗糙度、改善切削力、延长刀具使用寿命。

26. 检验

企业检验实施三检制度。检验的目的是应用量具等检测工具，检查零件在加工过程中的每道工序是否符合图纸技术要求，及时发现零件加工质量问题，避免产生批量废品，并纠正加工错误，提高产品合格率。

(1) 自检：个人自己检验完成零件加工的本道工序，保证加工的正确性。

(2) 互检：由班组内同一工种之间的技术骨干对所加工的本道工序进行检验。

(3) 专检：由专职检验员完成，专职检验员的职责是对生产的所有零件进行检验，检验时对每个零件都要进行首检、抽检和终检。首检是对每个工序加工的第一个零件进行检验；抽检是在零件加工过程中随时进行抽样检验；终检是零件加工结束后的进行检验。

四、编制钳工加工工艺规程

加工工艺是企业制造产品、加工零件的方法。它依据图纸技术要求，结合生产设备、工量具和工装夹具等设施进行分析，编制零件加工操作规程。良好的加工工艺是用最简单的方法，加工出效率高、成本低、易操作的合格零件。

因此，编制加工工艺规程，要细致分析图纸的技术要求，零件加工的难易程度和加工

与测量的基准，熟悉加工设备、工量具规格与特点及员工技能素质等。

机械加工工艺过程卡		产品名称	鸭嘴锤头		零件图号		共 页	
					零件名称		第 页	
材料牌号	Q235	毛坯种类	圆钢	毛坯尺寸		$\phi 30 \times 102$	件数	1
工序	名称	工 序 内 容			设备	工艺装备	工 时	
							单件	准终
1	锉削	锉削一端面，⊥≤0.03，Ra3.2				角尺		
2	划线	划锤头1平面尺寸加工界线。(应用V形架划线)				划线尺、V形架		
3	锯削	锯削加工尺寸余料，留精加工余量1 mm						
4	锉削	锉削工艺尺寸24，平面度≤0.03，Ra3.2				角尺、游标卡尺		
5	划线	划锤头1垂直平面尺寸24加工界线				划线尺、角铁		
6	锯削	锯削加工尺寸余料，留精加工余量1 mm						
7	锉削	锉削工艺尺寸24，直线度≤0.03，⊥≤0.03，Ra3.2				角尺、游标卡尺		
8	划线	划正方形尺寸18×18加工界线				划线尺		
9	锯削	锯削加工尺寸余料，留精加工余量1 mm						
10	锉削	锉削尺寸18±0.05，//≤0.03，⊥≤0.03，Ra3.2				角尺、千分尺		
11	锉削	锉削尺寸100±0.05，⊥≤0.03				游标卡尺、角尺		
12	划线	划鸭嘴尺寸3、R5和斜面加工界线				划线尺		
12	锯削	锯削加工尺寸余料，留精加工余量						
13	锉削	锉削尺寸3、R5和斜面				R规、游标卡尺		
14	划线	划4-R2.5加工尺寸界线				划线尺、V形架		
15	锉削	锉削4-R2.5、倒角4-C3.5(工艺尺寸)				游标卡尺		
16	划线	划8-C1尺寸加工界线				划线尺、V形架		
17	锉削	锉削8-C1						
18	划线	划M10加工尺寸界线				划线尺		
19	钻孔	(1) 钻M10定位中心孔$\phi 3$			台钻	A3中心钻		
		(2) 钻M10螺纹底孔$\phi 8.5$				$\phi 8.5$麻花钻		
		(3) 倒角C1.5				倒角钻		
20	攻丝	攻M10螺孔				M10丝锥、铰杠		
21	检验							

五、小结

(1) 锯削与锉削操作，动作应协调自然，注意切削速度。

(2) 对基础技能，从理论上领悟要求，在实践中掌握方法。

(3) 锉削时控制尺寸公差和形位公差，要多检测、常修正。

(4) 通过鸭嘴锤头制作，学习加工分析，重视加工工艺规程。

项目二 凹凸配合

一、项目学习任务书

项目名称	凹凸配合	制作方法	按图纸要求钳工制作
工作任务	**知识要求**		**能力要求**
1 项目学习与操作准备	·识读图纸，熟悉技术要求。 ·分析锉削配合顺序与特点。 ·熟悉备料要求。 ·了解毛坯面作基准的选择应用方法		·熟悉加工基准应用方法。 ·掌握备料加工要求和检测方法。 ·掌握备料加工工艺方法。 ·熟悉平均值锉削控制方法
2 项目备料与实施操作	·了解相关工艺尺寸的含义和作用。 ·熟悉表面粗糙度概念和代号含义。 ·熟悉制作工艺分析方法		·掌握尺寸公差形位公差锉削控制。 ·掌握加工基准应用与检测方法。 ·掌握基准件加工控制方法
3 项目配合加工与检测	·熟悉配合术语及定义。 ·了解配合相同尺寸一致性的作用。 ·通过配作认识基准件的重要性		·掌握透光法和轻敲摩擦检测方法。 ·掌握配作修整基本方法。 ·熟悉配合清角修整目的
4 参考教材	·公差配合与技术测量(机械工业出版社) ·机械制图(机械工业出版社)		

二、凹凸配合项目分析

1. 图纸分析

根据图纸(见图 2-1)与技术要求分析，凹凸件配合制作是以凸件为基准，凹件内腔配作，配合后凸件翻转 180°再次配合。要求检测两次，使其满足配合直线度≤0.06、配合尺寸 52±0.06，配合间隙≤0.05，并检测单件尺寸公差、形位公差使之符合要求。

(1) 凹凸件配合为对称中心线的换向配合。为保证换向配合直线度≤0.06，必须控制件 1 凸台和件 2 内腔的对称度，对称加工精度小于等于 0.03，以保证配合直线度要求。

(2) 保证换向配合间隙≤0.05。注意控制基准件加工尺寸的正确性，保证各加工面垂直度和平行度要求，为换向配合的间隙正确创造条件。

(3) 保证配合尺寸 52±0.06。对组成配合尺寸 52±0.06 的两组单件尺寸，即凸件 16±0.02 和凹件 36±0.03 的锉削尺寸控制中间公差，并提高平行度要求，使平行度不大于 0.02。实际上对这两组单件尺寸有实际加工尺寸一致性要求。

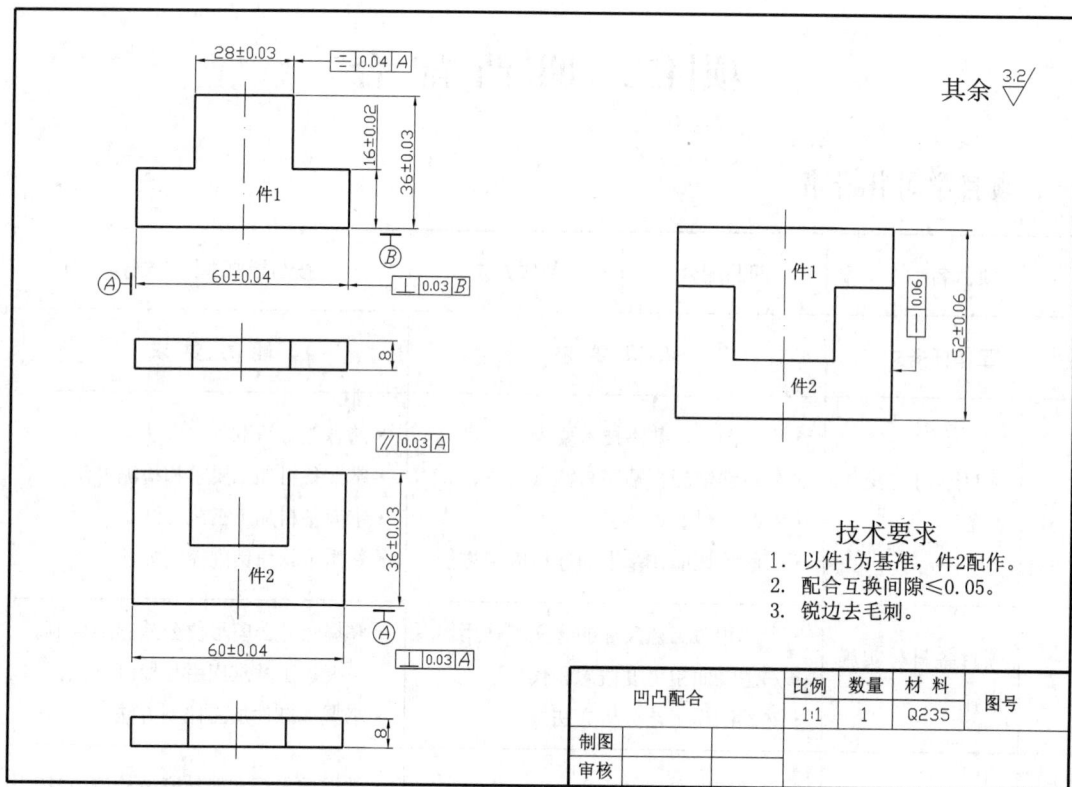

图 2-1

2. 项目重点

(1) 尺寸公差:

① 锉削尺寸的准确性,控制中间公差;

② 配合尺寸 52 ± 0.06 的控制方法。

(2) 形位公差:垂直度≤0.03、对称度≤0.04。(是保证配合直线度,互换配合正确的基本要求)。

3. 项目难点

(1) 对称度加工控制与检测方法;

(2) 锉配间隙控制与锉配方法;

(3) 相关工艺尺寸分析与应用。

4. 相关工艺尺寸的概念

在分析零件加工工艺或制造过程中,常会遇到一些难于检测或需要间接控制的尺寸公差与位置公差。为了便于检测,得到直接控制尺寸方法,对图纸中相关的尺寸进行换算后得到的尺寸,称为相关工艺尺寸。

相关工艺尺寸常用于对称度控制检测、角度面位置尺寸和一些凸台肩及深度尺寸控制等。目的是简化复杂的检测方法,便于操作控制,保证加工质量。

三、备料

(1) 备料尺寸：$75 \pm 0.1 \times 60.5 \pm 0.1 \times 8$(长 × 宽 × 高)。

(2) 材料：扁钢 Q235。

(3) 备料要求：四面相互垂直并与大平面垂直，垂直度≤0.03，大面垂直度≤0.03，平行度≤0.03，如图 2-2 所示。

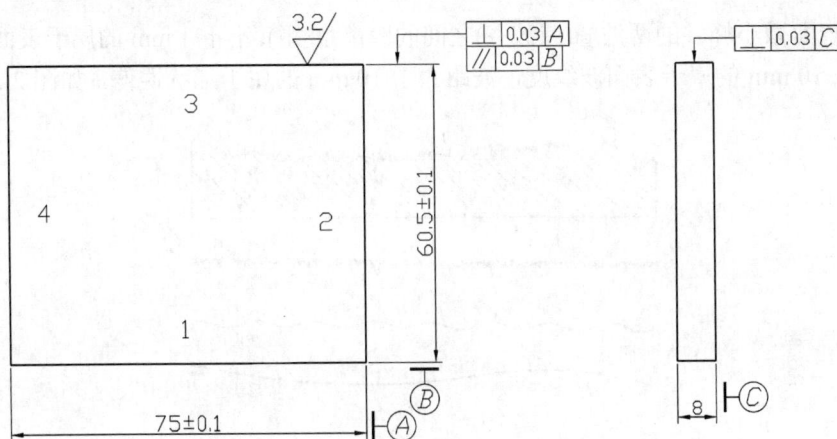

图 2-2

备料是机械零件制造前的准备工作。备料要求就是分析图纸后确定的坯料要求，也是编制零件制造工艺的起始要求，其内容有材料牌号和热处理要求、坯料形状和保留加工尺寸余量等基本要求。

(4) 备料工艺分析。

① 检测：检测毛坯尺寸、选择加工初基准。

注意：毛坯面作为基准，应选择较大平面作为初基准。同一工件毛坯面作为基准只能使用一次。

② 锉削：以底面 1 为粗基准，锉削垂直面 2，保证垂直度≤0.03，C 面垂直度≤0.03，去毛刺，$Ra3.2$。

③ 锉削：以垂直面 2 为加工基准，锉削底面 1，保证垂直度≤0.03，C 面垂直度≤0.03，去毛刺，$Ra3.2$。

注意：加工的底面 1 和垂直面 2 组成两个相互垂直平面，作为凹凸配合加工和检测基准面。

④ 划线：以垂直面 1、2 为基准，划尺寸为 75×60.5 的加工界线(双面划线)。

⑤ 锯削：分别锯削对应面 3 和 4 的尺寸，各边留精加工余量 1 mm。

⑥ 锉削：以底面 1 为基准，锉削平行面 3，控制尺寸 60.5 ± 0.1，平行度≤0.03，垂直度≤0.03，C 面垂直度≤0.03，去毛刺，$Ra3.2$。

⑦ 锉削：以垂直面 2 为基准，锉削平行面 4，控制尺寸 75 ± 0.1，平行度≤0.03，垂直度≤0.03，C 面垂直度≤0.03，去毛刺、$Ra3.2$。

⑧ 检测：检测并修正，提高坯料在尺寸公差内的相互垂直度要求，去毛刺，$Ra3.2$。

四、表面粗糙度概念

用机械加工或者其他方法获得的加工表面都不可能是绝对光滑的，总会存在由较小间距的微小峰谷组成的高低不平的痕迹，这是一种微观几何形状误差，其特性用特征量——表面粗糙度表示。表面粗糙度值越小，表面越光滑。

1．表面粗糙度、形状误差和表面波纹度

通常表面微小峰谷的两波峰(或波谷)之间的距离(波距)。小于 1 mm 的属于表面粗糙度，波距为 1～10 mm 的属于表面波纹度，波距大于 10 mm 的属于形状误差。如图 2-3 所示。

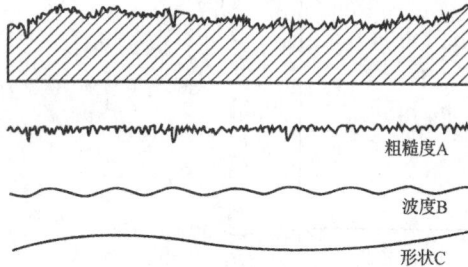

图 2-3

2．表面粗糙度对零件使用性能的影响

表面粗糙度对零件的使用性能和寿命影响很大，它会影响零件的耐磨性，也会影响配合性质的稳定性及疲劳强度和抗腐蚀性。

3．粗糙度的轮廓幅度参数

(1) 轮廓的算术平均偏差(Ra)：在一个取样长度内纵坐标值 $z(x)$ 绝对值的算术平均值，如图 2-4(a)所示。Ra 值越大，表面越粗糙。

(2) 轮廓的最大高度(Rz)：在一个取样长度内，最大轮廓锋高 R_p 和最大轮廓谷深 R_y 之和的高度，如图 2-4(b)所示。

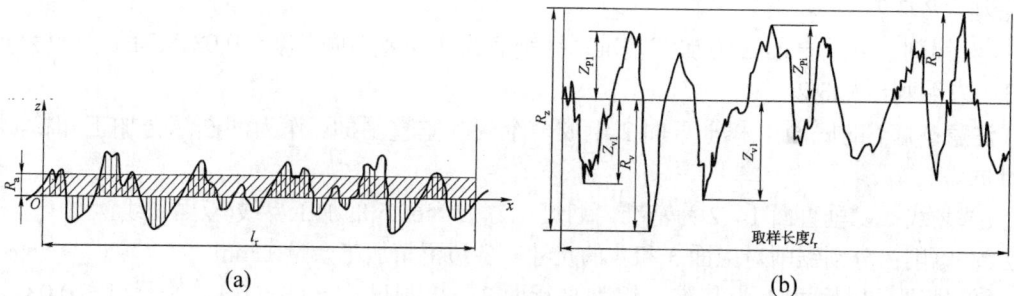

图 2-4

4．粗糙度平定参数的选择

在幅度参数中，Ra 参数最常用，因为它比较全面、客观地反映了零件表面微观几何特征。一般情况下，选用幅度参数 Ra(或 Rz)控制表面粗糙度即可满足要求。而平定参数值的

选用方法目前多采用类比法，表 2-1 中列出了表面粗糙度的表面特征、经济加工方法和应用举例，供选取参考。

表2-1　表面粗糙度的表面特征、经济加工方法及应用举例

表面粗糙度特征		R_a/μm	加工方法	应用举例
粗糙表面	微见刀痕	≤20	粗车、粗刨、粗铣、钻、毛锉、锯断	半成品粗加工过的表面，非配合的加工表面，如轴端面、倒角、钻孔、齿轮和带轮侧面、键槽底面、垫圈接触面
半光表面	微见加工痕迹	≤10	车、刨、铣、镗、锉、钻、粗铰	轴上不安装轴承、齿轮处的非配合表面，紧固件的自由装配表面，轴和孔的退刀槽
		≤5	车、刨、铣、镗、磨、拉、粗刮、滚压	半精加工表面，箱体、支架、盖面、套筒等和其它零件结合而无配合要求的表面，需要发蓝的表面等
	看不清加工痕迹	≤2.5	车、刨、铣、镗、磨、拉、刮、压、铣齿	接近于精加工表面，箱体上安装轴承的镗孔表面，齿轮的工作面
光表面	可辨加工痕迹方向	≤1.25	车、镗、磨、拉、刮、精铰、磨齿、滚压	圆柱销、圆锥销、与滚动轴承配合的表面、卧式车床导轨面、内、外花键定心表面
	微辨加工痕迹方向	≤0.63	精铰、精镗、磨、刮、滚压	要求配合性质稳定的配合表面，工作时受交变应力的重要零件，较高精度车床的导轨面
	不可辨加工痕迹方向	≤0.32	精磨、珩磨、研磨、超精加工	精密机床主轴锥孔、顶尖圆表面，发动机曲轴、凸轮轴工作表面、高精度齿轮齿面
极光表面	暗光泽面	≤0.16	精磨、研磨、普通抛光	精密机床主轴轴颈表面，一般量规工作表面，汽缸套内表面，活塞销内表面
	亮光泽面	≤0.08	超精磨、精抛光、镜面磨削	精密机床主轴轴颈表面，滚动轴承的滚珠，高压油泵中柱塞和柱塞套配合表面
	镜状光泽面	≤0.04		
	镜面	≤0.01	镜面磨削、超精磨	高精度量仪、量块的工作表面，光学仪器中的金属镜面

5. 表面粗糙度高度参数的标注

表面粗糙度高度参数是基本参数。Ra 值的标注在代号中用数值表示，参数值前可不标注参数代号，Rz 的参数值需标注出相应的代号 Rz，如表 2-2 所示。

表 2-2　表面粗糙度高度参数的标注

代号	意　义	代号	意　义
3.2 ∨	用任何方法获得的表面粗糙度 Ra 的上限值为 3.2 μm	3.2 ◡∨	用不去除材料的方法获得的表面粗糙度，Ra 的上限值为 3.2 μm
3.2 ∨̄	用去除材料的方法获得的表面粗糙度，Ra 的上限值为 3.2 μm	Rz3.2max Rz1.6min ∨̄	用去除材料的方法获得的表面粗糙度，Rz 的最大值为 3.2 μm，最小值为 1.6 μm

五、配合术语及定义

1．配合

基本尺寸相同，相互结合的孔和轴公差带之间的关系称为配合。

2．间隙与过盈

孔的尺寸减去相配合轴的尺寸为正时是"间隙"，用 X 表示，其数值前应标"+"号；孔的尺寸减去相配合轴的尺寸为负时是"过盈"，用 Y 表示，其数值前应标"−"号；

3．配合的类型

根据形成间隙或过盈的情况，配合分三类，即间隙配合、过渡配合和过盈配合。

(1) 间隙配合。

总具有间隙(包括最小间隙等于零)的配合称为间隙配合。间隙配合时，孔的公差带在轴的公差带之上，如图 2-5 所示。

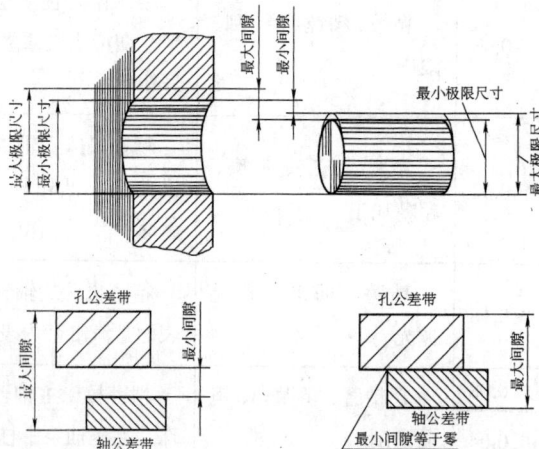

图 2-5

由于孔、轴的实际尺寸允许在公差带内变动，因此，配合间隙也随之变动。当孔的最大极限尺寸与轴的最小极限尺寸配合时，配合处于最松状态，为最大配合间隙，用 X_{max} 表示；当孔的最小极限尺寸与轴的最大极限尺寸配合时，配合处于最紧状态，为最小配合间隙，用 X_{min} 表示。

$$X_{max} = D_{max} - d_{min} = ES - ei \qquad (2\text{-}1)$$

$$X_{min} = D_{min} - d_{max} = EI - es \tag{2-2}$$

最大间隙与最小间隙统称为极限间隙，它们表示间隙配合中允许间隙变动的两个界限值。孔轴装配后的实际间隙在最大间隙和最小间隙之间。

配合间隙中，当孔的最小极限尺寸等于轴的最大极限尺寸时，最小配合间隙等于零，称为零间隙。

例 2-1 $\phi 25^{+0.021}_{0}$ 孔与 $\phi 25^{-0.020}_{-0.033}$ 轴的配合，试判别配合类型，若为间隙配合，试计算其极限间隙。

由图 1-71 公差带图可以看出，该组孔轴为间隙配合。

由式(2-1)(2-2)得

$$X_{max} = ES - ei = +0.021 - (-0.033) = +0.054 \text{ mm}$$
$$X_{min} = EI - es = 0 - (-0.020) = +0.020 \text{ mm}$$

(2) 过盈配合。

总具有过盈(包括最小过盈等于零)的配合称为过盈配合。过盈配合时，孔的公差带在轴的公差之下，如图 2-6 所示。

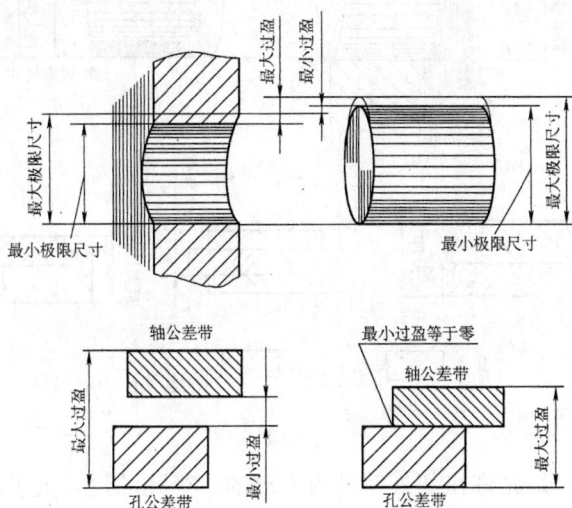

图 2-6

同样，由于孔、轴的实际尺寸允许在其公差带内变动，因而其配合的过盈也是变动的。当孔的最小极限尺寸与轴的最大极限尺寸配合时，此时为最大过盈，用 Y_{max} 表示。当孔的最大极限尺寸与轴的最小极限尺寸配合时，为最小过盈，用 Y_{min} 表示。

$$Y_{max} = D_{min} - d_{max} = EI - es \tag{2-3}$$
$$Y_{min} = D_{max} - d_{min} = ES - ei \tag{2-4}$$

最大过盈和最小过盈统称为极限过盈，它们表示过盈配合中允许过盈变动的两个界限值，孔、轴装配后的实际过盈在最大过盈和最小过盈之间。过盈配合中，当孔的最大极限尺寸等于轴的最小极限尺寸时，最小过盈等于零，称为零过盈。

例 2-2 孔$\phi32_{\ 0}^{+0.025}$ 和轴$\phi32_{+0.026}^{+0.042}$ 相配合，试判断

配合类型，并计算其极限间隙或极限过盈。

作孔轴公差带图，由图 2-7 可以看出，
该组孔轴为过盈配合。

由式(2-3)(2-4)得

$$Y_{max} = EI - es = 0 - (+0.042) = -0.042 \text{ mm}$$
$$Y_{min} = ES - ei = +0.025 - (+0.026) = -0.001 \text{ mm}$$

(3) 过渡配合。

图 2-7

可能具有间隙或过盈的配合称为过渡配合。过渡配合时，孔的公差带与轴的公差带相互交叠，如图 2-8 所示。

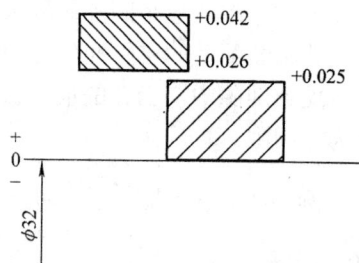

图 2-8

孔、轴的实际尺寸是允许在其公差带内变动的，当孔的尺寸大于轴的尺寸时，配合具有间隙。当孔为最大极限尺寸，而轴为最小极限尺寸时，配合处于最松状态，此时的间隙为最大间隙。当孔的尺寸小于轴的尺寸时，配合具有过盈。当孔为最小极限尺寸，而轴为最大极限尺寸时，配合处于最紧状态，此时的过盈为最大过盈。

$$X_{max} = D_{max} - d_{min} = ES - ei$$
$$Y_{max} = D_{min} - d_{max} = EI - es$$

过渡配合中也可能出现孔的尺寸减去轴的尺寸为零的情况。这个零值可称为零间隙，也可称为零过盈，但它不能代表过渡配合的性质特征，代表过渡配合的松紧程度的特征是最大间隙和最大过盈。

例 2-3 孔$\phi50_{\ 0}^{+0.025}$ 和轴$\phi50_{+0.002}^{+0.018}$ 相配合，试判断配合类型，并计算其极限间隙或

极限过盈。

作孔轴公差带图，如图2-9所示。

由图可知，该组孔轴为过渡配合。

由公式(2-1)(2-3)得

X_{max}＝ES－ei＝＋0.025－(＋0.002)＝＋0.023 mm

Y_{max}＝EI－es＝0－(＋0.018)＝－0.018 mm

4. 配合公差

配合公差等于组成配合的孔和轴的公差之和，它是允许间隙或过盈的变动量。配合公差用T_f表示。以间隙配合举例说明：

图 2-9

$$T_f=|(ES－EI)+(es－ei)|=T_h+T_s \tag{2-5}$$

配合精度的高低是由相配合的孔和轴的精度决定的。配合公差愈大，则配合后的松紧差别程度愈大，即配合的一致性差，配合精度低。反之，则配合一致性好，配合精度高。

对于配合形式，间隙配合的配合公差等于最大间隙减最小间隙之差；过盈配合的配合公差等于最小过盈减最大过盈之差；过渡配合的配合公差等于最大间隙减最大过盈之差，即

间隙配合 $\qquad T_f=|X_{max}-X_{min}|$ (2-6)

过盈配合 $\qquad T_f=|Y_{min}-Y_{max}|$ (2-7)

过渡配合 $\qquad T_f=|X_{max}-Y_{max}|$ (2-8)

注意：配合精度要求越高，孔和轴的加工精度要求也越高，加工成本也相应提高。

六、锉削配合

锉削配合常见于模具加工、样板制作、装配和修理等工作，要求操作者具备较高的锉削技能，较好的公差与配合分析能力和应用能力。

1. 控制锉削尺寸的基本方法

1) 均匀锉削控制法

(1) 根据材料软硬和加工余量的多少，选择锉刀和刀齿的粗细。

(2) 分析锉刀锉削性能，依据锉痕，观察锉削表面、锉削点位置，控制锉削力大小。

(3) 实施锉削过程中，首先控制形位公差的基本要求，然后结合尺寸要求均匀锉削，接近尺寸公差时增加检测次数，并注意修正。

2) 平均值锉削控制法

(1) 根据个人力量的大小和锉刀选择等情况，以均匀锉削控制法进行锉削。

(2) 将对加工余量的锉削数分成若干个组，每组锉削次数分为 10 次或 20 次均可，应记住每组锉削次数。

(3) 一组锉削完成后检测余量锉去多少，检测值除以该组锉削次数，即得每次锉削余量的平均值：

$$N=\frac{L_1-L_2}{Z} \tag{2-9}$$

式中：N——每次锉削平均值，mm；

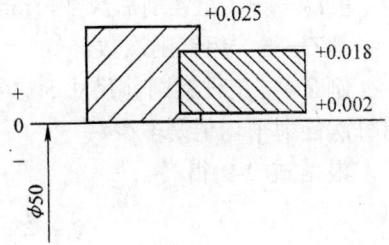

L_1——工件锉削前尺寸，mm；

L_2——一组锉削后尺寸，mm；

Z——一组锉削次数。

例 2-4 工件锉削前尺寸 50.4 mm，均匀锉削后测量尺寸为 50.2 mm，一组锉削 20 次，问每次锉削平均值是多少。

根据式(2-9)得

$$N = \frac{L_1 - L_2}{Z} = \frac{50.4 - 50.2}{20} = 0.01 \text{ mm}$$

根据式(2-9)可推得：

$$锉削余量总次数 = \frac{锉削余量总值}{每次锉削平均值}$$

掌握以上锉削技能方法，不仅能减少锉削检测次数，而且能提高效率，有效控制锉削质量要求。

2. 合理选用量具的方法

量具的选择使用是根据加工精度要求来确定的，加工精度高，选取量具精度要求就高，相反则可降低量具的精度要求。一般，量具均可高低精度结合使用，这样既可提高工作效率，又可延长量具的使用寿命。

如游标卡尺和千分尺的结合使用：当锉削尺寸公差要求较高而加工余量又较多时，可分为粗、精加工，粗加工检测量具选用游标卡尺，优点是操作方便、检测速度快；当加工余量<0.2 或接近公差要求时，选用千分尺检测，优点是刻度值醒目，读数值准确。

3. 锉削配合顺序

锉削配合顺序是根据图纸技术要求分析后确定的。一般是先精密件、后一般件，先基准件、后配合件，先凸件、后凹件。

确定基准件时，应根据图纸配合技术要求分析，将零件中尺寸公差和形位公差较多的工件作为基准件。锉配中，基准件加工控制越准确，相应配合件加工合格率就高。

4. 锉削配合基本方法

(1) 尺寸控制法：按图纸技术要求分别加工凹凸件，两件结合达到配合要求的方法。

(2) 配作修正法：按图纸技术要求加工基准件，以基准件为样板，配作修正结合件，达到配合要求的方法。

在实际锉削配合中，常以尺寸控制法和配作修正方法结合应用，通过双重观察和检测，达到有效控制整体配合的加工质量。

七、相关工艺尺寸

凹凸件加工需要考虑对称度检测工艺尺寸，如图 2-10 所示的凸件的 $L1$ 和凹件 $L2$ 的尺寸，其中：

(1) 件 1 对称度控制检测尺寸：$L1 = \dfrac{60实际 + (28 \pm 0.03)}{2} = 44\dfrac{实际 + (\pm 0.03)}{2}$；

(2) 件 2 对称度控制检测尺寸：$L2 = \dfrac{60实际 - 28实际}{2} = 16\dfrac{实际 - 实际}{2}$。

其中，$L1$ 中的"60 实际"，表示 60 实际加工尺寸，$L2$ 中"28 实际"为凸件的实际加工尺寸。

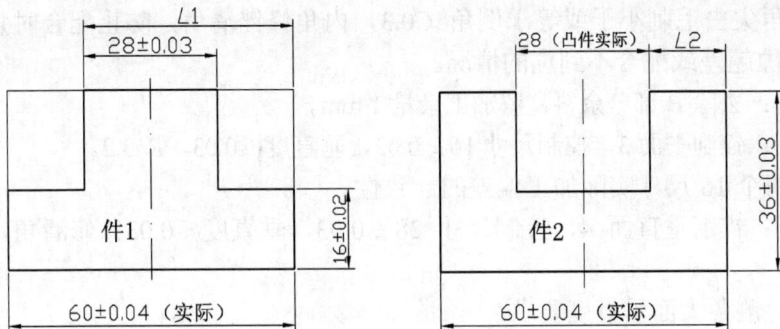

图 2-10

八、加工工艺分析

1. 坯料加工

(1) 锉削：锉削尺寸 60 ± 0.04，垂直度≤0.03，平行度≤0.03，$Ra3.2$，去毛刺。

(2) 检测：检测、修整坯料，选择划线垂直基准面，垂直度≤0.03。

(3) 划线：划出件 1、件 2 分割界线(双面划线)，如图 2-11(a)所示。

(4) 锯削：分割件 1、件 2，锯削在 3 mm 中间，两边留精加工余量。

(5) 锉削：锉削件 1 和件 2 的尺寸 36 ± 0.03，垂直度≤0.03，平行度≤0.03，$Ra3.2$。

(6) 划线：以一条中心线和一个垂直平面为基准，划出件 1、件 2 图形加工界线(双面划线)，如图 2-11(b)所示。

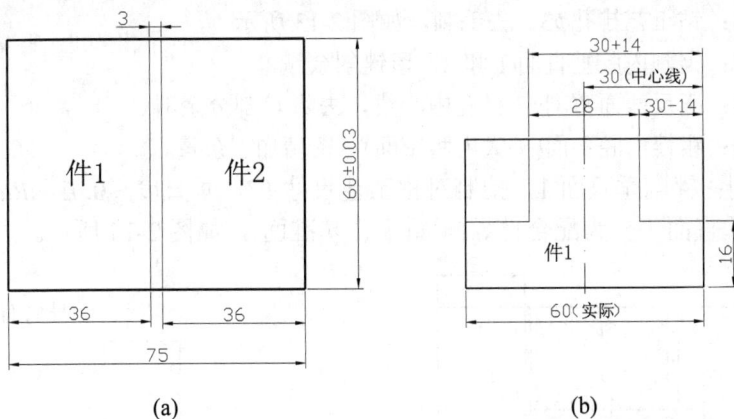

(a)　　　　　　　　　　(b)

图 2-11

2. 件 1(凸件)加工

(1) 锯削：去除 A 部分余料，留加工余量 1 mm，如图 2-12(a)所示。

(2) 锉削：粗锉锯削面 1 和 2；精锉平面 1，控制尺寸 16 ± 0.02 成中间公差，垂直度≤0.02，*Ra*3.2。

垂直度检测方法如图 2-12(b)所示，用量具万能角度尺中的直尺和角尺结合，调节使用。

(3) 锉削：锉削垂直面 2，控制工艺尺寸 *L*1，垂直度≤0.03，*Ra*3.2，去毛刺。

注意：角尖去毛刺小于或等于倒角 *C*0.3，内角修锉清角，防止配合时角尖触及角底，产生间隙超差或配合不到位的情况。

(4) 锯削：去除 B 部分余料，留加工余量 1 mm。

(5) 锉削：锉削平面 3，控制尺寸 16±0.02，垂直度≤0.03，*Ra*3.2。

注意：两个 16 尺寸实际加工偏差的一致性。

(6) 锉削：锉削垂直面 4，控制尺寸 28±0.03，垂直度≤0.03；修清角，去毛刺，*Ra*3.2。

注意：检测各大面垂直度要求。

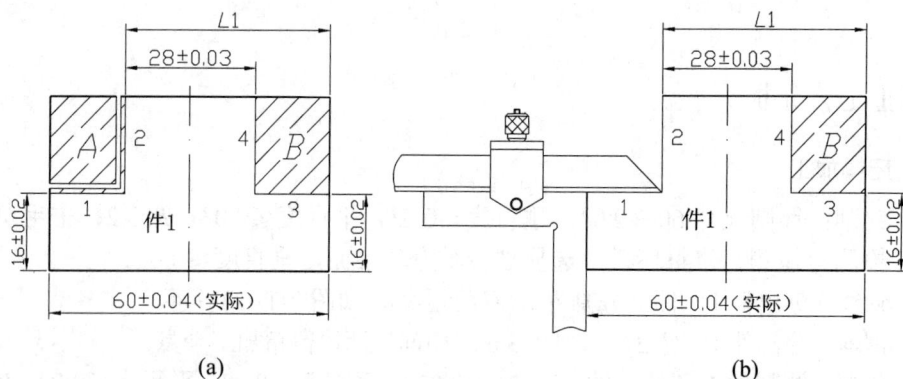

图 2-12

3．件 2(凹件)加工

(1) 钻孔：钻工艺排孔 $\phi3$，去毛刺，如图 2-13 所示。

(2) 锯削：锯割内腔垂直面 1 和 2，留锉削余量。

(3) 錾削：正反两面錾削 $\phi3$ 排孔中心线，去除 *C* 部分余料。

(4) 锉削：粗锉内腔各面(扩大内腔空间)，留精加工余量。

(5) 锉削：锉削垂直面 1，控制对称工艺尺寸 *L*2，垂直度≤0.03，*Ra*3.2。

注意：垂直面 1 作为配合件导向面(配作基准面)，如图 2-14 所示。

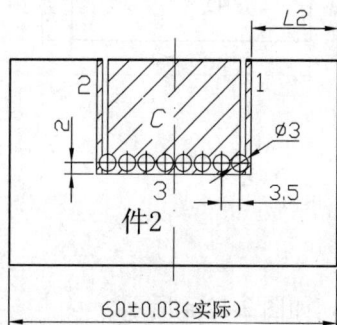

图 2-13

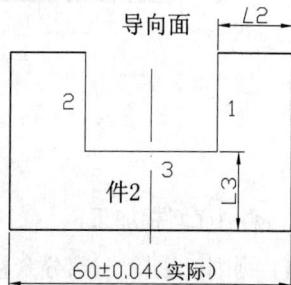

图 2-14

(6) 锉削：锉削垂直面 2，工艺尺寸 L2 作参考，至上偏差时用件 1 配作修正。

4．配作(锉配)加工

(1) 以件 1 为基准，件 2 内腔垂直面 1 为导向，用配合修正法，修锉垂直面 2。配合间隙控制方法：

① 透光法：凹凸件基本配合后，在灯光下观察间隙透光情况，修锉凹件无透光线的高点，即影响配合的点或面。

② 轻敲摩擦法：锉削至配合时，用锉刀柄轻敲配合件，修锉因摩擦而出现的浅微亮点，多次配作修锉后得到配合，如图 2-15 所示。

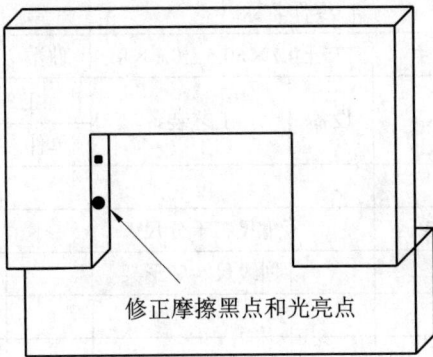

修正摩擦黑点和光亮点

图 2-15

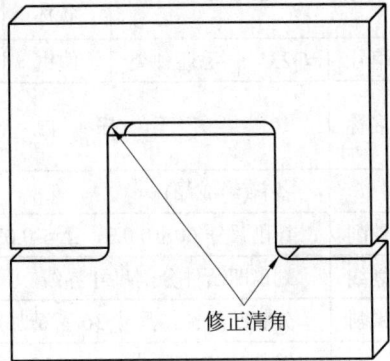

修正清角

图 2-16

(2) 锉削底平面 3。粗锉 L3 尺寸，留锉配余量，用件 1 配作修正，注意换向要求，修清角、去毛刺，$Ra3.2$，如图 2-16 所示。

参考尺寸 $L3 = 36$ 实际$-($件 1 的 36 实际-16 实际$) = 16$ 实际尺寸。

(3) 内角(角底)修正方法。

① 修磨锉刀：在砂轮上修磨锉刀侧面，使其侧面光滑无毛刺，修磨形状如图 2-17(a) 所示。若锉削内燕尾 60°角，修磨锉刀形状与角度如如图 2-17(b)所示。该方法可用于内腔平面或角度面的锉削。

修磨锉刀目的，一是利用较大锉刀锉削待加工表面，锉削效率高、易控制锉削尺寸要求；二是修锉角底或清角时，已加工表面的粗糙度质量不会因摩擦而受到较大影响，

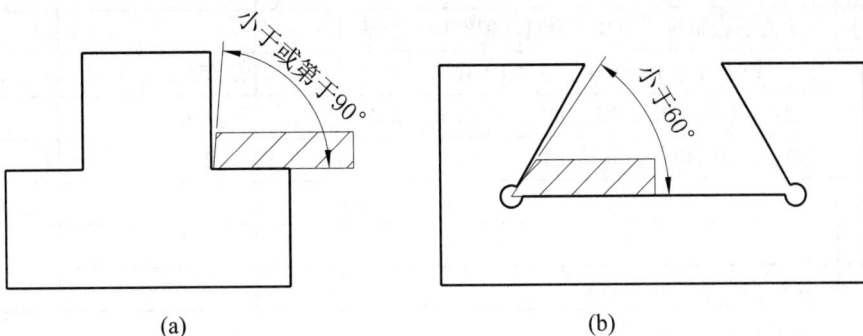

小于或等于 90°

(a)

小于 60°

(b)

图 2-17

② 角底修锉方法：锉削完成形成内角的两个加工面后，角底会产生较小的圆弧，此圆

弧会影响配合尺寸和间隙的要求，应加以修锉。角底修锉时将锉刀侧面贴着垂直面，在圆弧高处慢慢锉削到平面，第一次修锉完成后，将工件旋转 90°，同时，还要用相同方法修锉垂直面，用角尺检测角底、用凸件配合观察。

注意：一次角底修锉完成，需要锉削形成内角的两个面。

(4) 检验：检测各项尺寸、配合尺寸要求。

九、编制凹凸配合加工工艺

机械加工工艺过程卡			产品名称		凹凸配合	零件图号			共 页	
						零件名称			第 页	
材料牌号	Q235	毛坯种类		偏钢	毛坯尺寸		$75\pm0.1\times60.5\pm0.1\times8$		件数	1
工序	名称	工 序 内 容				设备	工艺装备		工 时	
									单件	准终
一		备料(半成品)								
1	锉削	锉削尺寸 60 ± 0.03，$\perp\leqslant0.03$，$/\!/\leqslant0.03$					角尺、千分尺			
2	划线	划出凹凸件分割尺寸界线，尺寸 36					划线尺、V 形架			
3	锯削	分割凹凸件，尺寸 36 留精加工余量								
4	锉削	锉削凹凸件尺寸 36 ± 0.03，$/\!/\leqslant0.03$，$\perp\leqslant0.03$，$Ra3.2$					角尺、千分尺			
5	锉削	去毛刺 0.3								
6	划线	分别划出凹件、凸件加工尺寸界线					划线尺、V 形架			
7	检验									
二		凸件(件 1)								
1	锯削	去除凸台阶单边加工余料，留加工余量 1 mm								
2	锉削	(1) 锉削尺寸 16 ± 0.02，$\perp\leqslant0.03$，$Ra3.2$					角度尺、千分尺			
		(2) 锉削对称工艺尺寸 L1，$\perp\leqslant0.03$，$Ra3.2$					角度尺、千分尺			
		(3) 修整清角，去毛刺 0.3					角尺			
3	锯削	去除凸台阶对应面加工余料，留精加工余量								
4	锉削	(1) 锉削尺寸 16 ± 0.02，$\perp\leqslant0.03$，$Ra3.2$					角度尺、千分尺			
		(2) 锉削对称尺寸 28 ± 0.03，$/\!/\leqslant0.03$，$Ra3.2$					千分尺			
		(3) 修整清角，去毛刺 0.3					角尺			
5	检验									
三		凹件(件 2)								
1	钻孔	钻 $\phi3$ 工艺排孔。				台钻	$\phi3$ 钻头			
2	锯削	锯削、錾削去除余料。					手锯、錾子			
3	锉削	粗锉内腔各面，留精加工余量。								

4	锉削	(1) 锉削垂直面 1，工艺尺寸 L2(17.5)，∥≤ 0.02，Ra3.2	千分尺		
		(2) 锉削垂直对应面 2，尺寸 L2 留配作余量 0.1	游标卡尺		
		(3) 去毛刺 0.3			
四		配作(以凸件为基准配作凹件)			
1	锉削	以凹件垂直面 1 为导向,凸件配作修锉凹件对应面 2，换向配合直线度≤0.06、间隙≤0.04、Ra3.2(透光法观察配合、塞尺检测间隙)	千分尺、塞尺		
2	锉削	以凸件配作修锉凹件底面 3，同时修锉清角，去毛刺 0.3，换向配合尺寸 52±0.06、间隙≤0.04、Ra3.2	千分尺、塞尺		
3	检验				

十、小结

(1) 样板配合加工与制作，首先要分析基准件。

(2) 抓拄重点，细致分析、做好每项工序加工。

(3) 注意难点，认真思考，领悟加工控制方法。

(4) 掌握对称加工相关工艺尺寸的分析与应用。

(5) 修整清角需彻底，角尖角底对配合有影响。

项目三　角度凸台配合

一、项目学习任务书

项目名称	角度凸台配合	制作方法	按图纸要求钳工制作
工作任务	知 识 要 求		能 力 要 求
1 项目学习与操作准备	·识读图纸要求，分析项目特点。 ·熟悉相关工艺尺寸的应用方法。 ·分析重点，难点和加工工艺方法		·掌握备料要求的加工与检测方法。 ·熟悉图纸标注公差加工操作方法。 ·熟悉孔加工工艺操作基本要求
2 项目备料与实施操作	·熟悉 V 形架结合应用的检测方法。 ·熟悉角度面位置尺寸的计算方法。 ·了解铰刀种类、熟悉铰孔目的		·掌握锉削基准面与基准应用方法。 ·掌握万能角度尺寸检测识读方法。 ·掌握钻铰孔加工工艺基本方法
3 项目配合加工与检测	·熟悉铰孔用量，熟记铰孔余量。 ·熟悉相互为基准的加工方法。 ·认识基准件加工质量的重要性		·掌握角度面锉削控制方法。 ·掌握角度配作修整方法。 ·掌握配合清角修整方法
4 参考教材	·公差配合与技术测量(机械工业出版社) ·机械制图(机械工业出版社)		

二、角度凸台配合项目分析

1. 图纸分析

根据图纸与技术要求(见图 3-1)分析，角度凸台配合为单向配作,无换向配合要求，因此单件加工和检测基准可选择两个相互垂直的平面。以凸件为基准件，凹件配作，因凸件角度处无尺寸公差标注，其角度要求 135°±5′标注在凹件上。因此，制作凸件时应把角度面定为配作面，留配作余量，待配作时以凹件角度为基准，修正凸件角度至配合要求。

注意：此项目加工基准件选择以凸件为主，凹凸件相互为基准的加工方法。

2. 项目重点

(1) 尺寸公差：

① 135°±5′角度锉削和测量方法；

② 钻孔、铰孔和孔距尺寸的加工控制；

③ 组成配合尺寸 55±0.06 的单件尺寸，锉削控制中间公差(凸件尺寸 15±0.03、20±0.03，凹件尺寸 35±0.03、40±0.03)。

(2) 形位公差：垂直度≤0.03。

3. 项目难点

(1) 相互为基准的配作锉削方法。

(2) 角度面尺寸位置的检测与控制。

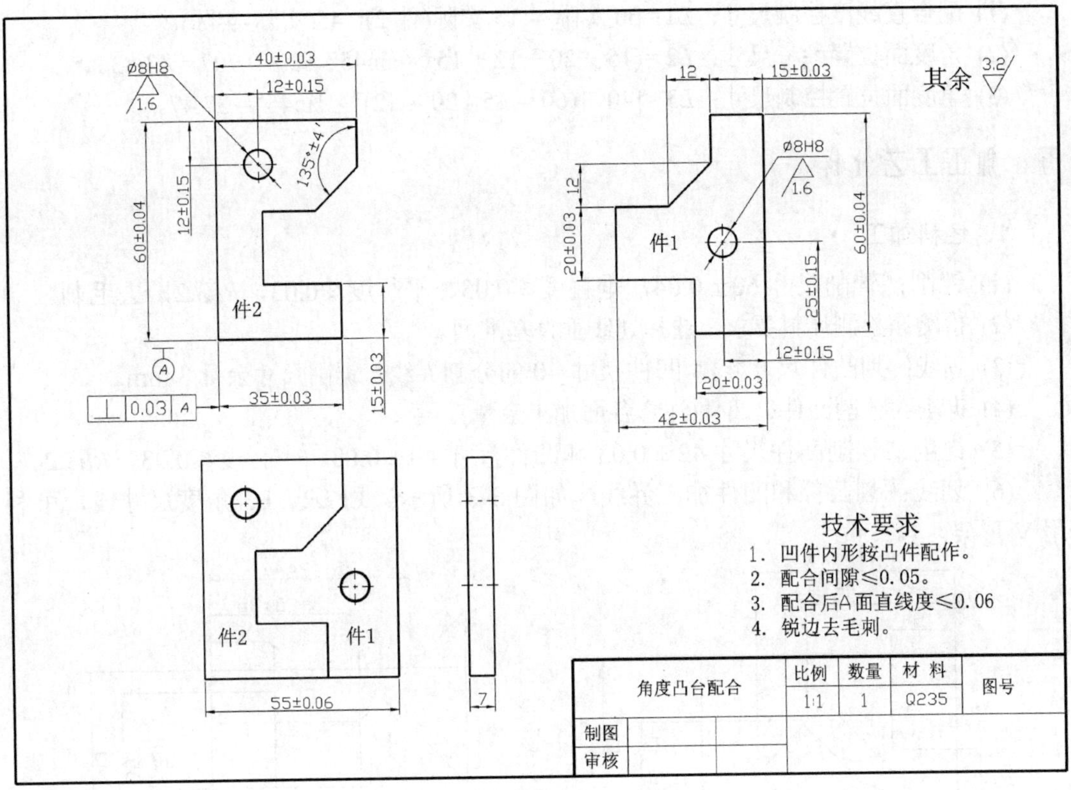

图 3-1

三、备料

(1) 备料尺寸：$(85 \pm 0.1) \times (60.5 \pm 0.1) \times 8$。

(2) 材料：扁钢 Q235。

(3) 备料要求：四面相互垂直，并与大平面垂直，垂直度≤0.03，平行度≤0.03。

四、相关工艺尺寸

单件划线和加工中检测相关工艺尺寸如图 3-2 所示。

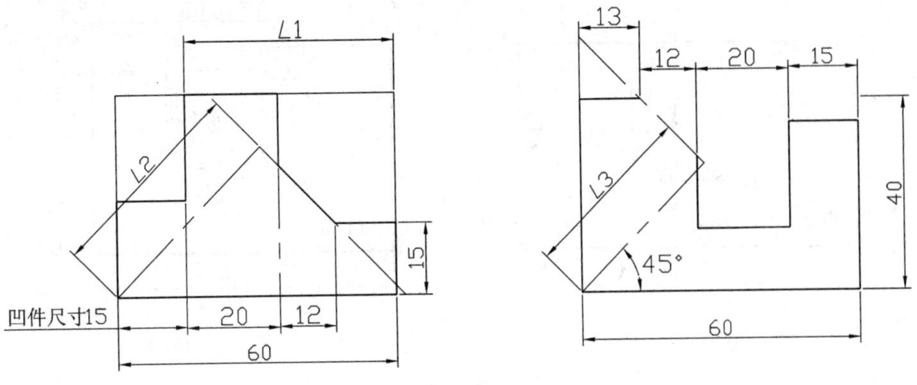

图 3-2

(1) 配合直线度控制尺寸：$L1 = 60$ 实际 $- 15$ 实际(件 2)$= 45$(实际-实际)。

(2) 角度面位置参考尺寸：$L2 = (15 + 20 + 12 + 15) \times \sin 45° \approx 62 \times 0.707 = 43.83$。

(3) 角度面位置控制尺寸：$L3 = [40 + (60 - 15 - 20 - 12)] \times \sin 45° = 37.47$。

五、加工工艺分析

1. 坯料加工

(1) 锉削：锉削尺寸 60 ± 0.04，垂直度 $\leqslant 0.03$、平行度 $\leqslant 0.03$，$Ra3.2$，去毛刺。

(2) 检测：检测坯料要求，选择划线垂直基准面。

(3) 划线：划凸件尺寸 42、凹件尺寸 40 的分割界线，锯削尺寸余量 3 mm。

(4) 锯削：分割凸件、凹件(注意各面加工余量)。

(5) 锉削：锉削凸件尺寸 42 ± 0.03 和凹件尺寸 40 ± 0.03，平行度 $\leqslant 0.03$，$Ra3.2$。

(6) 划线：划凸件和凹件加工界线，如图 3-3 所示。划 L2、L3 角度尺寸线，可利用 V 形架。

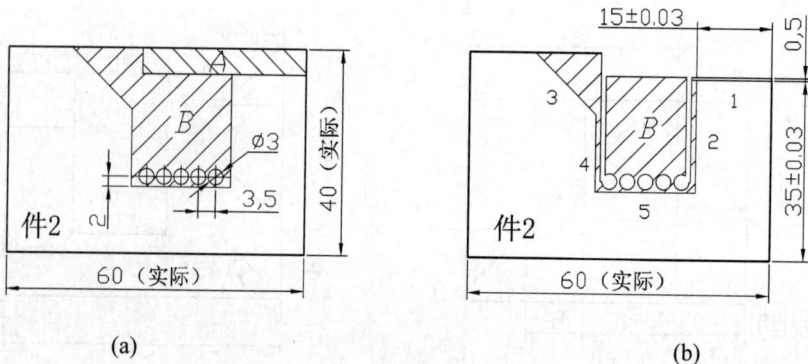

图 3-3

2. 凹件(件 2)加工

(1) 钻孔：钻工艺排孔 $\phi 3$，去毛刺，如图 3-4(a)所示。

(2) 锯削：锯削 A、B 面，去除 A 部分余料，留加余量如图 3-4(b)所示。留 B 面衬托较小尺寸 15 ± 0.03，利用较大平面平稳锉削 35 高度尺寸。

(3) 锉削：锉削平面 1，控制尺寸 35 ± 0.03、垂直度 $\leqslant 0.03$，$Ra3.2$。

(a)   (b)

图 3-4

(4) 錾削：去除 B 部余料，留加工余量。

(5) 锉削：粗锉内腔各面，精锉垂直面 2，控制尺寸 15 ± 0.03，平行度≤0.03，*Ra*3.2。

(6) 锉削：锉削角度面 3，用万能角度尺检测 135°± 4′(如图 3-5(a)所示)，V 形架检测角度面位置尺寸 L3(如图 3-5(b)所示)，去毛刺，*Ra*3.2。

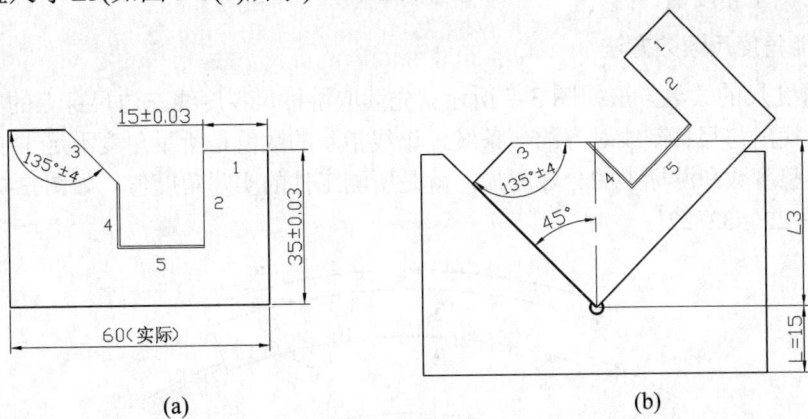

(a)   (b)

图 3-5

相关知识　万能角度尺及其使用

万能角度尺是用来测量工件和样板内、外角度的游标量具，其测量精度有 2′和 5′两种，测量范围为 0°～320°。

1. 万能角度尺的结构

图 3-6 所示为精度值 2′的万能角度尺，它主要有尺身、基尺、游标、卡块、直角尺和直尺等组成。

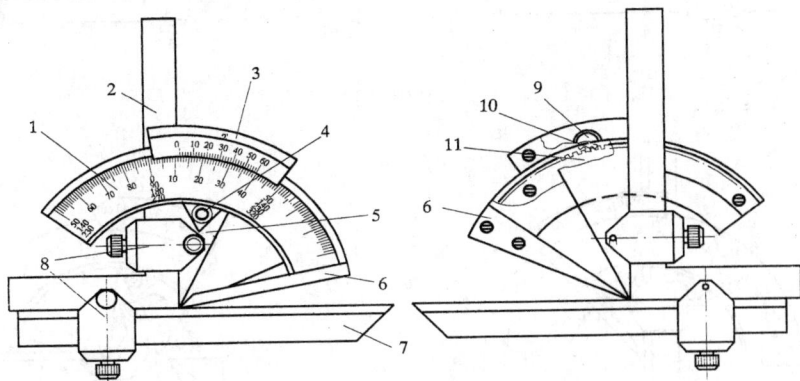

1—尺身；2—直角尺；3—游标；4—制动螺钉；5—扇形板；6—基尺；

7—直尺；8—夹板；9—调节螺栓；10—小齿轮；11—扇形齿轮

图 3-6

2．万能角度尺的刻线原理

万能角度尺的尺身上刻有 120 个格线，刻线每格为 1°（1° = 60′）。游标上刻 30 个格线，这些格线等分 29°，故游标上每格的度数为 29°/30＝58′，尺身 1 格与游标 1 格之差为 1°−58′＝2′，此为测量精度值。

3．万能角度尺读数方法

万能角度尺的读数方法如图 3-7 所示，先读取游标尺零度线左边尺身上的整度数，然后在游标上找出与尺身刻线对齐的一条线，该线指示的数值是所量角度不足 1°的分数值。将尺身上的整度数和游标上的分数相加，就是所测工件的实际角度值。如图 3-7 中所示的读数为 32°＋ 22′＝32°22′。

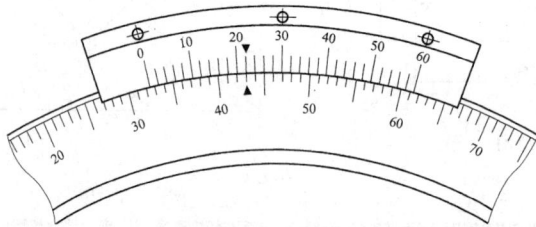

图 3-7

4．万能角度尺的调整应用

万能角度尺 0°～320°调整应用如图 3-8 所示。

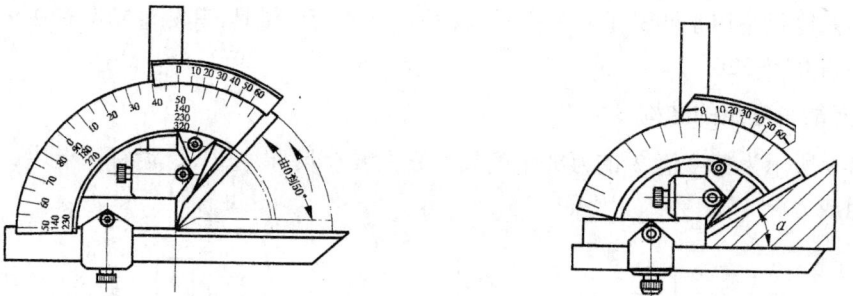

(a) 0～50°

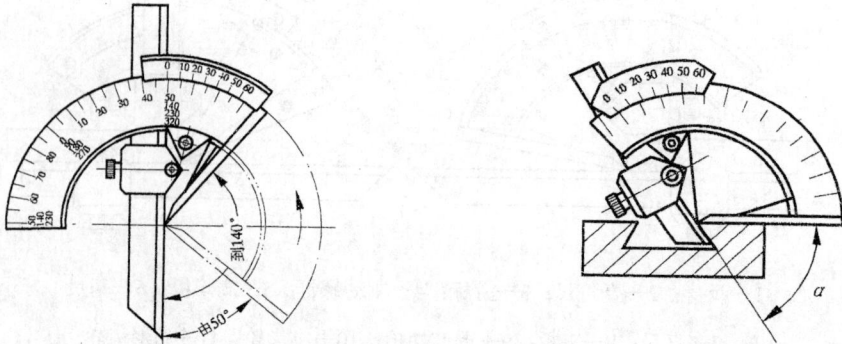

(b) 50°～140°

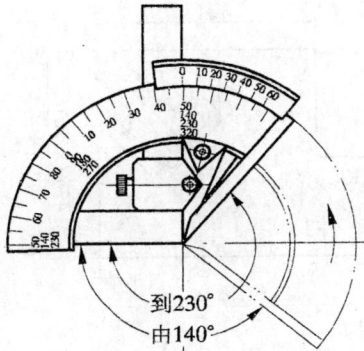
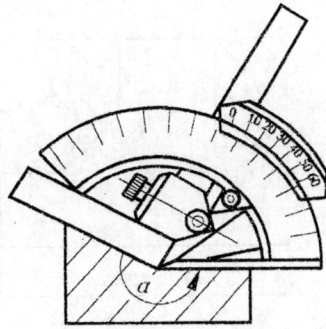

(c) 140°～230°

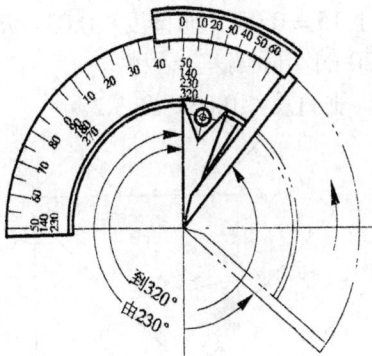

(d) 230°～320°

图 3-8

5. 万能角度尺使用方法

(1) 检查零位：擦净基尺基准面和检测面，将直角尺与直尺如图 3-6 所示结合，转动游标、使直尺 7 与基尺 6 平行贴合，拧紧制动螺钉 4，检查游标零位线与尺身上 90°刻线是否对齐准确。

(2) 测量方法：一是固定角度检测法，调整好万能角度尺需要的角度，拧紧制动螺钉 4，将基尺 6 与被测工件基准面贴合，利用透光法观察角度面的透光情况，分析误差；二是调节角度检测法，将万能角度尺的基尺与工件基准面贴合，旋转调节螺栓 9 使测量面与被测工件表面保持良好接触后，读取角度数值。

3. 凸件(件 1)加工

(1) 锯削：去除 A 部余料，留加工余量，如图 3-9(a)所示。

(2) 锉削：粗锉两面，精锉平面 1，控制尺寸 20±0.03，垂直度≤0.03，Ra3.2。

(3) 锉削：锉削垂直面 2，控制工艺尺寸 L1、垂直度≤0.03，修清角，Ra3.2，如图 3-9(b)所示。

(4) 锯削：去除 B 部余料，各面留加工余量。

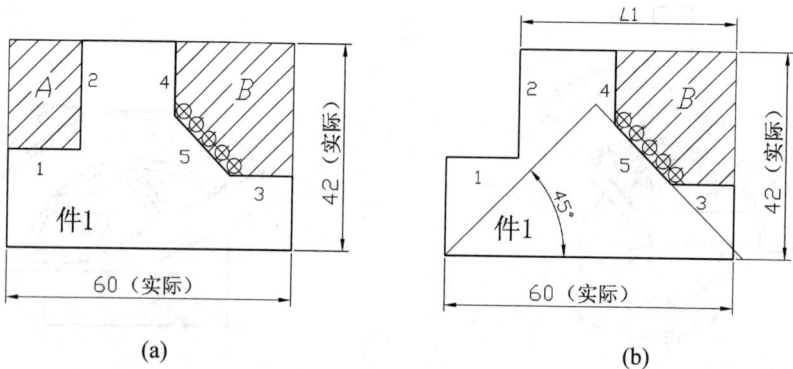

图 3-9

(5) 锉削：粗锉各面，精锉削平面 3，控制尺寸 15 ± 0.03，垂直度 ≤ 0.03，$Ra3.2$。如图 3-10(a)所示，注意加工实际偏差与左边尺寸 20 的实际偏差一致性。

(6) 锉削：锉削垂直面 4，控制尺寸 20 ± 0.03，垂直度 ≤ 0.03，$Ra3.2$。

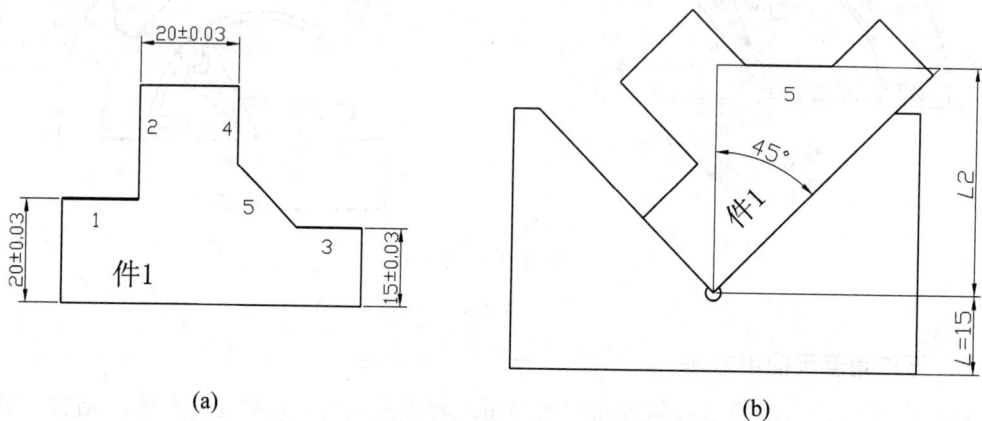

图 3-10

(7) 锉削：锉削角度面 5，工艺尺寸 $L2$ 作参考，留配作修正余量，如图 3-10(b)。

4. 配作

(1) 锉削：以件 1 凸台为基准，件 2 内腔垂直面 2 为配合导向，锉配件 2 对应面 4，控制间隙 ≤ 0.04。

(2) 相互为基准配作修正：分别以件 1 凸台、件 2 角度面 3 为基准，内腔配合为导向；通过配合，观察件 1 角度面 5 和件 2 底面 5 处所留余量的接触点或面，不断修锉两处接触高点或余量(如图 3-11 所示)，使 A、B 两处间隙不断减少，直到完全重合。注意修清角、去毛刺，结合尺寸 55 ± 0.06，$Ra3.2$。

(3) 划线：划凸件和凹件孔加工尺寸界线，敲样冲眼，检查和修正冲眼中心点。

(4) 钻孔：钻 $\phi3$ 深 3 定中心孔，钻预孔 $\phi6$，检测孔距尺寸 25 ± 0.15，12 ± 0.15。

(5) 扩孔：扩 $\phi8H8$ 底孔 $\phi7.8$，两面孔口倒角 $C0.5$，如图 3-12 所示。

(6) 铰孔：铰 $\phi8H8$ 孔，$Ra1.6$。注意调整台钻钻速，铰削时加切削液。

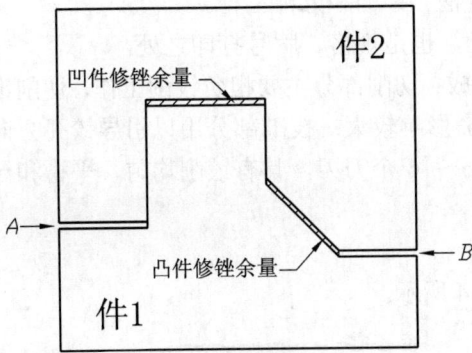

图 3-11

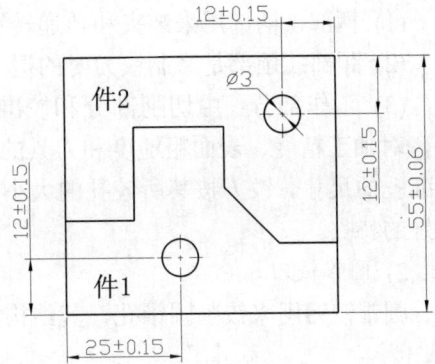

图 3-12

相关知识　铰孔加工相关知识

1. 铰孔

用铰刀从工件孔壁上切除微量金属层,以获得较高尺寸精度和较小表面糙粗度的加工方法,称为铰孔。铰孔尺寸精度可达 IT9～IT7 级,表面粗糙度值达 Ra1.6 μm。

2. 铰刀

铰刀按形状分圆柱铰刀和圆锥铰刀两种,按使用方法分手用铰刀(见图 3-13(a))和机用铰刀(见图 3-13(b))。

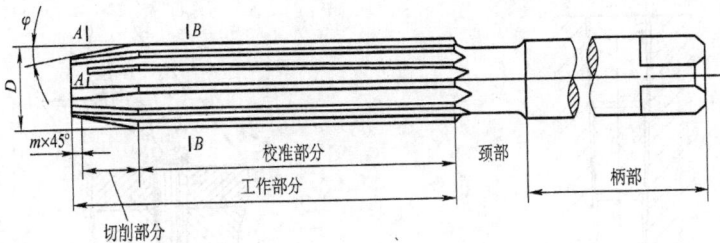

(a)

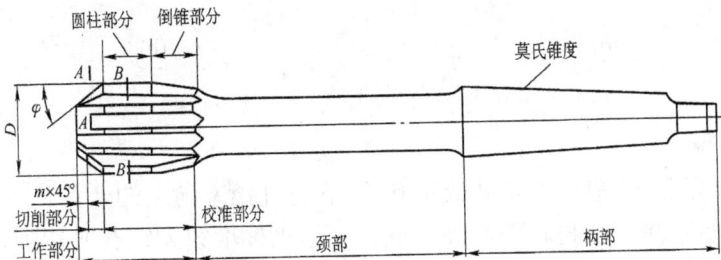

(b)

图 3-13

1) 圆柱铰刀

铰刀由柄部、颈部和工作部分组成,如图 3-13 所示。

(1) 柄部：柄部用来装夹和传递转矩。有直柄、锥柄和方榫三种。

(2) 颈部：颈部是磨制铰刀时的退刀工艺槽，也是规格、牌号打印之处。

(3) 工作部分：由切削部分和校准部分组成：切削部分主要担负铰削工作，切削锥角 2φ，对加工精度、表面粗糙度和刀具的使用寿命影响较大；校准部分用以引导铰孔方向和校准孔的尺寸。铰刀按其所铰孔的大小一般有 6～16 个刀刃，具有铰削均匀、平稳和导向性好的特点。

2) 圆锥铰刀

圆锥铰刀用来铰削圆锥孔，其结构如图 3-14 所示。

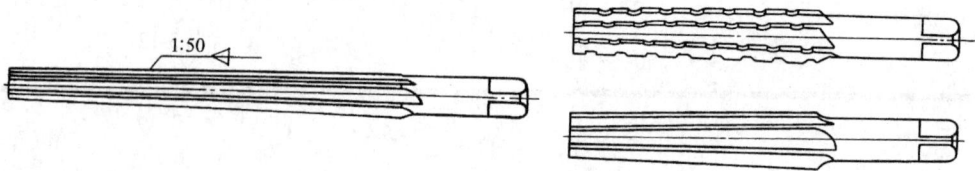

图 3-14

圆锥铰刀按锥度可分为 1∶10 锥铰刀、1∶30 锥铰刀、1∶50 锥铰刀和近似于 1∶20 的莫氏锥度铰刀。

钻锥销底孔时，尺寸较小的圆锥孔按铰刀小端尺寸钻孔，后用铰刀铰出锥孔即可。尺寸和深度较大或锥度较大的圆锥孔，所钻底孔应成阶梯孔，以减少铰削余量，提高表面粗糙度、延长刀具使用寿命，阶梯孔和锥孔装配如图 3-15 所示。铰削过程中使用配销方法检查铰孔深度情况。

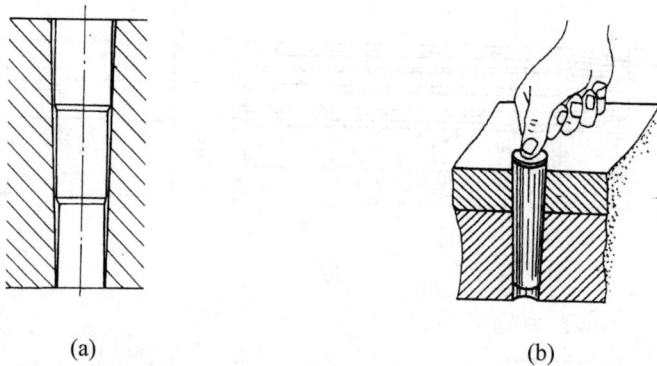

(a)   (b)

图 3-15

3．铰削用量

(1) 铰削余量是上道工序(钻孔或扩孔)留下的直径方向上的余量。一般根据孔径尺寸、精度、表面粗糙度和材料的软硬选取。高速钢标准铰刀铰孔时切削余量见表 3-1。

表 3-1　铰削余量参考选用

铰刀直径/mm	<8	8～20	21～32	33～50	51～70
铰削余量/mm	0.1	0.15～0.25	0.2～0.3	0.3～0.5	0.5～0.8

(2) 铰孔切削用量选用：采用机铰时，切削用量的选取可参见表 3-2。

表 3-2 机铰孔切削用量参考表

工件材料	钢	铸铁	铜、铝
进给量(f)/(mm/r)	0.5～1	0.5～1	1～1.2
切削速度(v)/(m/min)	4～8	6～8	8～12

4. 铰削方法

(1) 手铰。将工件夹持端正、孔中心线垂直，注意薄壁工件的夹紧力不宜太大，预防变形；两手平稳转动铰杠，用力均匀；转动铰杠时，变换每次的停歇位置，以避免停留在同一位置而造成振痕。铰削过程中进刀和退刀均不允许反转，以防刀刃磨钝、崩刃及降底孔壁表面粗糙度质量。

(2) 机铰。机铰时，尽量做到工件装夹一次完成即钻孔、扩孔和铰孔工艺过程，这样可提高钻孔和铰孔同轴度。

(3) 切削液对铰孔质量的影响。

铰孔时加注乳化液，铰出的孔径略小于铰刀尺寸，且表面粗糙度值较小；铰孔时加注切削油，铰出的孔径略大于铰刀尺寸，且表面粗糙度值较大；铰孔时不加注切削液，铰出的孔径最大，表面粗糙度值也最大。

因此，铰孔之前应根据孔径质量要求，合理选择切削液，提高合格率。铰孔切削液选择见表 3-3。

表 3-3 铰孔时切削液的选择

零件材料	切 削 液
钢	1. 10%～15%乳化液或硫化乳化液； 2. 铰孔要求较高时，采用 30%菜油加 70%乳化液； 3. 高精度铰削时，用菜油、柴油、猪油
铸铁	1. 用煤油，使用时注意孔径收缩量最大可达 0.02～0.04 mm； 2. 低浓度乳化油水溶液； 3. 不用
铜	5%～8%乳化液
铝和青铜	1. 煤油； 2. 5%～8%乳化液

(4) 铰孔缺陷分析：铰孔常见的废品原因和铰刀损坏原因见表 3-4。

表 3-4 铰孔缺陷分析

废品形式	产 生 的 原 因
粗糙度达不到要求	1. 铰刀刃口不锋利或有崩裂，铰刀切削部分和修整部分不光洁； 2. 切削刃上粘有积屑瘤，容屑槽内切屑粘积过多； 3. 铰削余量太大或太小； 4. 切削速度太高，以致产生积屑瘤； 5. 铰刀退出时反转，手铰时铰刀旋转不平稳； 6. 切削液不充足或选择不当； 7. 铰刀偏摆过大

废品形式	产 生 的 原 因
孔径扩大	1. 铰刀与孔的中心不重合，铰刀偏摆过大； 2. 进给量和铰削余量太大； 3. 切削速度太高，使铰刀温度上升，直径增大； 4. 操作粗心(未仔细检查铰刀直径和铰孔直径)
孔径缩小	1. 铰刀超过磨损标准，尺寸变小仍继续使用； 2. 铰刀磨钝后还继续使用，造成孔径过度收缩； 3. 铰钢料时加工余量太大，铰好后内孔弹性复原而孔径缩小； 4. 铰铸铁时加了煤油
孔中心不直	1. 铰孔前的预加工孔不直，铰小孔时由于铰刀刚度差，而未能使原有的弯曲度得到纠正； 2. 铰刀的切削锥度太大，导向不良，使铰削时方向发生偏歪； 3. 手铰时，两手用力不匀
孔呈多棱形	1. 铰削余量太大和铰刀刀刃不锋利，使铰削时发生"啃切"现象，发生振动而出现多棱形； 2. 钻孔不圆，使铰孔时铰刀发生"弹跳"现象； 3. 钻床主轴振摆太大

六、编制角度凸台配合加工工艺

机械加工工艺过程卡		产品 名称	角度凸台配合	零件图号		共 页	
				零件名称		第 页	
材料牌号	Q235	毛坯种类	偏钢	毛坯尺寸	$(85\pm0.1)\times(60.5\pm0.1)\times8$	件数	1
工序	名称	工 序 内 容		设备	工艺装备	工时	
						单件	准终
一		备料(半成品)					
1	锉削	锉削尺寸 60±0.03，⊥≤0.03、∥≤0.03			角尺、千分尺		
2	划线	划出凹凸件分割尺寸界线，40、42			划线尺、V形架		
3	锯削	分割凹凸件，留尺寸 40、42 精加工余量					
4	锉削	锉削凸件尺寸 42±0.03，∥≤0.02，Ra3.2			角尺、千分尺		
5	锉削	锉削凹件尺寸 40±0.03，∥≤0.02，Ra3.2			角尺、千分尺		
6	锉削	去毛刺 0.3					
7	划线	分别划出凹件、凸件加工尺寸界线			划线尺、V形架		
8	检验						
二		凹件(件 2)					

1	钻孔	钻 ϕ3 工艺排孔	台钻	ϕ3 钻头		
2	锯削	锯削、錾削去除余料。		手锯、錾子		
3	锉削	粗锉内腔各面，留精加工余量。				
4	锉削	(1) 锉削尺寸 35±0.03，⊥≤0.03，Ra3.2。		千分尺、角度尺		
		(2) 锉削尺寸 15±0.03，∥≤0.03，Ra3.2。		千分尺		
5	锉削	锉削角度 135°±5′，角度面位置工艺尺寸 L3(37.47)，Ra3.2		角度尺、千分尺		
6	锉削	去毛刺 0.3				
三		凸件(件 1)				
1	锯削	去除凸台阶直角面加工余料，留精加工余量 1 mm				
2	锉削	(1) 锉削尺寸 20±0.03，⊥≤0.03，Ra3.2		角度尺、千分尺		
		(2) 锉削对称工艺尺寸 L1，⊥≤0.03，Ra3.2		角度尺、千分尺		
		(3) 修锉清角、去毛刺 0.3		角尺		
3	锯削	去除凸台阶角度面加工余料，留精加工余量 1 mm				
4	锉削	(1) 锉削尺寸 15±0.03，⊥≤0.03，Ra3.2		角度尺、千分尺		
		(2) 锉削尺寸 20±0.03，∥≤0.03，Ra3.2		千分尺		
		(3) 修锉清角、去毛刺 0.3				
5	检验					
四		配作(凸件、凹件相互为基准)				
1	锉削	以件 1 凸台为基准，件 2 内腔垂直面 2 为导向，锉削配合面 4，间隙≤0.05，Ra3.2。(透光法观察)		塞尺		
2	锉削	以件 1 凸台和件 2 角度面 3 为基准，已加工配合面为导向，分别锉削件 1 角度面 5 和件 2 底面 5，修锉清角、去毛刺 0.3，间隙≤0.04，Ra3.2		塞尺、千分尺		
3	检测	A 面直线度≤0.1、配合尺寸 52±0.06				
4	划线	划出凹凸件孔加工尺寸界线				
5	钻孔	(1) 钻件 1、件 2 Ø8H8 定位中心孔 ϕ3	台钻	A3 中心钻		
		(2) 钻件 1、件 2 Ø8H8 底孔 ϕ7.8		ϕ7.8 麻花钻		
		(3) 孔口倒角 C0.5		ϕ12 倒角钻		
		(4) 铰件 1、件 2 ϕ8H8 孔，Ra1.6		ϕ8H8 铰刀		
6	检验					

七、小结

(1) 理解图纸要求，领悟加工分析，熟悉工艺方法。

(2) 了解孔加工类型，熟悉孔加工要求和工艺规程。

(3) 熟记铰孔余量，掌握冷却润滑要求和铰刀应用。

(4) 熟记常用普通螺纹的螺距和螺纹底孔计算方法。

(5) 通过项目配作，掌握尺寸公差与间隙控制方法。

第二章   钳工技能知识与实践

学习与实践要求

(1) 了解金属材料的基本概念。

(2) 了解钢的热处理和热处理的目的。

(3) 了解和掌握尺寸链的概念。

(4) 熟悉加工工艺分析方法。

(5) 熟悉麻花钻的刃磨方法。

(6) 掌握孔距尺寸修整方法。

(7) 掌握切削速度应用方法。

(8) 掌握封闭尺寸控制方法。

项目四   三件组合镶配

一、项目学习任务书

项目名称	三件组合镶配	加工方法	按图纸要求钳工制作
工作任务	知 识 要 求		能 力 要 求
1 项目学习与操作准备	·熟悉图纸，分析技术要求。 ·了解封闭尺寸的含义。 ·了解尺寸链概念与计算方法。 ·了解金属材料概念。 ·熟悉钢的牌号和钢的热处理概念		·熟悉备料与分料尺寸应用方法。 ·提高基准形位公差控制能力。 ·掌握尺寸公差和形位公差的协调控制方法。 ·熟悉錾子手工淬火的工艺方法
2 项目备料与实施操作	·分析项目加工工艺。 ·分析 V 形对称加工与检测方法。 ·熟悉多件配合加工基准要求。 ·了解工艺孔的含义		·掌握多件划线分料方法。 ·掌握角度面位置尺寸检测方法。 ·掌握角度对称加工工艺方法。 ·掌握基准件配合基准件分析与应用
3 项目配合加工与检测	·熟悉孔距尺寸修整方法。 ·了解配合正方形尺寸一致性的作用。 ·认识加工基准一致性的重要性		·掌握多件配合加工工艺方法。 ·掌握旋转配合间隙控制方法。 ·掌握多件配合整体要求控制方法
4 参考教材	·公差配合与技术测量(机械工业出版社) ·机械制图(机械工业出版社) ·简明机械手册(湖南科学技术出版社)		

二、三件组合镶配项目分析

1. 图纸分析

根据图纸和技术要求(见图 4-1)分析，三件组合镶配是以角度为主的对称配合，其配合形式有角度换向配合、组合正方形配合和正方形旋转配合。

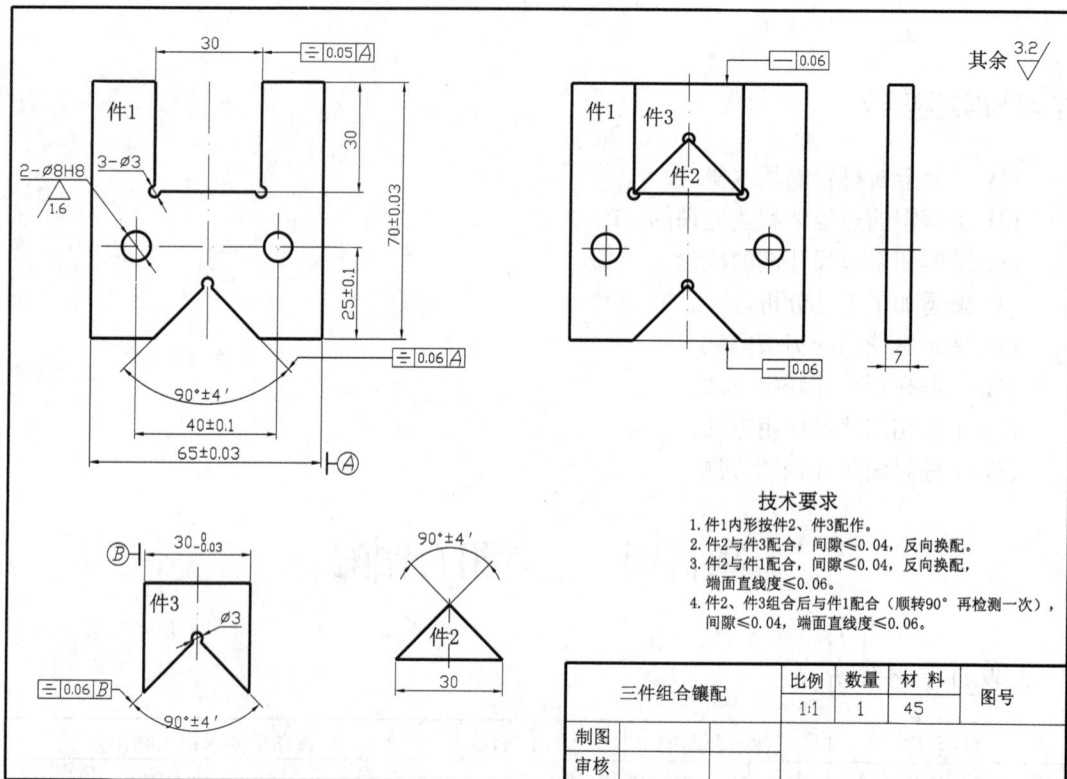

图 4-1

三角形的角度尺寸属于封闭尺寸，其三个角度之和等于 180°，在加工中一个角度控制失误必将引起另一个角度同时超差，从而会引起整体配合的质量问题。所以加工中应注意量具调整角度的正确性。

(1) 件 3 的尺寸公差和内角 90°对称中线要求较高，它与件 2 配合成正方形后对件 1 又有旋转配合要求。因此制作件 3 时，一要控制尺寸公差和形位公差，二要考虑组成正方形的垂直度要求，即保证 45°角的准确，为旋转配合创造条件。

(2) 件 2 三角形的角度公差虽然只标注一个 90°±4′，但是对两个未注 45°角的控制必须准确。因两个 45°角加工的正确与否会影响到与件 1 配合的直线度及与件 3 组成正方形的垂直度。

(3) 件 1 加工在注意尺寸公差和形位公差要求的同时，应重视孔和孔距尺寸的加工方法。

(4) 配合间隙≤0.04，直线度≤0.06，可应用尺寸控制法和配作修正方法来控制。注意配作导向面的重要性。

根据要求可确定：件 3 是基准件；件 2 是件 3 的配作件，是件 1 角度处配作的基准件；件 1 是配作件。

2．项目重点

(1) 尺寸公差：

① 尺寸公差和角度要求的加工控制。

② 件 3 尺寸 $30_{-0.03}^{0}$ 加工的实际尺寸与件 2 配合尺寸 30 的一致性要求。

③ $2-\phi 8H8$ 孔和孔距尺寸 40 ± 0.1、25 ± 0.1 的加工控制方法。

(2) 形位公差：角度对称中心线的加工与测量方法，对称度≤0.05。

(3) 根据图纸要求，分析和编制加工工艺(加工步骤)。

3．项目难点

(1) 角度对称加工与控制方法。

(2) 多件互配的间隙控制方法。

三、备料

(1) 备料尺寸：$70.5\pm0.1\times98\pm0.1\times7$。

(2) 材料：45 钢。

(3) 备料要求：四面相互垂直，并与大平面垂直，垂直度≤0.03，平行度≤0.03。

45 钢是优质碳素结构钢，含碳量为 0.45%，其切削性能和综合机械性能较好，适用于制作齿轮、轴和销类等。

零件设计与制造中，为了合理选用金属材料，确定加工工艺方法，应熟悉和掌握金属材料的牌号、性能及适用场合。

四、金属材料性能的基本概念

金属材料的性能包括使用性能和工艺性能两大类。使用性能包括物理性能、力学性能和化学性能；工艺性能是指铸造性能、锻造性能、焊接性能、热处理性能和切削加工性能。

1．金属材料的物理性能

(1) 密度。物体的质量和其体积的比值，称为密度。符号为 ρ，单位是 g/cm^3。表 4-1 所示为常用金属材料的密度。

表 4-1　常用金属材料的密度

材 料 名 称	密度/(g/cm³)	材 料 名 称	密度/(g/cm³)
铁	7.85	铅	11.3
铜	8.89	锡	7.3
铝	2.7	灰铸铁	6.8～7.4
镁	1.7	白口铁	7.2～7.5
锌	7.19	青铜	7.5～8.9
镍	8.9	黄铜	8.5～8.85

(2) 熔点。物体在加热过程中,开始由固体熔化为液体的温度称为熔点,用摄氏温度(℃)表示。表 4-2 示为常用金属材料的熔点。

表4-2　常用金属材料的熔点

材 料 名 称	熔点/℃	材 料 名 称	熔点/℃
纯铁	1538	铬	1765
铜	1083	钒	1900
铝	658	锰	1230
钛	1668	镁	627
镍	1455	青铜	865~900

(3) 导电性。金属材料传导电流的能力叫导电性。银的导电性最好,铜和铝次之。

(4) 导热性。金属传导热量的能力称为导热性。纯金属导热性最好,合金稍差。

(5) 热膨胀性。金属材料在加热时,体积增大的性质称为热膨胀性。

2. 金属材料的力学性能

金属材料的力学性能,是指金属材料在载荷(外力)作用下所反映出来的抵抗形变的性能。外力不同,产生的形变也不同,一般分为拉伸、压缩、扭转、剪切和弯曲等五种。

金属材料常用的力学性能有弹性、塑性、强度、硬度和韧性。

(1) 弹性。金属在受外载荷作用时发生变形,外载荷取消后其变形逐渐消失的性质称为弹性。

(2) 塑性。金属材料在外载荷作用下产生断裂前所能承受最大变形的能力称为塑性。在断裂之前材料的塑性变形愈大,表示塑性愈好;反之则表示塑性差。(衡量塑性的指标有伸长率和断面收缩率,通过试样测定。)

(3) 强度。金属材料在外载荷作用下抵抗塑性变形和断裂的能力称为强度。强度可分为屈服强度、抗拉强度、抗弯强度和抗剪强度等。

(4) 硬度。金属材料抵抗比它更硬物体压入其表面的能力,即抵抗局部塑性变形的能力。一般硬度越高,耐磨性越好,强度也越高。

常用硬度有布氏硬度(HB)和洛氏硬度(HR)二种。根据测量方式的不同,布氏硬度 HB 分为 HBS 和 HBW,洛氏硬度 HR 分为 HRA、HRB 和 HRC。

(5) 韧性。在冲击载荷作用下,金属材料抵抗破坏的能力,常用试样被破坏时所消耗的功来表示。

3. 金属材料的工艺性能

金属材料的工艺性能,是指金属材料所具有的能够适应各种加工工艺要求的能力。工艺性能实质上是机械、物理、化学性能的综合表现。金属材料常用铸造、压力加工、焊接和切削加工等方法制造成零件。各种加工方法对材料提出了不同的要求。

(1) 铸造性。铸造是将熔融金属浇注、压射或吸入铸型型腔中,待其凝固后得到一定形状和性能铸件的方法。铸造性能是指浇注时液态金属的流动性、凝固时的收缩性和偏析倾向等。

(2) 锻造性。金属材料的锻造性是指材料在压力加工时,能改变其形状而不产生裂纹的性能。它实质上是材料好坏的表现。钢能承受锻造、轧制、冷拉和挤压等形变加工，表现出较好的锻造性。钢的锻造性与化学成分有关，低碳钢的锻造性好，碳钢的锻造性较合金钢好，铸铁则没有锻造性。

(3) 焊接性。金属材料的焊接性是指材料在通常的焊接方法和焊接工艺条件下，能否获得质量良好焊缝的性能。焊接性能好的材料，易于用一般的焊接方法和工艺进行焊接，焊缝中不易产生气孔、夹渣或裂纹等缺陷，其强度与母材料相同。焊接性差的材料要用特殊的方法和工艺进行焊接。因此，焊接性能影响金属材料的应用。

4. 金属材料的切削加工性

金属材料的切削加工性是指对材料进行切削加工的难易程度，它不仅与材料本身的化学成分、金相组织有关，还与刀具的几何形状有关。其衡量标准通常有切削时的生产率、刀具耐用度、获得规定加工精度和表面粗糙度的难易程度等。

影响金属材料切削加工性的因素有材料的硬度、强度、塑性、韧性和导热系数等。

(1) 塑性和韧性。切削材料的塑性和韧性大，加工变形和硬化就大，容易与刀具表面产生冷焊现象，造成黏结磨损，不易断屑，切削加工性差。

(2) 硬度和强度。切削材料的硬度和强度越高，所需切削力越大，导致切削温度升高，刀具磨损快，因此，切削加工性差。但硬度太低，切削加工性也不好。如纯铁、纯铝等硬度虽低，但塑性很大，切削易发生黏刀，不易保证加工质量。

(3) 导热系数。材料的导热系数越大，由切屑带走的和工件本身传导的热量就越多，有利于降低切削温度，加工性好。

(4) 线膨胀系数。材料的线膨胀系数越大，加工时热胀冷缩引起工件尺寸变化越大，难以控制加工精度，加工性差。

五、黑色金属材料

1. 常用碳素钢

含碳量小于 2.11% 的铁碳合金称为碳素钢。碳素钢中除铁(Fe)、碳(C)外，还有硅(Si)、锰(Mn)等有益元素和硫(S)、磷(P)等有害元素。

1) 碳素钢的分类

(1) 按含碳量分类：低碳钢(含碳量≤0.25%的钢)、中碳钢(含碳量 0.25～0.6%的钢)和高碳钢(含碳量＞0.6%的钢)。

(2) 按质量分类：普通碳素钢(含硫、磷量较高)、优质碳素钢(含硫、磷量较低)和高级优质碳素钢(含硫、磷量很低)

(3) 按用途分类：碳素结构钢(一般属于低碳钢和中碳钢)和碳素工具钢(高碳钢)。

2) 碳素钢的牌号与用途

(1) 碳素结构钢。碳素结构钢中 Q195、Q215A、Q215B、Q235A、Q235B 常用于制造受力不大的零件，如螺钉、螺母、垫圈等以及焊接件、冲压件和桥梁建筑等的结构件；Q255A、Q255B、Q275 用于制造承受中等负荷的零件，如小轴、销子、连杆、农机零件等。

(2) 优质碳素结构钢。优质碳素结构钢是严格按化学成分和力学性能制造的，质量比碳素结构钢高。钢号用两位数字表示，它表示钢的平均含碳量的万分数，如钢号"45"表示钢中平均含碳量为 0.45%。

含锰量较高的优质碳素结构钢还应将锰元素在钢号后面标出，如 15Mn、30Mn。优质碳素结构钢的用途见表 4-3。

表 4-3 优质碳素结构钢的用途

钢　　　　号	应　用　举　例
08、08F、10、10F、15、20、25	用来制造冲压件、焊接件、紧固件和渗碳零件，如螺栓、铆钉、垫圈等低负荷零件
30、35、40、45、50、55	用来制造负荷较大的零件，如连杆、曲轴、主轴、活塞销、表面淬火齿轮、凸轮等
60、65、70、75	用来制造轧辊、弹簧、钢丝绳、偏心轮等高强度、耐磨或弹性零件

2. 合金钢

在碳素钢中加入一定量的合金元素(如硅、锰、铬、镍、钼、钒、钛等)称为合金钢。合金钢的性能较碳素钢好，它的两个主要特点是好的渗透性和较高的综合力学性能。使用合金钢时一般要进行热处理，以便充分发挥其潜在性能。合金钢常用于制造承受载荷较大的重要零件。

1) 合金钢的分类

(1) 按用途可将合金钢分为：合金结构钢，用于制造各种工程构件和重要机械零件，如齿轮、连杆、轴、桥梁等；合金工具钢，用于制造各种工具、模具和量具；特殊性能钢，用于制造某种特殊性能的结构和零件，包括不锈钢、耐磨钢和耐热钢等。

(2) 按钢中合金元素总量分为：低合金钢(合金元素总量<5%)、中合金钢(合金元素总量 5%~10%)和高合金钢(合金元素总量>10%)。

2) 合金钢的牌号及用途

(1) 合金结构钢。

合金结构钢的牌号以"两位数字＋合金元素符号＋数字"表示。前面两位数字表示含碳量的万分数，合金元素符号后的数字表示该元素含量的百分数，含量低于 1.5%的元素后面不加注数字。如 30SiMn2MoV，其成分：C 为 0.26%~0.33%，Mn 为 1.6%~1.8%，Si、Mo、V 含量均低于 1.5%。

合金结构钢根据性能和用途不同，可分为普通低合金结构钢、合金渗碳钢、合金调质钢、合金弹簧钢和滚动轴承钢。滚动轴承钢是制造滚动轴承的专用钢。其牌号以"滚"或"G"和"元素符号＋数字"表示。含碳量不标出，数字表示含 Cr 量的千分数。例如 GCr15表示含 Cr 量为 1.5%。合金结构钢的牌号、热处理方法、性能及用途见表 4-4。

表 4-4 合金结构钢的牌号、热处理、性能及用途

钢　号	热处理			力学性能				用　　途
	淬火/℃	回火/℃	毛坯尺寸/mm	σ_b/MPa	σ_s/MPa	δ/%	Ψ/%	
40MnB	850 油	500 水、油	25	1000	800	10	45	可代替 40Cr 钢制作转向节、半轴、花键轴等

钢 号	热处理			力学性能				用 途
	淬火/℃	回火/℃	毛坯尺寸/mm	σ_b/MPa	σ_s/MPa	δ/%	Ψ/%	
40MnVB	850 油	500 水、油	25	1000	800	10	45	可代替 40Cr 或部分代替 40CrNi 作重要零件,也可代替 38CrSi 作重要销钉
40Cr	850 油	500 水、油	25	1000	800	9	45	作重要调质件,如轴类、连杆、螺栓、进气阀和重要齿轮等
38CrSi	900 油	600 水、油	25	1000	850	12	50	作载荷大的轴类件及车辆上的重要调质件
30CrMnSi	880 油	520 水、油	25	1100	900	10	45	高强度钢,作高速载荷砂轮轴、车辆内外摩擦片等

(2) 合金工具钢。

合金工具钢是在碳素工具钢的基础上加入少量合金元素(Si、Mn、Cr、V)制成的。由于合金元素的加入,提高了材料的热硬性、耐磨性,改善了材料的热处理性能。合金工具钢常用来制造各种量具、模具和切削刀具等,相应地,合金工具钢也分为量具钢、模具钢和刃具钢等,其钢材料的性能、化学成分和组织状态都不同。

合金工具钢的编号方法与合金结构钢相似,但含碳量的表示方法是平均含碳量大于等于 1% 时,钢号中不标出;平均含碳量小于 1% 时,以千分数表示。如 CrMn 钢的平均含碳量为 1.3%~1.5%,而 9Mn2V 钢的含碳量为 0.85%~0.95%。合金工具钢属高级优质钢,但牌号后不加标"A"。合金工具钢的牌号、热处理方法及用途见表 4-5。

表 4-5 合金工具钢的牌号、热处理及用途

类别	牌号	热处理					应用举例
		淬火			回火		
		淬火加热温度/℃	冷却介质	硬度HRC	回火温度/℃	硬度HRC	
低合金刃具钢	9Mn2V	780~810	油	≥62	150~200	60~62	精密丝杆、磨床主轴、样板、凸轮、量具、丝锥、板牙、铰刀等
	9SiCr	860~880	油	≥62	180~200	60~62	板牙、丝锥、钻头、铰刀、齿轮铣刀、冷冲模、冷轧辊等
	Cr	830~860	油	≥62	150~170	61~63	切削工具,车刀、刮刀、铰刀等,测量工具样板等,凸轮销、偏心轮、冷轧辊等
	CrW5	800~820	水	≥65	150~160	64~65	慢速切削硬金属刀具,铣刀、车刀、刨刀等;高压力工件用的刻刀等
	CrMn	840~860	油	≥62	130~140	62~65	各种规量与量块等
	CrWMn	820~840	油	≥62	140~160	62~65	板牙、拉刀、量规、形状复杂高精度冲模等

类别	牌号	热处理					应用举例
		淬火			回火		
		淬火加热温度/℃	冷却介质	硬度 HRC	回火温度/℃	硬度 HRC	
高速钢	W18Cr4V	1200~1280	油	≥63	550~570	63~66	制造一般高速切削用车刀、刨刀、钻头、铣刀等
	9W13Cr4V	1260~1280	油	≥63	570~580	67.5	切削不锈钢及其他硬性或韧性材料,可显著提高刀具寿命与被加工零件的表面粗糙度
	W6Mo5Cr4V2	1220~1240	油	≥63	550~570	63~66	适用于制造丝锥、钻头、板牙、铣刀、齿轮刀具、冷作模具等
	W6Mo5Cr4V3	1220~1240	油	≥63	550~570	>65	制造耐磨性和热硬性较高、耐磨性和韧性配合较好、形状较为复杂的刀具,如拉刀、铣刀、滚刀等

(3) 特殊性能钢。

特殊性能钢是一种含有较多合金元素,并具有某些特殊物理性能和化学性能的合金钢。其牌号表示方法与合金工具钢基本相同。常用的特殊性能钢有不锈钢、耐磨钢和软磁钢等。

不锈钢中的主要合金元素是铬和镍,一般含铬量不低于12%的不锈钢才具有良好的耐蚀不锈性能。不锈钢多用于制造化工设备、医疗器械,常用不锈钢有1Cr13、2Cr13、1Cr18Ni9、1Cr18Ni9Ti等。

耐磨钢通常是指高锰钢。高锰钢机械加工困难,大多采用铸造成型。耐磨钢具有在强烈冲击下抵抗磨损的性能,主要用于制造坦克和拖拉机履带、破碎机颚板、球磨机筒体衬板等。

软磁钢又名硅钢片,它是在钢中加入硅并轧制而成的薄片状材料。硅钢片具有很好的磁性,是制造变压器、电机、电工仪表等不可缺少的材料。

3. 铸铁

含碳量大于 2.11%的铁碳合金称为铸铁。铸铁中除铁和碳以外,也含有硅、锰、磷、硫等元素。

1) 铸铁的分类

根据碳在铸铁中存在的形态不同,将铸铁分为白口铸铁、灰口铸铁、可锻铸铁和球墨铸铁。

(1) 白口铸铁。这类铸铁中的碳绝大多数以 Fe_3C 的形式存在,断口呈亮白色,其硬度高、脆性大,很难进行切削加工,主要用作炼钢或制造可锻铸铁的原料。

(2) 灰口铸铁。灰口铸铁中的碳大部分以片状石墨形式存在,其断口呈暗灰色,故称灰口铸铁。

(3) 球墨铸铁。球墨铸铁中的碳绝大部分以球状石墨形式存在,故称球墨铸铁。

(4) 可锻铸铁。可锻铸铁由白口铸铁经过高温石墨化退火而制得,其组织中的碳呈团絮状。

2) 铸铁的牌号及用途

灰口铸铁的牌号由"HT"及后面的一组数字组成，数字表示其最低抗拉强度；可锻铸铁由"KT"或"KTZ"及两组数字组成，"KT"是铁素体可锻铸铁的代号，"KTZ"是珠光体可锻铸铁的代号，前、后两组数字分别表示最低抗拉强度和伸长率；球墨铸铁的牌号由"QT"和两组数字组成，其含义和可锻铸铁的相同。

灰口铸铁、球墨铸铁、可锻铸铁的牌号、力学性能及用途参见表 4-6、表 4-7 和表 4-8 所示。

表 4-6　灰铸铁的牌号、力学性能及用途

牌号	铸件壁厚 /mm	抗拉强度不 小于/MPa	适用范围及应用举例
HT100	10～20	100	低负荷和不重要的零件，如盖、外罩、手轮、支架、重锤等
HT150	<20	150	承受中等负荷的零件，如汽轮机泵体、轴承座、齿轮箱、工作台、底座、刀架等
HT200	10～20	200	承受较大负荷的零件，如汽缸、齿轮、油缸、阀壳、床身、活塞、刹车轮、联轴器、轴承座等
HT250		250	
HT300	10～20	300	承受高负荷的重要零件，如齿轮、凸轮、车床卡盘、压力机的机身、床身、高压液压筒、滑阀壳体等
HT350		350	

表 4-7　球墨铸铁的牌号、力学性能及用途

牌号	σ_b/MPa	σ_s/MPa	δ/%	应用举例
QT400-15	400	250	15	阀体；汽车、内燃机车零件；机车零件
QT450-10	450	310	10	
QT500-7	500	320	7	机油泵齿轮；机车、车辆轴瓦
QT700-2	700	420	2	5—400HP 柴油机曲轴、凸轮轴；汽缸体、气缸套；活塞环；部分磨床、铣床、车床的主轴等
QT800-2	800	480		
QT900-2	900	600	2	汽车的曲线齿锥齿轮；拖拉机减速齿轮；柴油机凸轮轴

表 4-8　可锻铸铁的牌号、力学性能及用途

类别	牌号	σ_b/MPa	δ/%	应用举例
		不小于		
铁素体可锻铸铁	KT300-06	300	6	汽车、拖拉机的后桥外壳、转向机构、弹簧钢板支座等；机床上用的扳手；低压阀门、管接头和农具等
	KT330-08	330	8	
	KT350-10	350	10	
	KT370-12	170	12	
珠光体可锻铸铁	KTZ450-06	450	6	曲轴、连杆、齿轮、凸轮轴、摇臂、活塞环等
	KTZ550-04	550	4	
	KTZ650-02	650	2	
	KTZ700-02	700	2	

六、有色金属

机械工业上把钢和铸铁称为黑色金属，其他金属及合金称为有色金属。有色金属与钢铁相比，其强度较低。使用有色金属的目的主要是利用其某些特殊的物理化学性能，如铝、镁、钛及其合金密度小，铜、铝及其合金导电性好，镍、钼及其合金耐高温等。一般常用的有色金属及合金有铜及铜合金、铝及铝合金、滑动轴承合金等。

1. 铝及铝合金

纯铝的特点是密度小(约为铁的 1/3)，导电性能好，在空气中有良好的耐蚀性，但强度和硬度低。纯铝主要用于导电材料或制造耐蚀零件，不能用于制造承载零件。铝的牌号由"L+数字"表示，数字表示顺序号(1～6)，其数字越大纯度越低。

铝合金分为形变铝合金和铸造铝合金两大类。形变铝合金具有较高的强度和良好的塑性，可通过压力加工制作各种半成品，可以焊接。形变铝合金主要用作各种型材和结构件，如发动机机架、飞机大梁等。形变铝合金又可分为防锈铝合金(代号 LF)、硬铝合金(代号 LY)、超硬铝合金(代号 LG)和锻铝合金(代号 LD)。

铸造铝合金包括铝镁、铝锌、铝硅和铝铜等。它们有良好的铸造性，可以铸成各种形状复杂的零件。但塑性低，不宜进行压力加工。各类铸造铝合金的代号均以"ZL"(铸铝)加三位数字组成，第一位数字表示合金类别，第二、三位数字是顺序号。

2. 铜及铜合金

纯铜外观呈紫红色，又称紫铜。因纯铜是用电解法获得的，故又称电解铜。纯铜具有很高的导电性和导热性，塑性好但强度低，主要用于各种导电材料。工业上大多使用铜合金，铜合金分黄铜和青铜两大类。

1) 黄铜

以铜和锌为主组成的合金统称黄铜。黄铜的强度、硬度和塑性随含锌量增加而上升。除了铜和锌以外，再加入少量其他元素的铜合金叫特殊黄铜，如锡黄铜、铅黄铜等。黄铜一般用于制造耐蚀和耐磨零件，如弹簧、阀门、管件等。黄铜的牌号用"黄铜"或"H"与后面两位数字表示。数字表示含铜量，其余为锌的含量，如 H65 表示含铜 65%，含锌 35%。特殊黄铜则在牌号中标出合金元素的含量，如 HSn90-1 表示含铜 90%，含锡 1%，其余为锌的锡黄铜。

2) 青铜

铜与锡组成的合金称为锡青铜(青铜)。锡青铜有良好的力学性能、铸造性能、耐蚀性和减摩性，是一种很重要的减摩材料。主要用于摩擦零件和耐蚀零件的制造，如蜗轮、轴瓦等，也在水、水蒸气和油中工作的零件的制造。

青铜的牌号以"Q"为代号，后面标出主要元素的符号和含量，如 QSn4-3。铸造铜合金的牌号用"ZCu"及合金元素符号和含量组成，如 ZCuSn5Pb5Zn5 的合金又称为 5-5-5 锡青铜，其中含锡、铅、锌各为 4%～6%，其余为铜。

3. 轴承合金

轴承合金是用来制造滑动轴承的特定材料。应用比较广泛的轴承合金有锡锑轴承合金、铅锑轴承合金等。此类合金习惯上称为巴氏合金，它们都是高质量的低硬度减摩材料。

七、钢的热处理

钢的热处理是指在固态下通过加热、保温和冷却的方法，来改变钢的内部组织，从而获得所需性能的一种工艺方法。

(1) 退火。将钢加热到临界温度以上，并在此温度(一般是 710℃～750℃)保温一段时间，然后缓慢冷却的过程称为退火。退火目的是：细化晶粒、均匀组织、降低硬度，改善钢件的机械性能，使之便于切削加工。

(2) 正火。将钢加热到临界温度以上，并保温一段时间，然后在空气中冷却的过程称为正火。正火的目的与退火基本相同，同样可以细化组织，减少内应力，改善切削性能。但正火的冷却速度比退火快，得到的强度、硬度和韧性较退火高。

(3) 淬火。将钢加热到临界温度以上，保温一段时间，然后在水或油中快速冷却的过程称为淬火。淬火目的是提高钢的强度、硬度和耐磨性。

(4) 回火。将淬火钢件再加热到临界温度以下，保温一段时间，然后以一定的方式(空气中或油中)冷却的过程称为回火。回火的目的是消除淬火后的脆性和内应力，调整钢的强度和硬度，提高其塑性和冲击韧性。

(4) 调质。淬火后高温回火称为调质。调质的目的是获得很高的韧性和足够的强度，使钢具有良好的综合机械性能。

(6) 时效。时效处理分自然时效和人工时效两种。自然时效是将零件粗加工后，在露天停放一个时期，以消除其内应力；人工时效是在低温回火后，精加工之前，将零件加热到 100℃～160℃并保温 10～40 小时，然后缓慢冷却。

(7) 化学处理。将工件置于化学介质中加热保温，改变钢表层的化学成份和组织，从而改变表层性能的热处理方法称为化学处理。化学处理有渗碳、渗氮和液体碳氮共渗等，常用化学处理及其作用见表 4-9。

渗碳是将工件放入含碳的介质中，并加热到 900℃～950℃高温下保温，使钢件表面含碳量提高的工艺过程。

渗氮是将氮渗入钢件表层的过程。其目的是提高零件表面的硬度和耐磨性。

液体碳氮共渗，碳氮共渗是向钢的表面同时渗入碳和氮的过程。

表 4-9　钢的常用化学处理方法及其作用

工艺方法	渗入元素	作　用	应用举例
渗碳 (900～950℃)	C	提高钢件表面硬度、耐磨性和疲劳强度、使其能承受重载荷	齿轮、轴、活塞销、万向节、链条等
渗氮 (500～600℃)	N	提高钢件表面硬度、耐磨性、抗胶合性、疲劳强度、抗蚀性以及抗回火软化能力	镗杆、精密轴、齿轮、量具、模具等
碳氮共渗 渗淬火+回火	C、N	提高钢件表面硬度、耐磨性和疲劳强度。低温共渗还能提高工具的红硬性	齿轮、轴、链条、工模具、液压件等

八、相关工艺尺寸

计算相关工艺尺寸 A、B、C，如图 4-2 所示。应用 V 形架检测与控制件 1 与件 3 角度对称中心线。

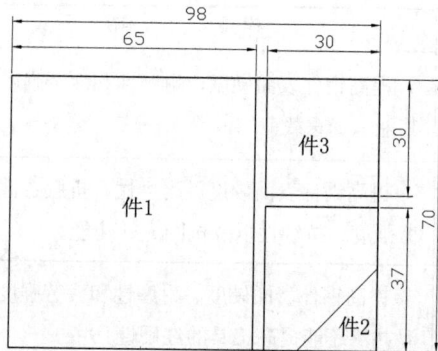

图 4-2

(1) 角度对称和 15±0.03 的控制尺寸：$A = \dfrac{30 \times 1.414}{2} = 21.21$

(2) 角度对称控制与检测尺寸：$B = \dfrac{(70 + 17.5)1.414}{2} = 61.86$

(3) 对称度控制与检测尺寸：$C = \dfrac{65实际 - 凸件30实际}{2} = 17.5\dfrac{实际 - 实际}{2}$

九、加工工艺分析

1. 坯料加工

(1) 检测：检测、修整垂直度≤0.02，Ra3.2。

(2) 锉削：锉削尺寸 70±0.03、平行度≤0.02，Ra3.2

(3) 划线：按图样要求，划出各件分割界线，如图 4-3 所示。

图 4-3

(4) 锯削：分割件 1、件 2 和件 3，锯削余量 3 mm。

(5) 锉削：粗锉各件，留精加工余量。

2. 件 3(V 形)加工

(1) 锉削：锉削尺寸 $30_{-0.03}^{\ 0}$、垂直度≤0.02，$Ra3.2$。

(2) 划线：应用 90°V 形架划件 3 角度尺寸界线，如图 4-4 所示。

(3) 钻孔：钻$\phi3$ 工艺孔，去毛刺。

(4) 锯削：去除角度部分余料，留精加工余量。

(5) 锉削：

① 锉削角度面 1，控制角度 45°角度和角度面位置工艺尺寸 36.21，如图 4-4 所示。

② 锉削角度面 2，以角度面 1 为基准，控制 90°±4′(角尺检测)和角度面位置工艺尺寸 36.21，$Ra3.2$，去毛刺。

注意：(1) 两个角度面位置尺寸 36.21 有一致性要求，保证对称要求。

(2) 控制尺寸 15±0.03 方法有两种：一是保证角度 90°±4′对称中线的同时，控制两角度面位置工艺尺寸 36.21，注意实际加工偏差的一致性；二是保证角度 90°±4′对称中线的同时，应用标准圆柱$\phi10h7$ 检测，计算并控制工艺测量尺寸 27.07，如图 4-5 所示。

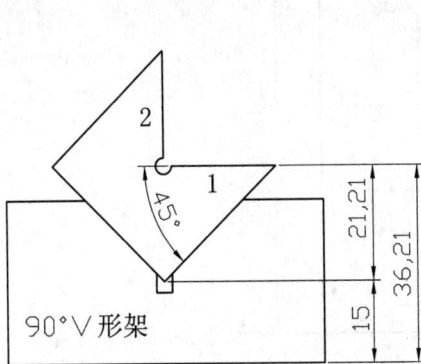

图 4-4

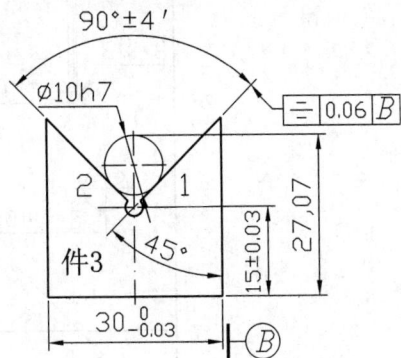

图 4-5

3. 件 2(三角形)加工

(1) 检测：检测和修整 90°±4′，保证其准确。

(2) 划线：应用 V 形架划线，如图 4-6 所示划三角形线。

(3) 锯削：去除余料，留锉削余量。

(4) 锉削：如图 4-7 所示，锉削底面 1，控制 45°角度，且两个 45°角保持一致，$Ra3.2$。

注意：根据三角形角度的加工特点，控制其角度的方法是，如果 90°±4′实际加工尺寸成上偏差，则两个 45°应考虑是下偏差。反之为上偏差。偏差量取 90°±4′实际尺寸偏差的 1/2，可保证 45°的一致性要求。

(5) 配合，件 2 与件 3 结合检测，如图 4-8 所示，保证间隙≤0.04 和配合尺寸 $30_{-0.03}^{\ 0}$，注意检测换向要求和垂直度要求。

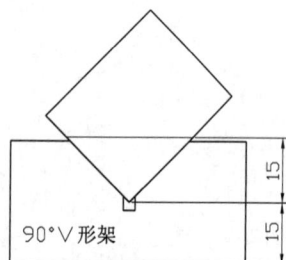

图 4-6

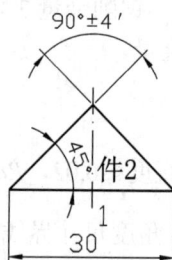

图 4-7

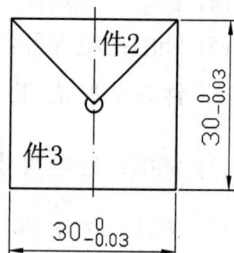

图 4-8

4．件 1 加工

(1) 锉削：锉削尺寸 65 ± 0.03、垂直度 $\leqslant 0.03$、平行度 $\leqslant 0.03$，$Ra3.2$。

(2) 划线：按图样要求，划出内腔各加工界线。

(3) 钻孔：钻 $\phi 3$ 工艺孔和工艺排孔，如图 4-9 所示。

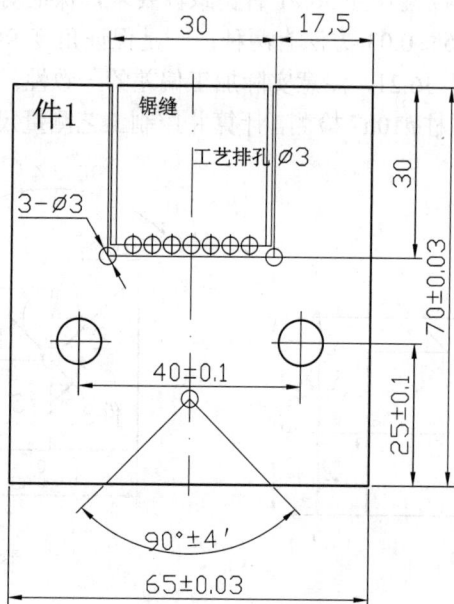

图 4-9

(4) 锯削：锯削 30×30 内腔两垂直锯路，留加工余量。

(5) 錾削：在工艺排孔的中线上正反两面錾切，去除 30×30 部分余料。

相关知识　錾削与錾削工具

　　用锤子敲击錾子对金属工件进行切削加工的方法，称为錾削。錾削工艺常用于机械加工不便的场合，如图 4-10 所示。

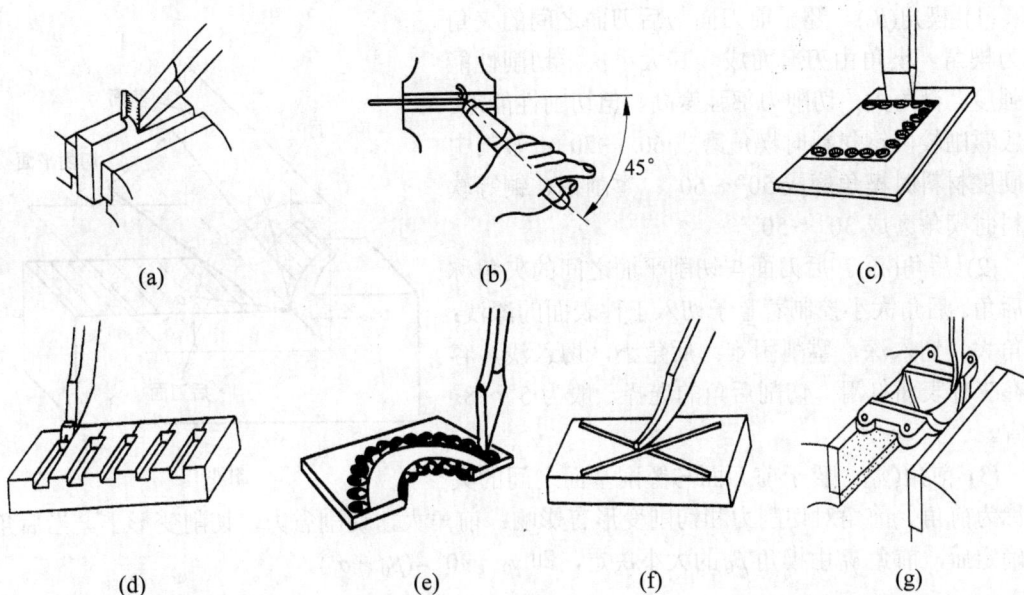

图 4-10

1. 錾子的分类

錾子各部名称如图 4-11(a)所示，常用錾子分为扁錾、狭錾和油槽錾三类。

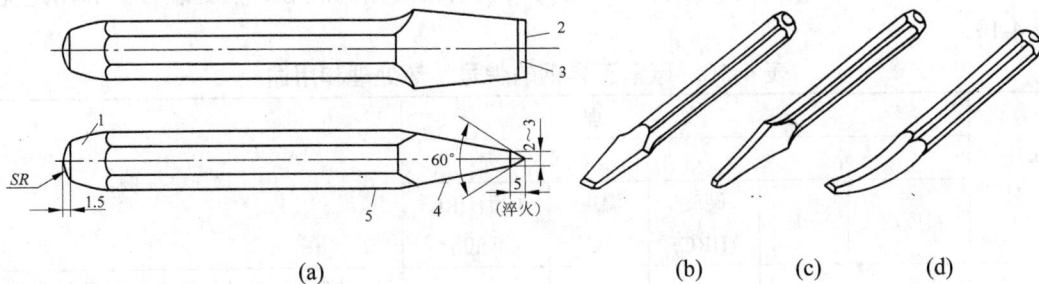

1—头部；2—切削刃；3—切削部分；4—斜面；5—柄

图 4-11

(1) 扁錾：如图 4-11(b)所示。扁錾斜面扁平，切削刃较长、刃口略带圆弧，常用于錾削平面、切割材料、去毛刺等。

(2) 狭錾：如图 4-11(c)所示。狭錾切削刃较短，从切削刃到錾身逐渐变狭，以防止錾构槽时两侧面被卡住。其常用于錾削构槽、板料曲线形切割等。

(3) 油槽錾：如图 4-11(d)所示。油槽錾切削刃很短呈圆弧形，常用于錾削静压导轨和转动磨擦面上的油槽等。

2. 錾子切削部分的几何角度

錾子切削部分的几何角度如图 4-12 所示。

(1) 楔角(β_0)。錾子前刀面与后刀面之间的夹角称为楔角。楔角由刃磨而成，其大小决定切削性能和强度。楔角大，切削刃部强度高，但切削性能差。一般錾削较硬钢材料时楔角磨成 $60°\sim70°$；錾削中等硬度材料时楔角磨成 $50°\sim60°$；錾削铝、铜等软材料时楔角磨成 $30°\sim50°$。

(2) 后角(α_0)。后刀面与切削平面之间的夹角称为后角。后角大小控制着錾子切入工件表面的深浅：后角大，切入深，錾削困难；后角小，切入浅，容易在工件表面打滑。切削后角的选择一般以 $5°\sim8°$ 为宜。

(3) 前角(γ_0)。錾子前刀面与錾削基面之间的夹

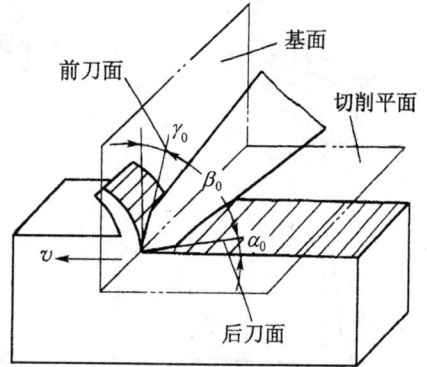

图 4-12

角称为前角。前角对切削力和切削变形有影响：前角大，切削省力，切削变形小。当后角 α_0 确定后，前角 γ_0 由楔角 β_0 的大小决定，即 $\gamma_0 = 90° - (\beta_0 + \alpha_0)$。

3．錾子热处理与刃磨

錾子常用碳素工具钢 T7 制成。碳素工具钢为优质钢，含碳量在 $0.60\sim1.35\%$ 范围内。碳素工具钢的牌号用"T"加数字表示，数字表示平均含碳量的千分数。高级优质碳素工具钢在钢号后加注一个"A"字，如，T7 表示平均含碳量为 0.7%的碳素工具钢；T10A 表示平均含碳量为 1.0%的高级优质碳素钢。碳素工具钢的牌号、热处理方式和用途见表 4-10。

表 4-10　碳素工具钢的牌号、热处理和用途

序号	热处理					用途举例
	淬火			回火		
	温度/℃	介质	硬度(HRC)	温度/℃	硬度(HRC)不低于	
T7 T7A	$780\sim800$	水	$61\sim63$	$180\sim200$	$60\sim62$	制造承受振动与冲击和需要在适当硬度下具有较大韧性的工具，如錾子、打铁用模、木工工具等
T8 T8A	$760\sim780$	水	$61\sim63$	$180\sim200$	$60\sim62$	制造承受振动与需要足够韧性而有较高硬度的各种工具，如简单模具、冲头、剪切金属剪刀和煤矿用錾等
T9 T9A	$760\sim780$	水、油	$62\sim64$	$180\sim200$	$60\sim62$	制造具有一定硬度与韧性的冲头、冲模和木工工具等
T10 T10A	$760\sim780$	水、油	$62\sim64$	$180\sim200$	$61\sim62$	制造不受振动及锋利刃口上稍有韧性的工具，如刨刀、拉丝模、冷冲模、弓锯条等
T12 T12A	$760\sim780$	水、油	$62\sim64$	$180\sim200$	$60\sim62$	制造不受振动及需要高硬度和耐磨性的工具，如丝锥、锉刀和刮刀等

(1) 錾子淬火。

将錾子切削部分 15 mm 左右加热到 750～780℃(呈暗樱红色)，然后浸入水中深度约 8 mm 左右进行加速冷却。

为了加速冷却并避免淬火时出现断裂界线，錾子在水中呈圈状移动的同时缓慢下沉 2 mm 左右，再逐渐提起，当露出水面部分成黑色时取出，利用柄部余热进行回火，并观察錾子表面回火颜色，控制淬火硬度。

錾子刚出水时淬火处颜色是灰白色，几秒钟内会变成黄色，再由黄色变为蓝色。当錾子呈现黄色时再把錾子浸入水中冷却称为"淬黄火"，在錾子呈现蓝色时把錾子浸入水中冷却称为"淬蓝火"。"淬黄火"后，錾子的硬度比"淬蓝火"后高，不易磨损，但脆性大，而"淬蓝火"后，錾子硬度较为适中。錾子淬火如图 4-13(a)所示。

(a)   (b)

图 4-13

(2) 錾子刃磨。如图 4-13(b)所示，右手拇指和食指成钳状夹住錾子斜面根部，左手拇指在錾柄上部，其余四指在下平握錾柄。刃磨前錾子对准砂轮轴线水平位置，调整所需角度，单面刃磨角度为 1/2 楔角，刃磨时錾子沿砂轮轴线左右移动，施力平稳均匀、不宜过大，防止退火，注意冷却。

4．錾子握法

(1) 正握法，如图 4-14(a)所示，手心向下、腕部伸直，大拇指和食指自然伸直，中指、无名指勾住錾子，小指自然合拢，柄部靠在虎口上，錾子头部伸出 20 mm 左右。

(2) 反握法，如图 4-14(b)所示，手心向上，手指自然捏住錾子，不能太紧，掌心悬空。

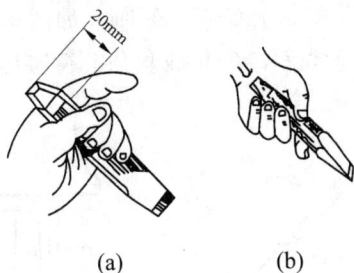

(a)   (b)

图 4-14

5．手锤握法

(1) 紧握法。用右手五指紧握锤柄，大拇指合在食指上，虎口对准锤头方向，锤柄尾端露出约 15～30 mm。在挥锤和击锤过程中，五指始终紧握手锤，如图 4-15 所示。

(2) 松握法。只用大拇指和食指始终握紧锤柄。在挥锤时，小指、无名指和中指则依次放松；在锤击时，又以相反的次序收拢握紧，如图4-16所示。

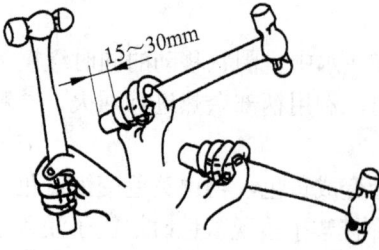
图 4-15

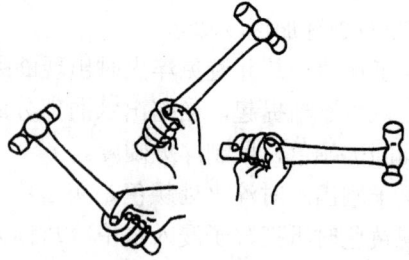
图 4-16

(3) 挥锤方法。挥锤有腕挥、肘挥和臂挥三种方法，如图4-17所示。腕挥是用手腕的动作进行锤击运动，采用紧握法握锤，一般用于錾削余量较少及起锤和结尾。肘挥是腕与肘部一起挥动用锤击运动，采用松握法握锤，因挥动幅度较大，故锤击力也较大，这种方法应用最广。臂挥是手腕、肘和全臂一起挥动，其锤击力较大，用于需要大力錾削的工作。

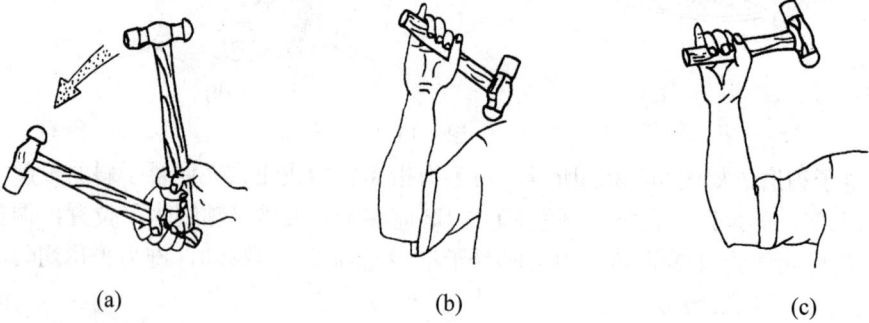

(a)   (b)   (c)

图 4-17

6. 錾削方法

錾削的人体站姿与锉削的基本相同。

(1) 起錾。应从工件的边缘尖角处轻轻起錾，把錾子向下倾斜，θ 角成负角，錾出一小斜面，放正錾子使后角 $\alpha_0 = 5° \sim 8°$，开始正常錾削，如图4-18(a)所示。正面錾削时，錾子刃口要贴住工件端面，錾子向下倾斜，θ 角成负角，待錾出一小斜面后，再按正常角度錾削，如图4-18(b)所示。

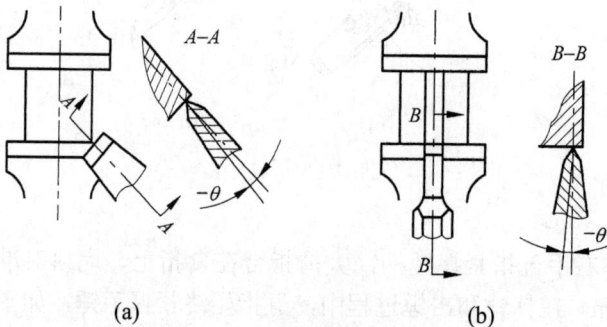

(a)   (b)

图 4-18

(2) 正常錾削。左手握錾子，右手击锤，眼睛注视錾削处，錾削后角保持不变。錾削时切削深度不能太大，根据材料的塑性和脆性决定切削深度，一般在 0.5～2 mm。挥锤要均匀平稳，錾削不能操之过急，注意錾削质量。

(3) 结尾。当錾削距尽头只有 10～15 mm 时，必须调头錾去余下部分，以防工件边缘崩裂，产生质量问题，如图 4-19 所示。

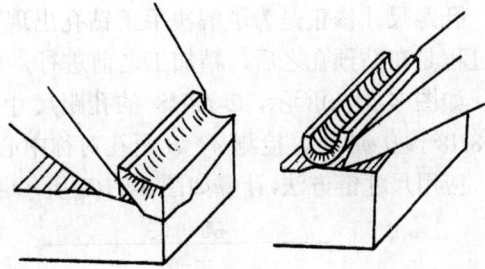

图 4-19

(6) 锉削：粗锉内腔各面。精锉垂直面 1，控制对称工艺尺寸 $C = 17.5 \dfrac{实际 - 实际}{2}$，垂直度≤0.02，$Ra3.2$。

(7) 锉削：锉削垂直面 2，对称工艺尺寸 C 作为参考尺寸，注意留余量；用件 3 配作，垂直面 1 作导向，控制间隙≤0.04，$Ra3.2$。

(8) 锉削：锉削底平面 3，如图 4-20 所示，计算：$D = 70$ 实际–配合正方形尺寸 30 实际 = 40 实际–实际作参考尺寸；锉削至公差时，用正方形配作，控制间隙≤0.04，直线度≤0.06，$Ra3.2$，注意旋转配合要求。

(9) 锯削：去除角度面 4 和 5 的部分余料。

(10) 锉削：粗锉两面留余量，精锉角度面 4，控制 45°和对称角度面位置工艺尺寸 $B = 61.86$。

(11) 锉削：锉削角度面 5，以角度面 4 为基准，角尺检测 90°±4′，至角度位置面尺寸 $B = 61.86$ 公差时用件 2 配作，控制间隙≤0.04，直线度≤0.06，$Ra3.2$，去毛刺。

注意： 为保证对称度≤0.06，两工艺尺寸 $B=61.86$ 的实际加工尺寸有一致性要求。

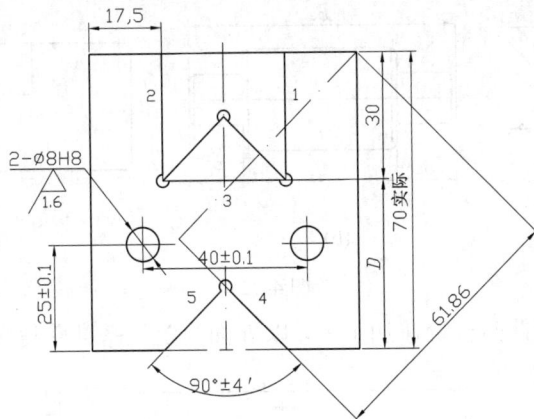

图 4-20

(12) 钻孔：钻 2-ϕ8H8 定位中心孔ϕ3。

(13) 钻孔：钻预孔ϕ6，孔口双面倒角 $C0.5$。

(14) 检测：检测所钻实际孔距尺寸。

(15) 修正：若孔距尺寸超差，进行修正。

孔距尺寸修正是为了解决手工钻孔出现孔中心点偏移，造成孔距尺寸超差的问题。修正过程是在钻预孔之后，精加工之前进行，此时孔径留有足够的加工余量。

如图 4-21(a)所示，2-ϕ8H8 的孔距尺寸 40±0.1 对称于尺寸 65±0.03 中心线，若钻 2-ϕ8H8 预孔ϕ6 后，检测 A、B 两孔对称中心线要求和孔距尺寸公差要求。

应用尺寸链方法，计算如图 4-21(b)所示 A 和 B 两孔左右 a 和 b 的单边孔距尺寸与公差。

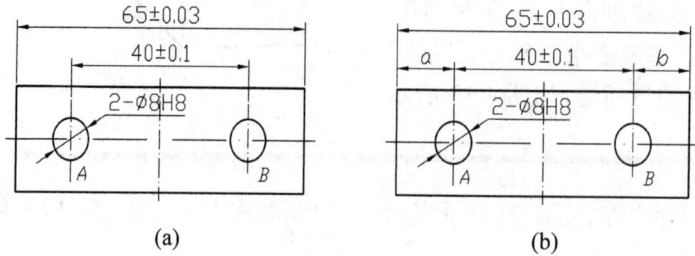

(a)　　　　　　　　　　　(b)

图 4-21

相关知识　尺寸链及其应用

1. 尺寸链与尺寸链简图

在零件加工或机器装配中，由相互关联的尺寸按一定顺序连接成一个封闭的尺寸组，称为尺寸链，将尺寸链中各尺寸彼此按顺序连接所构成的封闭图形称为尺寸链简图。

图 4-22(a)所示的间隙配合中，由孔、轴和间隙三个尺寸形成尺寸链。间隙的大小受孔和轴径变化的形响。

图 4-22(b)所示为零件的台阶轴中，三个台阶长度和总长形成的尺寸链。

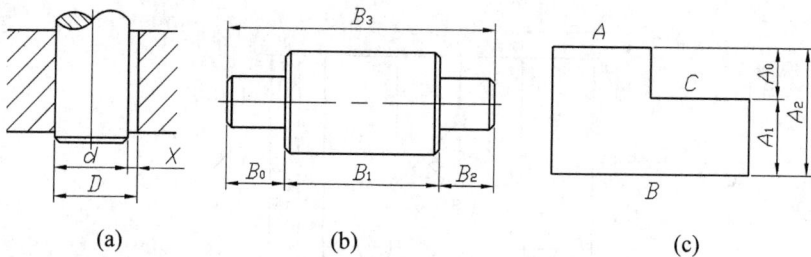

(a)　　　　　　　　(b)　　　　　　　　(c)

图 4-22

图 4-22(c)所示为零件凸台阶在加工中，以 B 面为定位基准获得尺寸 A_1、A_2，从 A 面到

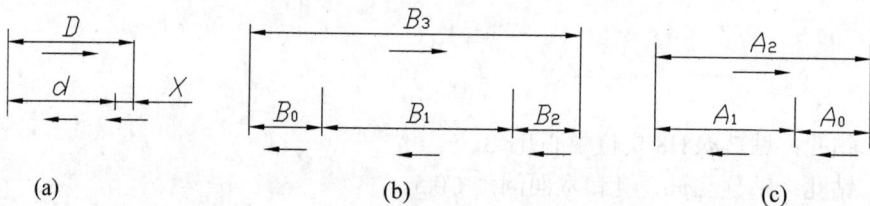

(a)　　　　　　　　(b)　　　　　　　　(c)

图 4-23

C 面的距离 A_0 也随之确定，构成了一个由 A_1、A_2 和 A_0 组成的封闭尺寸组，形成尺寸链。因此，都可画成相应的尺寸链简图，如图 4-23 所示。

尺寸链具有两个特性：一是封闭性，即组成尺寸链的尺寸按一定顺序构成一个封闭系统；二是相关性，即其中一个尺寸变动将影响其他尺寸变动。

2. 尺寸链组成

组成尺寸链的每个尺寸都称为环。每个尺寸链至少有三个环，尺寸链的环分为封闭环和组成环。

(1) 封闭环：加工或装配过程中最后自然形成(间接获得)的那个尺寸，称为封闭环。如图 4-23(a)图中的 x，(b)图中的 B_0 和(c)图中的 A_0 均为封闭环。

(2) 组成环：尺寸链中除封闭环外的其余尺寸，称为组成环。根据组成环对封闭环的影响不同，分为增环和减环。

① 增环：与封闭环同向变动的组成环称为增环。即当该组成环尺寸增大(或减小)而其他组成环不变时，封闭环尺寸也随之增大(或减小)。图 4-23(a)中的 D，(b)图中的 B_3 和(c)图中 A_2 均为增环，可用符号 $\vec{D}$、$\vec{B_3}$、$\vec{A_2}$ 标记。

② 减环：与封闭环反向变动的组成环称为减环。即当该组成环尺寸增大(或减小)而其他组成环不变时，封闭环尺寸却随之减小(或增大)。如图 4-23(a)图中的 d，(b)图中的 B_1、B_2 和(c)图中的 A_1 均为减环，可用符号 $\overleftarrow{d}$、$\overleftarrow{B_1}$、$\overleftarrow{B_2}$、$\overleftarrow{A_1}$ 标记。

3. 尺寸链公式

(1) 封闭环的基本尺寸：封闭环的基本尺寸 A_0 等于所有增环的基本尺寸 $\vec{A_i}$ 之和减去所有减环的基本尺寸 $\overleftarrow{A_j}$ 之和。

$$A_0 = \sum_{i=1}^{m} \vec{A_i} - \sum_{j=1}^{n} \overleftarrow{A_j} \qquad (4\text{-}1)$$

式中：A_0——封闭环的基本尺寸，mm；

$\quad\quad m$——增环的个数；

$\quad\quad n$——减环的个数。

(2) 封闭环的上偏差：封闭环的上偏差等于所有增环的上偏差 $\overrightarrow{ES_i}$ 之和减去所有减环的下偏差 $\overleftarrow{EI_j}$ 之和。

$$A_0ES = \sum_{i=1}^{m} \overrightarrow{ES_i} - \sum_{j=1}^{n} \overleftarrow{EI_j} \qquad (4\text{-}2)$$

(3) 封闭环的下偏差：封闭环的下偏差等于所有增环的下偏差 $\overrightarrow{EI_i}$ 之和减去所有减环的上偏差 $\overleftarrow{ES_j}$ 之和。

$$A_0EI = \sum_{i=1}^{m} \overrightarrow{EI_i} - \sum_{j=1}^{n} \overleftarrow{ES_j} \qquad (4\text{-}3)$$

(4) 封闭环的公差：封闭环的公差 T_0 等于所有组成环的公差之和。

4．尺寸链计算示例

如图 4-21(b)所示，求 a 和 b 尺寸公差。因尺寸 40 ± 0.1 对称于尺寸 65 ± 0.03 中心线，则 a、b 尺寸相等，公差亦相等，因此，在尺寸链简图和计算中以 $2a_0$ 表示。

(1) 画出尺寸链简图，顺时针环绕尺寸画箭头，见图 4-24。

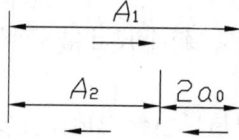

图 4-24

(2) 确定封闭环、增环和减环。根据题意封闭环 $2a_0$、增环 $\vec{A}_1$、减环 $\overleftarrow{A}_2$。

(3) 列尺寸链方程式，计算 a_0 尺寸公差。

$$2a_0 = \vec{A}_i - \overleftarrow{A}_j = 65 - 40 = 25 \qquad a_0 = \frac{25}{2} = 12.5 \text{ mm}$$

$$2a_0\text{ES} = \vec{\text{ES}}_i - \overleftarrow{\text{EI}}_j \qquad a_0\text{ES} = \frac{(+0.03) - (-0.1)}{2} = +0.065 \text{ mm}$$

$$2a_0\text{EI} = \overleftarrow{\text{EI}}_j - \vec{\text{ES}}_i \qquad a_0\text{EI} = \frac{(-0.03) - (+0.1)}{2} = -0.065 \text{ mm}$$

$$a_0 = 12.5 \pm 0.065$$

a_0 尺寸公差等于 12.5 ± 0.065 为 a 和 b 单边孔距尺寸的检测尺寸。

孔距尺寸检测方法在实际应用时，因零件的外形尺寸一般已加工完成，此时的尺寸 65 ± 0.03 只有一个实际尺寸偏差，因此，利用公式计算时只能以实际偏差代入。

例如，尺寸 65 ± 0.03 加工后的实际尺寸为 65.02，那么 65 的尺寸偏差是上偏差 +0.02，将上偏差代入公式求 a_0 尺寸公差：

$$a_0 = \frac{65 - 40}{2} = 12.5 \text{ mm}$$

$$a_0\text{ES} = \frac{+0.02 - (-0.1)}{2} = +0.06 \text{ mm}$$

$$a_0\text{EI} = \frac{+0.02 - (+0.1)}{2} = -0.04 \text{ mm}$$

$$a_0 = 12.5 {}^{+0.06}_{-0.04}$$

可知，a_0 尺寸等于 $12.5 {}^{+0.06}_{-0.04}$ 是 a 和 b 的单边孔距的实际检测尺寸。

5．修正方法示例

(1) 检测：首先测量预孔 $\phi 6$ 孔径实际尺寸，然后测量两孔中心距尺寸和 a 与 b 的单边孔距尺寸。

如图 4-25(a)所示，若测得 $\phi 6$ 孔径正确，两孔中心距为 39.8 mm，a 的单边尺寸 12.5 mm，

b 的单边尺寸为 12.7 mm。则 b 孔单边尺寸超差 12.7−12.5＝0.2 mm。底孔 B 左偏中心线 0.2 mm，引起孔距尺寸 40 ± 0.1 超差。

(2) 修正：要使左偏 0.2 mm 的孔中心修锉到 12.5 mm 中心线上。应以 12.5 mm 中线为基准，左偏 0.2 mm 为依据，用 $\phi6$ 圆锉在 B 孔的右半圆上锉削，锉成对称中线 12.5 mm、中心距为 0.2×2＝0.4 mm 的腰形孔，如图 4-25(b)所示。

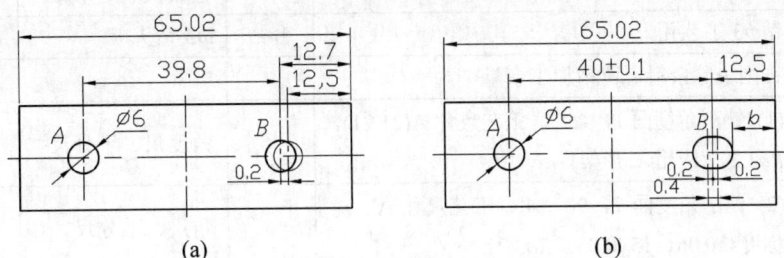

(a)　　　　　　　　　(b)

图 4-25

锉削控制单边检测尺寸 $b = 12.7 - 0.2 \times 2 - \dfrac{\phi6}{2} = 9.3$，加计算公差得 $b = 9.3^{+0.06}_{-0.04}$。

注意：由此可知，实际超差修正量等于 2 倍的超差偏移量。

(16) 扩孔：扩 $\phi8H8$ 底孔 $\phi7.8$。扩孔时钻速和进给量相应要降底，利用麻花钻进给过程中修正腰形孔圆度，同时形成一个 $\phi7.8$ 底孔。

(17) 倒角：$\phi7.8$ 孔口两面倒角 $C0.5$。

(18) 铰孔：手铰(或机铰)2-$\phi8H8$，$Ra1.6$，加冷却润滑油。

(19) 检测：检测各部尺寸，注意分析质量要求。

十、编制三件组合镶配加工工艺

根据已学项钳工加工工艺方法，编制半成品和件 1 配作加工工艺规程。

机械加工工艺过程卡		产品名称	三件组合镶配	零件图号		共　页	
				零件名称		第　页	
材料牌号	45	毛坯种类	偏钢	毛坯尺寸	(70.5±0.1)×(98±0.1)×7	件数	1
工序	名称	工　序　内　容			设备	工艺装备	工　时
							单件	准终
一		备料(半成品)						

二		件 3(V 形件)				
1	锉削	锉削尺寸 30 $_{-0.03}^{0}$，⊥≤0.03，Ra3.2。		角尺、千分尺		
2	划线	划出 V 形尺寸加工界线		划线尺、V 形架		
3	钻孔	钻ϕ3 工艺孔	台钻	ϕ3 钻头		
4	锯削	锯削去除余料，留精加工余量				
5	锉削	(1) 锉削角度面 1，45°，工艺尺寸 A(21.21)，Ra3.2。(应用 V 形架)		角度尺、千分尺		
		(2) 锉削角度面 2，90°±4′、工艺尺寸 A、对称度≤0.06，15±0.03，Ra3.2。		角尺、千分尺		
		(3) 去毛刺 0.3。				
6	检验					
三		件 2(三角形)(件 3 为基准配作)				
1	检测	检测 90°±4′，Ra3.2		角尺		
2	划线	划角度加工尺寸界线 15		划线尺、V 形架		
3	锯削	锯削去除余料，留精加工余量				
4	锉削	锉削 45°角度，尺寸 15 留配作余量		角度尺		
5	锉削	与件 3 结合锉削尺寸 30 $_{-0.03}^{0}$，∥≤0.02，Ra3.2		角度尺、千分尺		
6	锉削	去毛刺 0.3				
7	检验					
四		件 1 凹件(件 2、件 3 为基准配作件 1)				

十一、小结

(1) 熟悉常用金属材料牌号，了解其工艺性能、适用零件加工和钢的热处理与其目的。

(2) 相同角度加工，万能角度尺调整角度后不能随意变动，以保证测量角度一致性。

(3) 正方形旋转配合的基本条件，即两组尺寸实际加工的一致性和垂直度的正确性。

(4) 修正超差孔距尺寸时应注意所钻预孔尺寸，保证修正后有足够的扩孔和铰孔余量。

(5) 编制加工工艺，多分析图纸结构、技术要求，注意分析方法，结合操作经验应用。

项目五　燕尾三角组合镶配

一、项目学习任务书

项目名称	燕尾三角组合镶配	加工方法	按图纸要求钳工制作
工作任务	知 识 要 求		能 力 要 求
1　项目学习与操作准备	• 分析图纸技术要求。 • 了解燕尾配合在机械结构中的作用。 • 熟悉划线借料方法		• 分析整体备料基本要求。 • 熟悉燕尾加工配作方法。 • 掌握项目分料(借料)方法
2　项目备料与实施操作	• 分析项目加工工艺。 • 分析工艺尺寸与计算。 • 分析对称燕尾加工与检测方法		• 掌握基准件的应用特点。 • 掌握三角形角度一致性控制方法。 • 掌握燕尾角度对称锉削控制方法
3　项目配合加工与检测	• 熟悉正三角形旋转配合要求。 • 分析三角形(封闭尺寸)加工特点。 • 了解麻花钻切削角度作用。 • 熟悉麻花钻刃磨要求		• 掌握镶配间隙控制方法。 • 有麻花钻刃磨基本方法。 • 掌握孔距尺寸修整方法， • 有配合孔距尺寸要求控制能力
4　参考教材	• 公差配合与技术测量(机械工业出版社) • 机械制图(机械工业出版社) • 简明机械手册(湖南科学技术出版社)		

二、燕尾三角组合镶配项目分析

1. 图纸分析

根据图纸和技术要求(见图 5-1)分析，项目以件 1(三角形)、件 2(燕尾)和件 3(V 形)组成燕尾三件镶合。配合要求件 1 旋转 120°二次和件 3 翻转 180°再次配合，检测配合尺寸 74 ± 0.03，配合间隙≤0.04，错位量≤0.06 和配合孔距尺寸 39.05 ± 0.15 等要求。

在分析和编制加工工艺时，要保证单件加工质量，考虑相关工艺尺寸应用，注意配合技术要求。

(1) 保证配合错位量≤0.06。虽然件 2(燕尾)和件 3(V 形)在图纸上没有对称度要求，但是在单件加工时为了保证配合后有错位量≤0.06 的正确条件，必须考虑件 2 和件 3 的对称中线要求，且对称度≤1/2 错位量(即对称度≤0.06/2)。

(2) 保证配合尺寸 74 ± 0.04 和平行度≤0.04。应提高影响配合尺寸 74 ± 0.04 的相关单件尺寸精度和形位公差要求，即件 2 尺寸 32 ± 0.02，件 3 尺寸 42 ± 0.02 的尺寸公差取中间公差，平行度≤0.04/2。

(3) 保证孔距尺寸 39.05 ± 0.15。

① 件 1(三角形)以孔 ϕ10H8 为基准，控制角度面位置尺寸 3-15 ± 0.03 的加工一致性。

② 保证三角形角度 3-60° ± 4′(封闭尺寸)的准确。

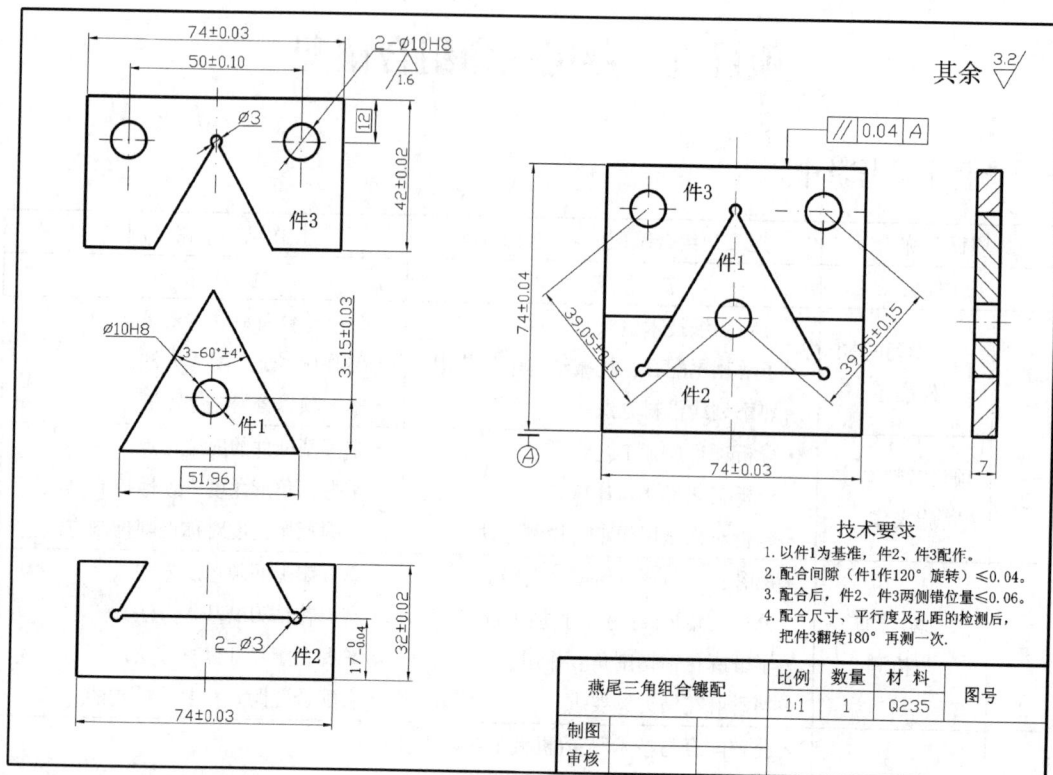

图 5-1

③ 件 3 孔 2-ϕ10H8 对称 V 形中心线，注意应用孔距尺寸修正方法。

④ 注意控制整体配合间隙≤0.04 的基本要求，为换向配合孔距尺寸 39.05 ± 0.15 的正确创造条件。

根据题意分析，燕尾三角组合镶配制作以件 1 为中心展开。因此，件 1 是基准件，件 2 是件 1 的配作件，件 1 与件 2 配合后是件 3 的配作基准件，件 3 是配作件。

2. 项目重点

(1) 尺寸公差：尺寸控制正确，取中间公差。

① 件 1 尺寸 3-15 ± 0.03 实际加工尺寸的正确性。

② 件 1 角度 3-60° ± 4′实际加工尺寸的一致性。

③ 配合孔距尺寸 39.05 ± 0.15 的控制方法。

(2) 形位公差：垂直度≤0.02、平行度≤0.02、对称度≤0.03。

① 件 2 尺寸 17、32 和件 3 尺寸 42 的平行度≤0.02。

② 件 2 和件 3 内腔加工对称度要求≤0.03(取 1/2 错位量)。

3. 项目难点

(1) 相关工艺尺寸应用和检测方法。

(2) 对称换向配合间隙≤0.04 控制。

(3) 分析和编制加工工艺方法。

三、备料

(1) 备料尺寸：$(106 \pm 0.1) \times (74.5 \pm 0.1) \times 7$。

(2) 材料：扁钢 Q235。

(3) 备料要求：四面相互垂直，并与大平面垂直，垂直度 $\leqslant 0.03$，平行度 $\leqslant 0.03$。

四、相关工艺尺寸

根据图纸要求分析，在划线、加工检测中所需相关工艺尺寸如图 5-2 所示。

(1) 件 1 三角形中心高度尺寸：

$$L = \cot\frac{\alpha}{2} \times \frac{51.96}{2} = \cot 30° \times 25.98 = 1.732 \times 25.98 = 44.99 \text{ mm}$$

(2) 件 2 燕尾角底划线尺寸：

$$L1 = \frac{74 - 51.96}{2} = 11.02 \text{ mm}$$

(3) $\phi 10$ 圆柱检测燕尾对称单边控制尺寸：

$$L2 = \cot\frac{\alpha}{2} \times \frac{d}{2} + \frac{d}{2} = \cot 30° \times 5 + 5 = 1.732 \times 5 + 5 = 13.66 \text{ mm}$$

(4) 对称度检测尺寸：检测方法如图 5-3 所示。

$$L3 = L1 + L2 = 11.02 + 13.66 = 24.68 \text{ mm}$$

(5) 燕尾角尖划线尺寸：

$$L4 = \tan 30° \times (32 - 17) + L1 = 0.5774 \times 15 + 11.02 = 19.68 \text{ mm}$$

(6) 件 3 的 V 形角底划线尺寸：

$$L5 = L - (32 - 17) = 44.99 - 15 = 29.99 \text{ mm}$$

图 5-2

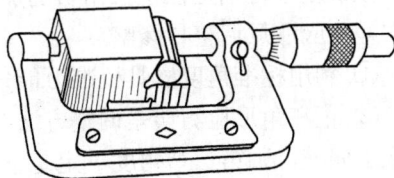

图 5-3

五、加工工艺分析

1. 坯料加工

(1) 检测：检测坯料尺寸，修整垂直度 $\leqslant 0.02$。

(2) 锉削：锉削尺寸 74 ± 0.03，平行度 $\leqslant 0.02$，$Ra3.2$。

(3) 划线：划各件坯料加工界线和件 1 孔中心线，注意划线借料方法，如图 5-2 所示。

(4) 钻孔：

① 钻件 $1\phi10H8$ 定中心孔 $\phi3$、件 2 和件 3 工艺孔和工艺排孔 $\phi3$，去毛刺；

② 钻 $\phi10H8$ 预孔 $\phi6$。

(5) 扩孔：扩 $\phi10H8$ 底孔 $\phi9.8$。

(6) 倒角：$\phi9.8$ 孔口正反两面倒角 $C0.5$。

(7) 铰孔：铰 $\phi10H8$，$Ra1.6$，加冷却润滑液。

(8) 锯削：分割件 1、件 2 和件 3，留锉削加工余量。

(9) 锉削：锉削件 2 和件 3，尺寸 32 ± 0.03，42 ± 0.03，平行度 $\leqslant 0.02$，$Ra3.2$，去毛刺。

2. 件 1(三角形)加工

(1) 锉削：以 $\phi10H8$ 孔为基准，锉削角度面 1，控制距尺寸 15 ± 0.03，大面垂直度 $\leqslant 0.02$，如图 5-4 所示。

(2) 锉削：以孔和角度面 1 为基准，锉削角度平面 2，控制角度 $60° \pm 4'$、尺寸 15 ± 0.03 成上偏差。

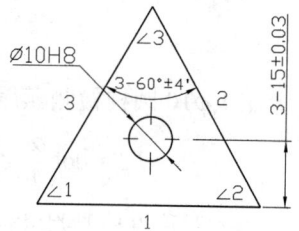

图 5-4

(3) 锉削：以孔和底面 1 为基准，锉削角度平面 3，控制角度 $60° \pm 4'$，尺寸 15 ± 0.03 留余量。

(4) 检测：以角度面 2 为基准，检测($\angle3$)角度 $60° \pm 4'$。

① 若角度 $60° \pm 4'$ 正确，则继续锉削角度面 3，保证角度要求的同时确保尺寸 15 ± 0.03。注意尺寸公差一致性要求。

② 若角度 $60° \pm 4'$ 超差，应根据角度误差值的大小，需调整万能角度尺角度，调整值为检测误差值的 1/2。

(5) 锉削：

① 以孔和底面 1 为基准，修整角度平面 2，保证角度 $60° \pm 4'$，尺寸 15 ± 0.03，$Ra3.2$。

② 以孔和底面 1 为基准，锉削角度平面 3，保证角度 $60° \pm 4'$，尺寸 15 ± 0.03，注意尺寸公差一致性要求，$Ra3.2$。

注意：因万能角度尺是人为调整所需角度，在加工精度要求较高时，应用于检测往往会产生误差，特别是在正三角形的加工中，检测第三个角度反映的误差较为明显，此为积累误差，应注意调整与修整。

① 利用标准角度样具校准万能角度尺应用角度。

② 正三角形检测误差调整方法：利用三角形封闭尺寸产生误差的特点，即二个角度加工成上偏差，则第三个角度一定是下偏差，偏差量是二个上偏差之和；反之是二个下偏差之和。万能角度尺调整量取第三个角度超差量的一半，即 1/2 误差值。

③ $90°$ 直角三角形的误差调整方法：用刀口角尺控制 $90°$ 正确，万能角度尺检测二个 $45°$ 角误差值，调整值取 1/2 误差值。

3. 件 2(燕尾)加工

(1) 锯削：锯削角度面 2 和 3，增加锯削垂直锯路 4 和 5，如图 5-5 所示。目的是先去除中间余料，使燕尾不会因錾削遇阻而产生变形。

(2) 錾削：錾削去除内腔中间部分余料。

(3) 锯削：沿内腔底面锯削左右两边，去除角度处残留余料，如图 5-6 所示。

图 5-5

图 5-6

(4) 锉削：粗锉内腔各面，扩大空间，留加工余量。

(5) 锉削：锉削底面 1，尺寸 $17_{-0.04}^{0}$，平行度≤0.02，如图 5-7(a)所示。

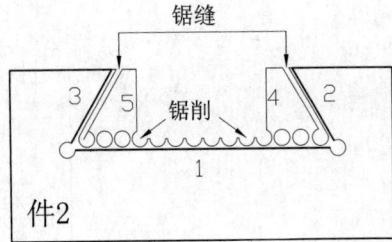

(a)

(b)

图 5-7

注意：此平行度要求是三角形配合和圆柱检测燕尾对称度的基准要求。

(6) 锉削：以底面 1 为基准，锉削角度面 2，保证角度 $60°\pm4'$ 的同时，用 $\phi10$ 圆柱检测角度面 2 的对称位置尺寸 $L3 = 24.68$。

(7) 锉削：锉削角度面 3，保证角度 $60°\pm4'$，留配作余量，用件 1 配作。

(8) 结合：将件 1 与件 2 配合，组成一个配合基准件，作为件 3 配作的基准件，如图 5-7(b)所示。

注意：为保证配合间隙，锉削角度面 3 时，工艺尺寸 L3 作为参考尺寸，在大于 24.68 时，用件 1 配作，逐步修正控制间隙，用塞尺测量间隙值。

相关知识　塞尺

塞尺(如图 5-8 所示)是用来检验工件配合间隙大小的量规。塞尺由若干个不同厚度薄片组成，每片厚度刻有对应数值，范围在 0.02～1 mm 之间。

使用塞尺时，可根据零件尺寸或间隙大小的需要，选择一片或几片重叠一起测量。测量时采用试塞法，逐步调整薄片厚度到不能塞入为止，间隙大小数值等于所有塞入薄片数值相加。由于塞尺片很薄，使用时应多加注意，用后应擦净上油并装入匣内。

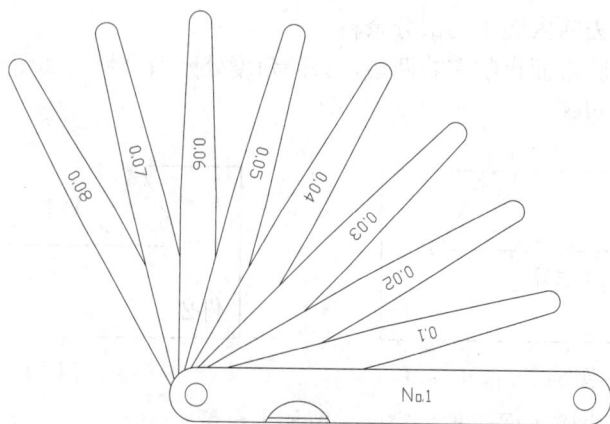

图 5-8

4. 件 3(V 形)加工

(1) 锉削：粗锉 V 形内腔，留配作余量。

(2) 锉削：锉削 V 形面 1 和 2，控制 120°，对称度≤0.03。

对称 V 形锉削控制方法如下：

① 应用 V 形架检测控制：如图 5-9 所示，将工件置于偏转 30°V 形架内，使加工面与 V 形架基准面平行，检测平行度，控制 $L = L1 + L2$ 尺寸要求，达到对称配合目的。

② 利用配合错位量误差检测控制：如图 5-10 所示锉削角度面 1 和 2，保证 120°度，用刀口尺检测结合件侧面，观察间隙大小与偏移方向。

如错位量超差，此时应修正角度面 2，使件 3 与基准件配合间隙减少的同时向右移动(对称中心)，逐步修正至对称配合要求，反之修正角度面 1。如果对称度检测正确，应同时修正角度面 1 和 2，保持对称锉削至配合要求。

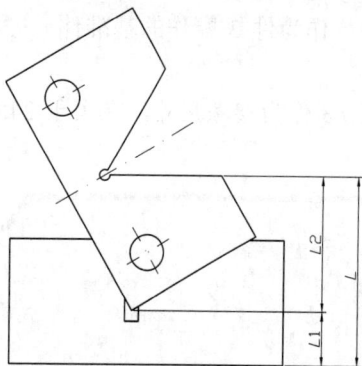

图 5-9

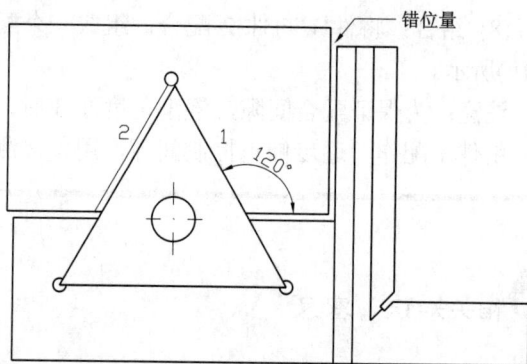

图 5-10

③ 应用圆柱检测：如图 5-11 所示，分别锉削角度面 1 和 2，保证 120°度，利用圆柱检测对称尺寸 M，保证左右相等和深度尺寸 L，至配作时将组成的配合基准件配作，修正间隙和对称度要求。

(3) 钻孔：钻 2-ϕ10H8 孔。

① 划线：按图样要求划出 2-ϕ10H8 孔尺寸界线；

② 钻孔：钻定中心孔ϕ3；

③ 钻孔：钻预孔ϕ6；

④ 倒角：倒ϕ6 孔口正反两面角 C0.5；

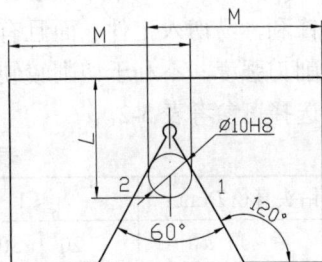

图 5-11

⑤ 检测：检测孔距尺寸 50 ± 0.1 和 39.05 ± 0.15(注意换向要求)；

⑥ 修正：应用孔距尺寸修正方法修正超差尺寸；

⑦ 扩孔：扩 2-ϕ10H8 底孔ϕ9.8；

⑧ 倒角：倒ϕ9.8 孔口正反两面角 C0.5；

⑨ 铰孔：用ϕ10H8 铰刀铰孔，Ra1.6，加冷却润滑液。

(4) 检验：按技术要求检测整体尺寸，注意修正，去毛刺，Ra3.2。

相关知识　麻花钻角度选择与刃磨

为了提高钻孔效率和孔加工质量，降低钻头损耗。对使用中切削刃磨损的钻头要及时进行修磨，保证良好的切削效果。

1. 麻花钻角度选择

(1) 顶角：由于顶角大小影响钻孔定心和切削刃轴向力，使用时应根据不同材料的软硬，刃磨出相应的顶角。顶角大小的参考数据见表 5-1。

表 5-1　钻头顶角参考选择

加工材料	顶　角	加工材料	顶　角
钢和铸铁	$116°\sim118°$	黄铜、青铜	$130°\sim140°$
钢锻件	$120°\sim125°$	紫铜	$125°\sim130°$
锰钢	$135°\sim150°$	铝合金	$90°\sim100°$
不锈钢	$135°\sim150°$	塑料	$80°\sim90°$

麻花钻顶角大小使主切削刃产生的线形如图 5-12 所示。顶角等于 118° 时两主切削刃为直线，顶角大于 118° 时两主切削刃为凹形曲线，顶角小于 118° 时两主切削刃为凸形曲线。

图 5-12

(2) 后角：后角大小对主切削刃有较大影响，后角大能减小钻头与工件的摩擦，切削刃锋利，易切入工件，而且有利于切削液流入，改善冷却条件。但是后角较大时，减弱了切削刃强度，不利于切削较硬工件。因此，确定后角大小时要兼顾到钻头的使用寿命。后角选择可参考表 5-2。

表 5-2　标准麻花钻后角参考选择

钻头直径 D/mm	≤1	1～15	15～30	30～80
后　　角 α_0	$20°\sim30°$	$11°\sim14°$	$9°\sim12°$	$8°\sim11°$

2. 砂轮机

砂轮机主要用来刃磨刀具、工具和其他黑色金属材料等。常用砂轮机有台式、立式和手提式。立式砂轮机如图 5-13 所示，由砂轮 1、电动机 2、防护罩 3、托架 4 和机座 5 等组成。

砂轮机的操作应遵循以下安全操作规程：

(1) 砂轮机旋转方向正确，应与砂轮罩上标注箭头方向相同，砂轮磨屑的飞离方向只能向下。

(2) 砂轮机起动后要稍等片刻，待 5～10 秒钟砂轮转速稳定后方可使用，若砂轮抖动明显，先修整砂轮后再使用，使用结束后应及时切断电源。

(3) 砂轮机托架和砂轮之间的距离应保持在 3 mm以内，以防工件磨削时扎入砂轮机内造成事故。

(4) 磨削时，人体站位应偏离砂轮正面，切勿正对砂轮。刃磨工件时不可冲击砂轮，且用力不宜太大。

(5) 使用砂轮机要用心专一，不与他人说笑打闹，严禁两人同时使用一片砂轮。

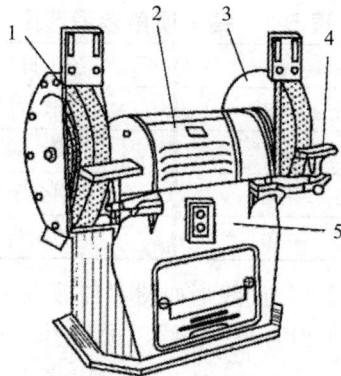

1—砂轮；2—电动机；3—防护罩；4—托架；5—机座

图 5-13　砂轮机

3. 麻花钻刃磨方法

手工刃磨麻花钻，主要刃磨两个主后刀面，这样可同时得到所需顶角、后角和横刃斜角。刃磨时，要选择中软氧化铝砂轮，粒度 46# 左右。

(1) 钻头握法。右手拇指、食指和中指捏住钻头导向部分前端作定位支点，并往砂轮上施加磨削力；左手握住钻头柄部作上下扇形摆动，如图 5-14(a)所示。上摆时钻头柄部不能翘过轴心水平线，否则主切削刃成负角。

(2) 顶角确定。将主切削刃置于水平位置，靠近砂轮轴心的外母线上，ϕ角如图 5-14(b)所示，为钻头中心线与砂轮外母线在水平面内的 1/2 顶角。

(3) 主后刀面。在砂轮上刃磨主后刀面时，适当施力控制后角，完成后手势位置不变，钻头旋转 180°刃磨另一主后刀面，得到所需顶角、后角和横刃斜角。

(4) 几何角度检查方法。钻头刃磨后将顶角垂直向上与眼平视，观察两主切削刃长度与角度的一致性，因所见主切削刃一个在前刀面上，另一个此后刀面上，会产生视差，应把钻头旋转 180°后反复观察，确认主切削刃长度，ϕ角相等，后角正确。

(a)   (b)   (c)

图 5-14

4. 麻花钻修磨方法

麻花钻在使用过程中，常遇到不同材料的加工要求，为提高切削精度，延长刀具使用寿命，适应不同钻削要求，达到钻削目的，应对麻花钻的切削部分进行修磨。

(1) 修磨横刃：横刃较长，会引起轴向力大，定心差，为改善钻头切削性能，可将横刃长度修磨至原长的 1/3～1/5，如图 5-15(a)所示，形成内刃，改善定心和轴向力的挤刮现象，修磨方法如图 5-16(a)。

(2) 修磨主切削刃：为增加刀尖角强度，改善散热条件，提高钻孔表面质量，有意修磨双重顶角($2\phi_0$)，$2\phi_0 = 70°\sim75°$，如图 5-15(b)所示。

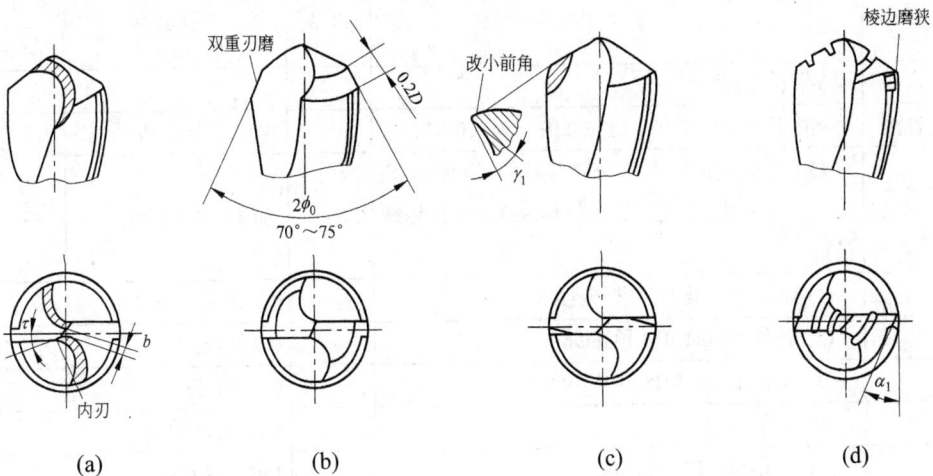

(a)   (b)   (c)   (d)

图 5-15

(3) 修磨前刀面：将主切削刃外缘处刀尖角磨去一小块，减小前角，提高刀尖强度。钻削黄铜等软材料时可避免刀尖角锋利产生"扎刀"现象，提高表面粗糙度，如图 5-15(c) 所示。

(4) 修磨棱边：加工精孔或塑性材料时，为减小棱边与孔壁摩擦，可在棱边前端刀尖处修磨出副后角 $\alpha_1 = 6° \sim 8°$，磨去棱边宽度的 1/2～2/3，如图 5-15(d) 所示。

(5) 磨分屑槽：麻花钻大于 $\phi 12$，钻削钢性材料时，可在钻头的两个主后刀面上磨出相应错开的分屑槽，如图 5-15(d) 所示，使切削变窄，有利于排屑、改善切削力，修磨方法如图 5-16(b)。

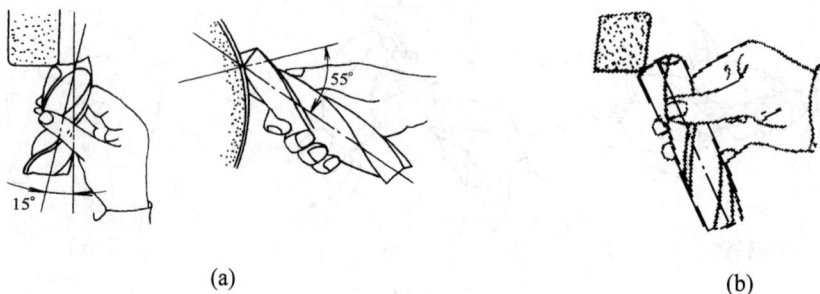

(a)   (b)

图 5-16

六、编制燕尾三角组合镶配加工工艺

编制燕尾三角组合镶配件 1 和件 2 的加工工艺。

机械加工工艺过程卡		产品名称	燕尾三角组合镶配		零件图号			共　页	
					零件名称			第　页	
材料牌号	45	毛坯种类	偏钢	毛坯尺寸	$(106 \pm 0.1) \times (74.5 \pm 0.1) \times 7$			件数	1
工序	名称	工　序　内　容				设备	工艺装备	工时	
								单件	准终
一		备料(半成品)							
1	锉削	锉削尺寸 74±0.03，⊥≤0.03，∥≤0.03。					角尺、千分尺		
2	划线	划出件1、件2、件3分割尺寸界线和件1孔加工尺寸界线，工艺尺寸 L(44.99)，注意划线借料					划线尺、V 形架		
3	钻孔	(1) 钻定中心孔及工艺排孔 $\phi 3$				台钻	$\phi 3$ 钻头、平口钳		
		(2) 钻件 1，$\phi 10H8$ 预孔 $\phi 6$					Ø6 钻头		
		(3) 扩件 1，$\phi 10H8$ 底孔 $\phi 9.8$					$\phi 9.8$ 钻头		
		(4) 倒角 $C0.5$					$\phi 12$ 倒角钻		
		(5) 铰孔 $\phi 10H8$，$Ra1.6$					$1\phi 10H8$ 铰刀		

4	锯削	锯削与錾削，分割件1、件2、件3，留加工余量。			
5	锉削	锉削件2，尺寸 32 ± 0.02，$/\!/ \leqslant 0.02$，$Ra3.2$	角尺、千分尺		
6	锉削	锉削件3，尺寸 42 ± 0.02，$/\!/ \leqslant 0.02$，$Ra3.2$	角尺、千分尺		
7	锉削	去毛刺0.3			
8	检验				
二		三角形(件1)			
1	锉削	(1) 粗锉各面，留精加工余量。			
		(2) 锉削角度面1，尺寸 15 ± 0.03，$Ra3.2$	角尺、带表卡尺		
		(3) 锉削角度面2，尺寸 15 ± 0.03，$60^\circ \pm 4'$，$Ra3.2$	万能角度尺		
		(4) 锉削角度面3，尺寸 15 ± 0.03、$60^\circ \pm 4'$，$Ra3.2$			
2	锉削	去毛刺0.3			
3	检验				
三		燕尾块(件2)(用件1三角形配作)			

四		V 形块(件 3)(用件 1 和件 2 结合后配作)				
1	划线	划出件 3 加工尺寸界线				
2	锉削	(1) 粗锉 V 形面，留精加工余量				
		(2) 同时锉削角度面 1 和 2，角度 120°，留修正余量		万能角度尺		
		(3) 以件 1 和件 2 结合为基准件，配作修正件 3 角度面 1 和 2，配合间隙≤0.04，*Ra*3.2		角尺		
		(用刀口角尺测量配合侧面的错位量)				
		(4) 去毛刺 0.3				
3	划线	划孔加工尺寸界线				
4	钻孔	(1) 钻 2-ϕ10H8 定位中心孔ϕ3	台钻	A3 中心钻		
		(2) 钻 2-ϕ10H8 预孔ϕ6		ϕ6 钻头		
		(3) 扩 2-ϕ10H8 底孔ϕ9.8		ϕ9.8 钻头		
		(4) 孔口倒角 *C*0.5		ϕ12 倒角钻		
		(5) 铰 2-ϕ10H8 孔		ϕ10H8 铰刀		
5	检验					

七、小结

(1) 熟记配合孔距尺寸正确的前提条件，保证配合间隙和错位量的正确性。

(2) 掌握麻花钻刃磨方法，需要不断实践，通过试切削，分析问题，积累经验。

(3) 注意分析和回顾对称加工的各种类型，加工工艺方法和检测方法。

(4) 加工封闭尺寸时，要兼顾相关尺寸，注意检测方法和基准的重要性。

(5) 总结项目操作学习过程，逐步提高分析问题和解决问题的能力。

第三章　装配工艺基础与实践

学习与实践要求

(1) 了解工件定位与定位基准概念，熟悉销孔定位应用。

(2) 了解螺旋传动结构和传动形式，熟悉传动位移作用。

(3) 了解装配基本要求，熟悉装配工艺和装配公差类型。

(3) 熟悉常用装配方法，掌握装配基础、检测分析调试。

项目六　三角 V 形组合

一、项目学习任务书

项目名称	三角 V 形组合	制作方法	按图纸要求综合加工
工作任务	知 识 要 求		能 力 要 求
1 项目学习与操作准备	·分析图纸要求，熟悉项目特点。 ·了解工件定位与定位基准概念。 ·熟悉六点定位原理		·有加工基准分析与应用方法。 ·熟悉配合代号和公差查表方法。 ·编制项目加工工艺规程
2 项目备料与实施操作	·分析项目操作加工工艺。 ·了解百分表、正弦规和量块结构。 ·熟悉配合孔为基准的加工工艺		·熟悉双销定位的基本要求。 ·掌握百分表、正弦规和量块结合应用。 ·掌握对称双销定位加工方法
3 项目装配与检测	·了解基孔制和基轴制定义。 ·熟悉装配销孔定位的目的。 ·制订操作计划书		·掌握销孔定位配合间隙控制方法。 ·掌握销孔定位配合要求检测方法。 ·分析装配质量，提高解决问题能力
4 参考教材	·公差配合与技术测量(机械工业出版社) ·机械制图(机械工业出版社) ·简明机械手册(湖南科学技术出版社)		

二、三角 V 形组合项目分析

根据图纸技术要求(见图 6-1)，三角形和 V 形板配合与底板结合，用 ϕ10H7 圆柱销定位。要求：件 1 旋转 120°二次配合与检测；件 2 翻转 180°配合后，件 1 再旋转 120°二次配合与检测，检测要求配合间隙≤0.04，平行度≤0.02 和平面度≤0.03。

根据配合技术要求，在分析单件加工工艺时，应重点考虑定位孔的加工准确，保证换向配合要求的加工方法。

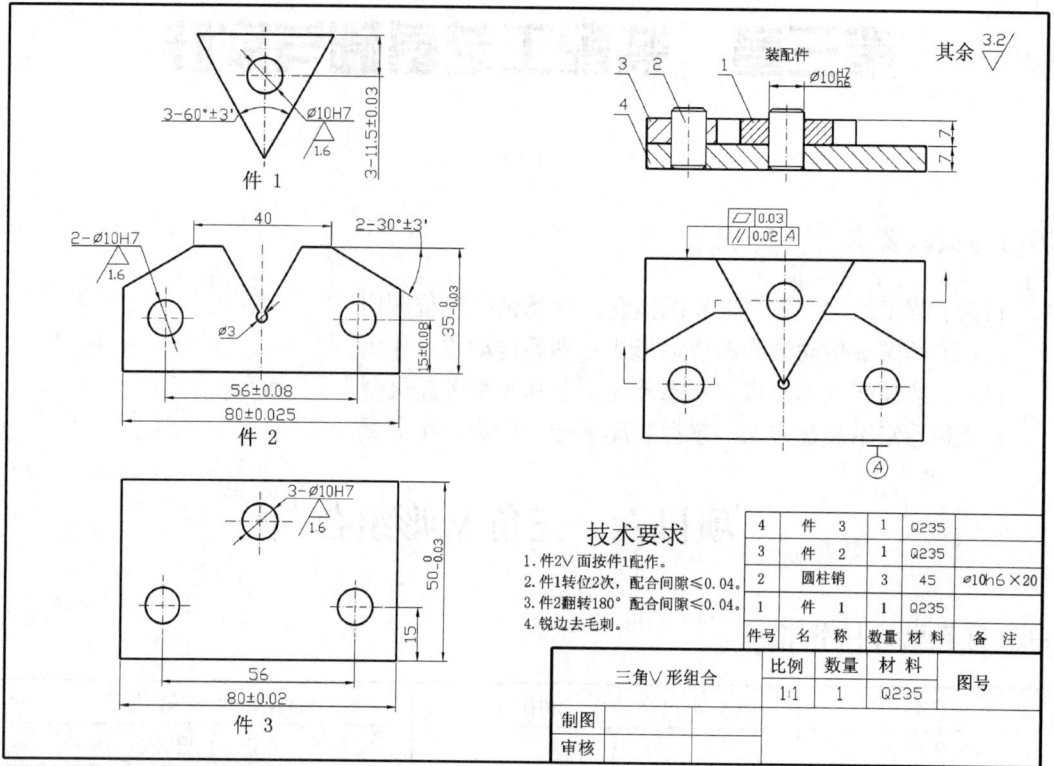

图 6-1

1. 工件定位与定位基准概念

(1) 工件定位：确定工件在夹具中占有正确位置的过程称为工件定位。工件定位是靠工件上某些表面和夹具中定位元件的接触来实现的，应使同一批工件逐次放入夹具中都能占有正确的位置。

(2) 定位基准：定位时用来确定工件在夹具中位置所依据的点、线、面称为定位基准。作为定位基准的点和线往往是由某个具体表面来体现，此表面称为定位基准面。

(3) 工件六点定位原理。一个物体在空间的位置是任意的，可视为空间直角坐标系中的自由物体，物体在空间可能具有的运动，称为自由度。如图 6-2 所示，在空间直角坐标系中，工件可沿 x、y、z 三个坐标轴的移动或转动，用 $\vec{x}$、$\vec{y}$、$\vec{z}$ 表示移动，用 $\hat{x}$、$\hat{y}$、$\hat{z}$ 表示转动，称为六个自由度。

夹具设计时，在夹具中采用分布并与工件接触的六个支承点来限制六个自由度，使工件在夹具内得到正确定位，这称为六点定位原理，如图 6-3 所示。

(4) 定位种类。

① 完全定位：工件六个自由度全部被限制，称为完全定位。

② 部分定位：在满足加工条件的前提下，少于六个支承点的定位，称为部分定位。如车床车削短轴类零件时，用三爪定心夹持，虽只限制了四个自由度，但能满足加工条件。

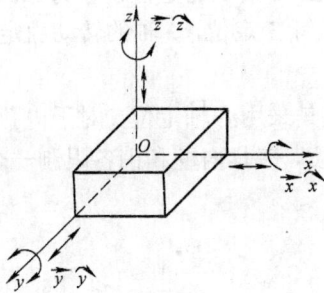

图 6-2

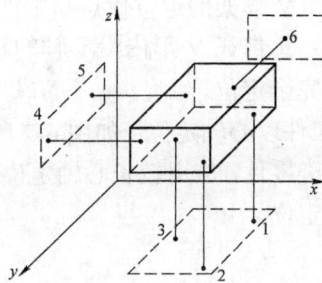

图 6-3

③ 重复定位：几个支承点同时限制了一个自由度的定位，称为重复定位。

定位时当支承点多于六个时，一定是重复定位。但也有支承点虽不超个六个，而有两个或两个以上支承点同时限制同一个自由度时，也会产生重复定位。如车床上采用一夹一顶装夹方式(如图 6-4 所示)，当三爪夹持较长轴时，限制了 $\vec{y}$、$\vec{z}$、$\widehat{y}$、$\widehat{z}$ 四个自由度，因增加顶尖支撑又相应限制了 $\widehat{y}$、$\widehat{z}$ 两个转动，因而产生重复定位。

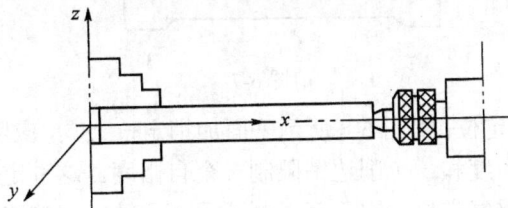

图 6-4

④ 欠定位：定位点数少于应该限制的自由度，使工件不能正确定位称为欠定位。欠定位无法保证零件加工质量，易产生废品。

(5) 常用夹具定位方式。

① 工件以平面定位：如图 6-5 所示的平面类定位夹具，长方体被平面定位限制了三个自由度，侧面导向限制了两个自由度，端面止推限制了一个自由度。

平面定位实际上以三个点(三角形)接触为代表形式，它有利于工件定位的稳定可靠。

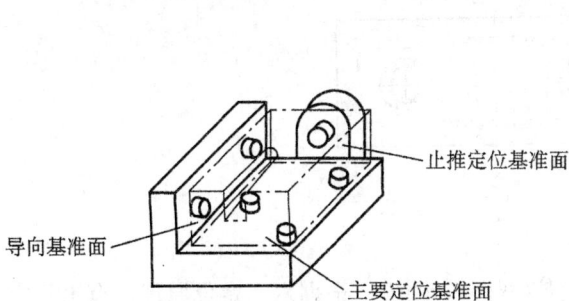

止推定位基准面

导向基准面

主要定位基准面

图 6-5

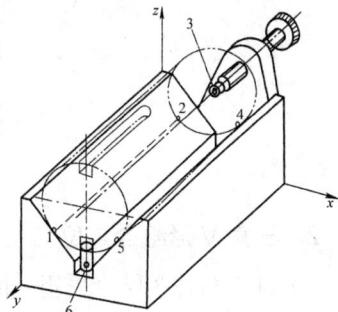

图 6-6

② 工件以 V 形架定位：如图 6-6 所示的轴类定位夹具，外圆用长 V 形架定位限制四

个自由度。V 形架的定位优点是工件安装自调中心，在 X 轴上的定位误差为零。另外两个自由度中，工件在 V 形内沿 $\vec{y}$ 轴的移动由端面支承螺钉 3 定位，$\vec{y}$ 轴的转动由定位销 6 限制，形成完全定位。

③ 工件以心轴定位：如图 6-7 所示，套类零件夹具采用心轴定位，对于内孔直径尺寸一致的套类零件，应用较长心轴定位可限制四个自由度，夹具内壁和销各限制一个自由度，得到完全定位。

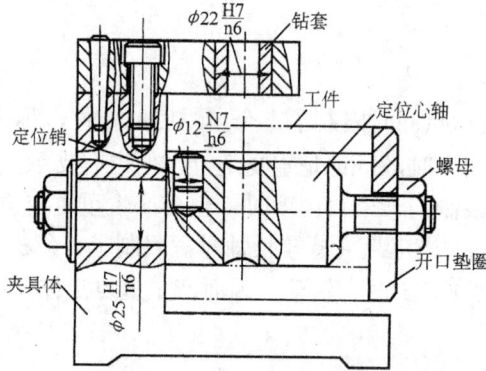

图 6-7

④ 工件以一面两孔定位：如图 6-8 所示平面加销定位夹具，应用平面限制三个自由度，一个短圆柱限制两个自由度和一个削边销限制一个自由度。这种定位方式在一个平面上采用了双圆柱销定位，是重复定位。它重复限制了 $\vec{x}$、$\vec{y}$ 轴方向的移动。为起到定位合理、装夹方便，将其中一个销加工成棱形销(简称削边销)，让其只限制一个绕 $\vec{z}$ 转动即可。

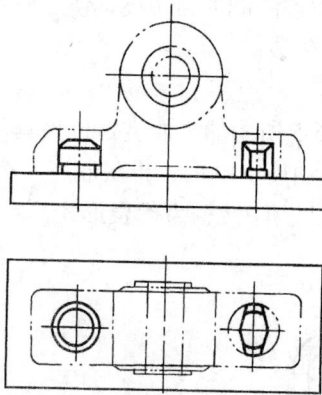

图 6-8

2．三角 V 形组合定位

(1) 件 2 与件 3 结合采用一面两孔定位(双圆柱定位)，根据六点定位原理，有重复定位。而装配中又有件 2 换向配合要求，因此，定位孔换向对称加工难度较大。

(2) 件 1 与件 3 结合是平面与单圆柱销定位，根据六点定位原理，平面与单圆柱定位限制了五个自由度，件 1 绕 $\vec{z}$ 轴的转动未限制，在配合中靠件 2 的 V 形限制，组成装配技术要求。

(3) 根据项目采用的定位方式，分析换向配合要求时应重点考虑对称加工工艺的方法。注意件 1 以孔为基准加工控制尺寸和角度，并有一致性要求；件 2 的 V 形和 2-ϕ10H7 孔对称中线的要求应小于配合间隙 0.04。

(4) 保证装配平面度≤0.03、平行度≤0.02 的条件：

① 件 2 的 V 形角度对称中心线，件 3 尺寸 $50_{-0.03}^{0}$ 的平行度＜0.02。

② 件 1 与件 2 配合尺寸 $50_{-0.03}^{0}$ 和平行度要求与对应件 3 实际加工尺寸一致。

3．项目重点

(1) 件 1 加工尺寸的正确性和角度的一致性。
(2) 件 2 的 V 形与孔加工的双重对称要求。
(3) 配合形位公差的保证方法。

4．项目难点

(1) 换向配合定位销孔的加工方法。
(2) 配合技术要求的保证。

三、备料

(1) 备料尺寸：(112 ± 0.1) × (80.5 ± 0.1) × 7。
(2) 材料：Q235。
(3) 备料要求：四面相互垂直，并与大平面垂直，垂直度≤0.04，平行度≤0.04，大面垂直度≤0.03，如图 6-9 所示。

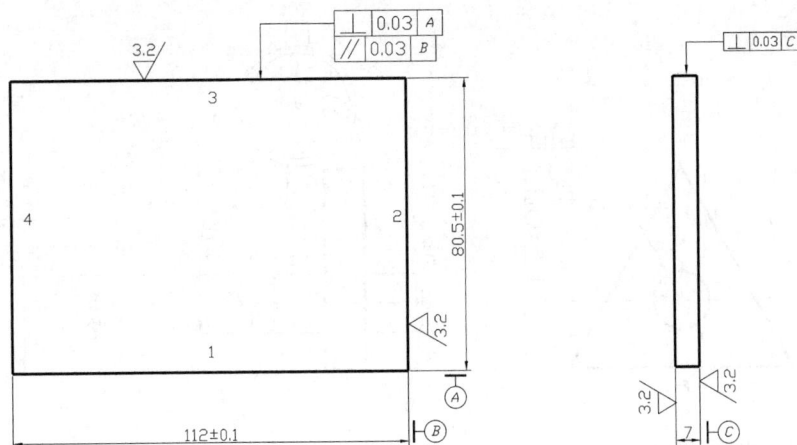

图 6-9

四、备料工艺分析

(1) 磨削：去毛刺，磨削两平面，尺寸 7 mm(查表取标准公差 IT12 级)，平行度≤0.02，

$Ra1.6$。

(2) 锉削：

① 锉削垂直基准面，垂直度≤0.04，去毛刺，$Ra3.2$。

② 锉削尺寸 80.5 ± 0.1，平行度≤0.04，控制大面垂直度≤0.03，去毛刺，$Ra3.2$。

③ 锉削尺寸 112 ± 0.1，平行度≤0.04，控制大面垂直度≤0.03，去毛刺，$Ra3.2$。

五、加工工艺分析

1. 坯料加工

(1) 检测：检测与修整坯料，要求垂直度≤0.02，$Ra3.2$。

(2) 锉削：锉削尺寸 80 ± 0.02，控制大面垂直度≤0.03，平行度≤0.02，去毛刺，$Ra3.2$。

(3) 划线：按图纸要求划出件 1、件 2 和件 3 的分割加工界线。(注意借料。)

(4) 钻孔：钻 $\phi3$ 工艺孔和工艺排孔，去毛刺。

(5) 钻孔：钻件 1ϕ10H7 底孔ϕ9.8。

(6) 倒角：双面倒角 $C0.5$。

(7) 铰孔：铰(三角形) ϕ10H7 孔，$Ra1.6$。

(8) 锯削：分割件 1、件 2 和件 3，留加工余量。

(9) 锉削：锉削件 2 尺寸 $35_{-0.03}^{0}$ 和件 3 尺寸 $50_{-0.03}^{0}$，平行度≤0.02，去毛刺，$Ra3.2$。

2. 件 1(三角形)加工

(1) 件 1 制作工艺参考燕尾三角组合镶配中的件 1 加工工艺分析。

(2) 角度 $60° \pm 3'$ 精修时应用正弦规检测，尺寸 11.5 ± 0.03 应使用量块和百分表结合检测，如图 6-10 所示。

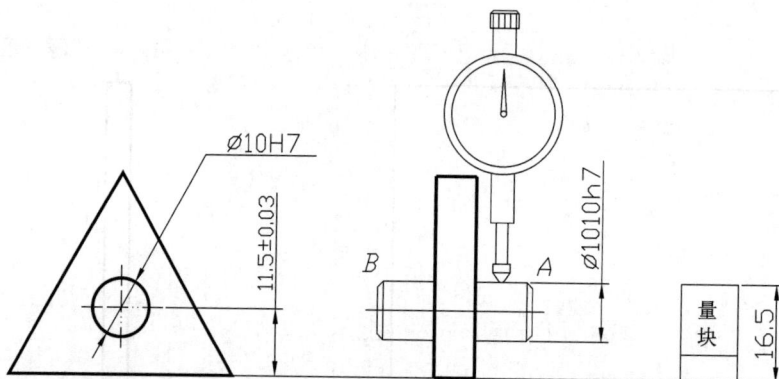

图 6-10

3. 件 2(V 形板)加工

(1) 件 2 制作工艺参考燕尾三角组合镶配中的件 3 加工工艺分析。

(2) 重点注意 V 形的对称度，对称中心线＜0.03。

(3) 角度 2-30°±3′最后加工。

注意：① 修正时用正弦规和百分表结合检测，保证 V 形对称精度。

② V形板与件1配合高度尺寸对应件3尺寸 $50_{-0.03}^{0}$ 有一致性。

相关知识　精密量具(量块与正弦规)

1. 量块

量块(或称块规)是机械制造中长度尺寸的标准。量块可对量具和量仪进行校准，也可用于精密机床调整。量块和量具(如百分表)结合使用，可以测量一些精度要求较高的工件尺寸。

量块有很高的贴合性，使用时只要将两件量块测量面互相推合，就能牢固地贴合在一起。图6-11所示为套装量块。

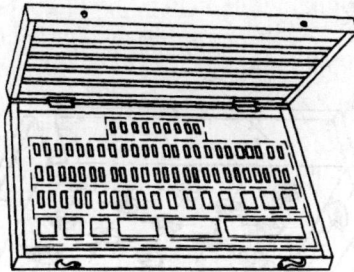

图 6-11

(1) 量块一般是多块构成一套，常用成套量块有83件、46件、10件和5件等多种。83件量块尺寸系列如表6-1所示。

表 6-1　　83 块成套量块

总块数	级别	尺寸系列	间隔/mm	块数
83	00, 0, 1, 2, (3)	0.5	—	1
		1	—	1
		1.005	—	1
		1.01，1.02，1.03～1.49	0.01	49
		1.5，1.6，1.7～1.9	0.1	5
		2.0，2.5，3，3.5～9.5	0.5	16
		10，20，30～100	10	10

(2) 量块的使用。因量块有很高的贴合性，使用时应将量块擦净。为了减少测量时的积累误差，选用量块应尽量采用最少的块数来达到所需尺寸要求，一般83块一套的量块组合尺寸不超过5块。

(3) 量块的形状为长方形六面体，它有二个平行工作平面和四个非工作平面，工作面又称测量面。

(4) 选取量块。第一块应根据组合尺寸最后一位数字选取，第二块用同样的方法选取，到最后一块取整数。

注意：为保持量块精度，一般不允许用量块直接测量工件。

例如，从 83 块一套的量块中，选取尺寸 52.495 的方法是：根据量块选取要求，第一块量块选取 1.005，第二块选取 1.49，第三块选取整数 50，选用三块组成尺寸 52.495。

$$
\begin{array}{ll}
52.495 & \text{组合尺寸} \\
-\ \ 1.005 & \text{第一块尺寸} \\
\hline
51.490 & \\
-\ \ 1.490 & \text{第二块尺寸} \\
\hline
50.000 & \text{第三块尺寸}
\end{array}
$$

2. 正弦规

正弦规是利用三角函数中的正弦关系，与量块结合测量工件角度和锥度的精密量具。

(1) 正弦规结构。正弦规结构如图 6-12 所示，有工作台 1、两个相同直径的精密圆柱 2、侧挡板 3、后挡板 4 等零件组成。

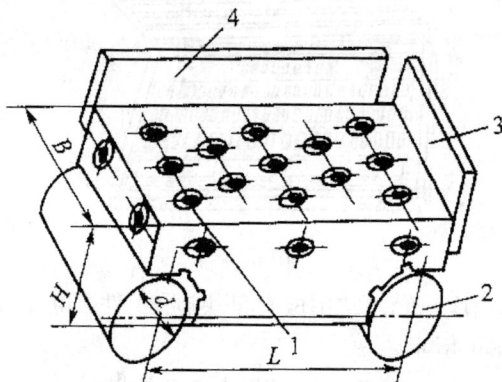

1—工作台；2—圆柱；3—侧挡板；4—后挡板

图 6-12

(2) 正弦规使用方法。

① 正弦规置于平板上。

② 计算调整直角边尺寸。

例 6-1 检测 30° 角的圆锥工件，选用中心距 L 为 200 mm 的正弦规，试求正弦规圆柱下应垫量块尺寸 h 多少才能使工件上母线与平板平行。

由题意知：$L = 200$ mm，$2\alpha = 30$。

根据正弦函数公式：

$$h = L\ \sin 2\alpha \qquad (6\text{-}1)$$

$$h = 200 \times \sin 30° = 200 \times 0.5 = 100 \text{ mm}$$

故可知，正弦规一端圆柱应下垫的量块组合尺寸为 100 mm。

注意在式(6-1)中：h——量块组合尺寸，mm；

L——正弦规两圆柱中心距，mm；

2α——被测工件圆锥角(正弦规的调整角度)。

③ 在平板上和正弦规左端圆柱之间垫上一组尺寸 100 mm 的量块，如图 6-13 所示。

④ 工件放在正弦规工作台面上靠齐挡板 3 和 4。

⑤ 百分表(和表座组合)在平板上检测工件上表面母线两端数值，若数值相等则锥度正确，反之工件锥度有误差。

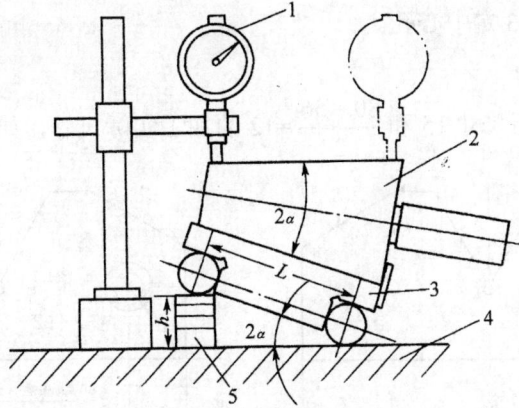

1—百分表；2—工件；3—正弦规；4—平板；5—量块组

图 6-13

3. 百分表

百分表是一种指示式精密量具，测量精度为 0.01 mm。当测量精度为 0.001 mm 时，称为千分表。

(1) 百分表的结构如图 6-14 所示。

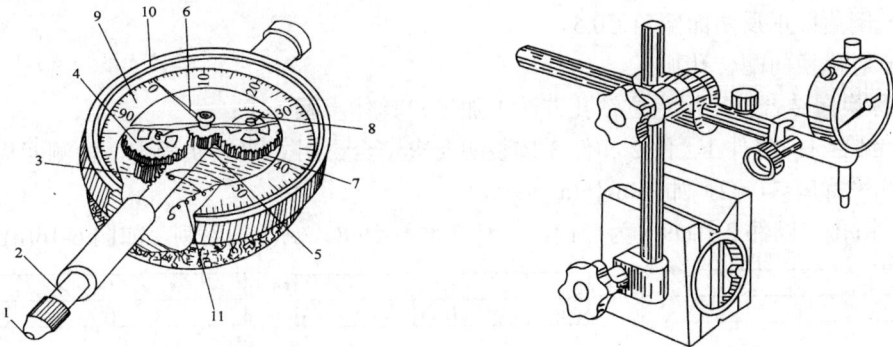

1—触头；2—量杠；3—小齿轮；4、7—大齿轮；5—中间齿轮；

6—长指针；8—短指针；9—表盘；10—表圈；11—拉簧

图 6-14

(2) 百分表使用与读数方法。

百分表使用时应安装在专用的表架上，表架则放在平板上，调整表架各连接件的位置，使触头 1 与被测工件表面贴合，并压缩量杆 0.3～0.5 mm，使检测工件表面时有检测伸缩量和一定的初始测力，然后旋转表圈 10 使长指针 6 对准表盘的零位。

百分表的表盘 9 等分 100 格对应长指针 6。当量杆 2 移动 1 mm 时，长指针转一周，相应短指针 8 转动 1(mm)格。因此长指针转动 1 格的读数为 1/100 =0.0 1mm。

4．件 2 孔加工

(1) 划线：按图纸要求，划出件 2 孔的尺寸界线，敲样冲眼。

(2) 钻孔：钻一个 $\phi3$ 定中心孔。

(3) 扩孔：扩 $\phi6$ 孔。

(4) 检测：检测孔距尺寸 15 和 $\dfrac{80-56}{2}=12$ 的加工实际尺寸，如图 6-15(a)所示。

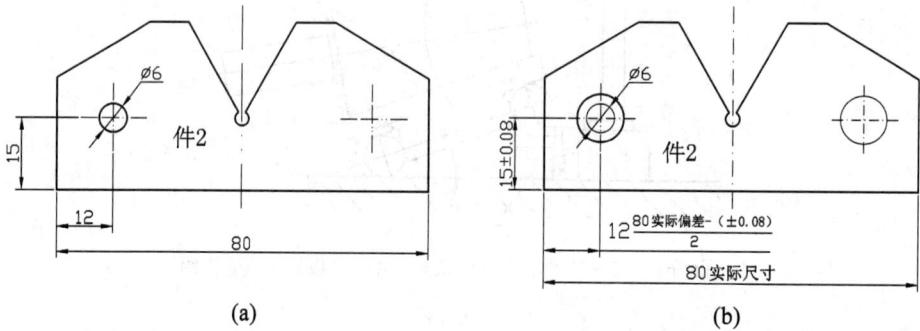

(a)　　　　　　　　　　　　　　　　(b)

图 6-15

(5) 修锉：修整孔距尺寸 15±0.08 的公差，修整孔尺寸 12 的公差。尺寸公差等于 $\dfrac{80实际尺寸-(56\pm0.08)}{2}=12\dfrac{80实际偏差-(\pm0.08)}{2}$，如图 6-15(b)所示。

(6) 扩孔：扩 $\phi10H7$ 的底孔 $\phi9.8$。

(7) 倒角：正反两面倒角 C0.5。

(8) 对称换向配合孔加工。

对称换向结合孔采用定位钻孔方法 1 加工，具体步骤如下：

① 结合 1：将件 1、件 2 和件 3 按装配要求结合，用 C 形夹头固定。检测四周平面度≤0.03，平行度≤0.02，如图 6-16(a)所示。

② 钻孔：以件 2 孔 $\phi9.8$ 为导向，钻件 3 底孔 $\phi9.8$，倒角去毛刺，如图 6-16(b)所示。

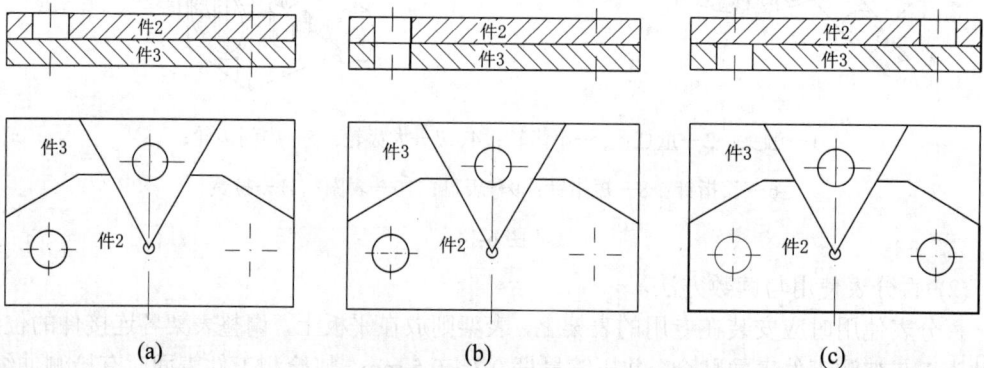

(a)　　　　　　　　　(b)　　　　　　　　　(c)

图 6-16

③ 结合 2：将件 2 翻转 180°再次结合，C 形夹头固定，并检测四周平面度≤0.03，平

行度≤0.02,，如图 6-16(c)所示。

④ 钻孔：分别以件 2、件 3 孔为导向，钻对应结合底孔φ9.8。

⑤ 铰孔：铰结合孔φ10H7，加冷却润滑油，*Ra*1.6。

(9) 装配：孔口去毛刺，配入 2-φ10h6 圆柱销。

(10) 检测：检测各项配合要求，注意修整。

5. 件 1 配合孔加工

此配合孔采用定位钻孔方法 2 加工，具体步骤如下：

(1) 结合：将件 1 配入件 2 件 3 结合的 V 形内，C 形夹头固定，如图 6-17(a)所示。

(2) 检测：检测和调整装配平面度和配合间隙。

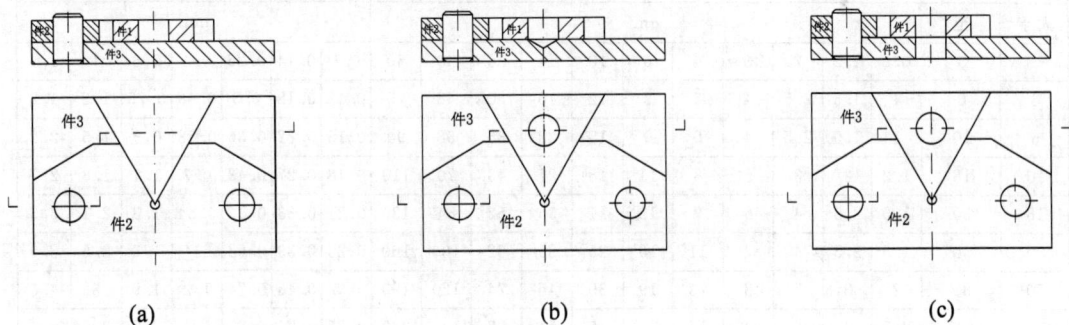

(a)   (b)   (c)

图 6-17

(3) 钻孔：取φ10 钻头，以件 1 的φ10H7 孔为导向，钻件 3 的配合中心孔φ10 深 3，如图 6-17(b)所示。

(4) 钻孔：取φ9.8 钻头，钻φ10H7 底孔φ9.8，如图 6-17(c)所示。

(5) 铰孔：铰件 3 的φ10H7 孔，*Ra*1.6，加冷却润滑液，去毛刺。

6. 装配

(1) 将件 1 配入件 2 的 V 形内，用φ10h6 圆柱销配入孔，组成φ10$\dfrac{H7}{h6}$配合，配合如图 6-18 所示。

(2) 检测装配技术要求。

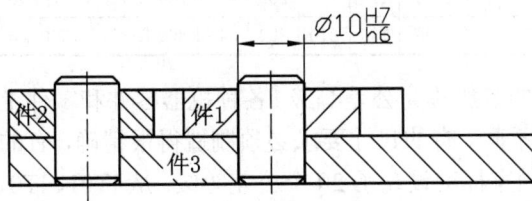

图 6-18

注意：φ10$\dfrac{H7}{h6}$是配合公差代号，其含意是：基本尺寸为φ10，孔公差带代号为 H7，轴公差带代号为 h6。为基孔制间隙配合。

六、极限与配合标准的基本规定

1. 标准公差

国家标准《极限与配合》中所规定的任一公差称为标准公差。

标准公差数值见表 6-2 所示，从表中可以看出，标准公差数值与两个因素有关，即标准公差等级和基本尺寸分段。

表6-2 标准公差数值

基本尺寸 mm		标准公差等级																	
		IT1	IT2	IT3	IT4	IT5	IT6	IT7	IT8	IT9	IT10	IT11	IT12	IT13	IT14	IT15	IT16	IT17	IT18
大于	至	μm											mm						
—	3	0.8	1.2	2	3	4	6	10	14	25	40	60	0.1	0.14	0.25	0.4	0.6	1	1.4
3	6	1	1.5	2.5	4	5	8	12	18	30	48	75	0.12	0.18	0.3	0.48	0.75	1.2	1.8
6	10	1	1.5	2.5	4	6	9	15	22	36	58	90	0.15	0.22	0.36	0.58	0.9	1.5	2.2
10	18	1.2	2	3	5	8	11	18	27	43	70	110	0.18	0.27	0.43	0.7	1.1	1.8	2.7
18	30	1.5	2.5	4	6	9	13	21	33	52	84	130	0.21	0.33	0.52	0.84	1.3	2.1	3.3
30	50	1.5	2.5	4	7	11	16	25	39	62	100	160	0.25	0.39	0.62	1	1.6	2.5	3.9
50	80	2	3	5	8	13	19	30	46	74	120	190	0.3	0.46	0.74	1.2	1.9	3	4.6
80	120	2.5	4	6	10	15	22	35	54	87	140	220	0.35	0.54	0.87	1.4	2.2	3.5	5.4
120	180	3.5	5	8	12	18	25	40	63	100	160	250	0.4	0.63	1	1.6	2.5	4	6.3
180	250	4.5	7	10	14	20	29	46	72	115	185	290	0.46	0.72	1.15	1.85	2.9	4.6	7.2
250	315	6	8	12	16	23	32	52	81	130	210	320	0.52	0.81	1.3	2.1	3.2	5.2	8.1
315	400	7	9	13	18	25	36	57	89	140	230	360	0.75	0.89	1.4	2.3	3.6	5.7	8.9
400	500	8	10	15	20	27	40	63	97	155	250	400	0.63	0.97	1.55	2.5	4	6.3	9.7
500	630	9	11	16	22	32	44	70	110	175	280	440	0.7	1.1	1.75	2.8	4.4	7	11
630	800	10	13	18	25	36	50	80	125	200	320	500	0.8	1.25	2	3.2	5	8	12.5
800	1 000	11	15	21	28	40	56	90	140	230	360	560	0.9	1.4	2.3	3.6	5.6	9	14
1 000	1 250	13	18	24	33	47	66	105	165	260	420	660	1.05	1.65	2.6	4.2	6.6	10.5	16.5
1 250	1 600	15	21	29	39	55	78	125	195	310	500	780	1.25	1.95	3.1	5	7.8	12.5	19.5
1 600	2 000	18	25	35	46	65	92	150	230	370	600	920	1.5	2.3	3.7	6	9.2	15	23
2 000	2 500	22	30	41	55	78	110	175	280	440	700	1 100	1.75	2.8	4.4	7	11	17.5	28
2 500	3 150	26	36	50	68	96	135	210	330	540	860	1 350	2.1	3.3	5.4	8.6	13.5	21	33

确定尺寸精确程度的等级称为公差等级。各种机器零件和零件上不同部位的作用不同，要求尺寸的精确程度就不同。有的尺寸要求必须制造得很精确，有的尺寸则不必那么精确。为了满足生产的需要，国家标准设置了 20 个公差等级。从 IT01、IT0、IT1、IT2、IT3～IT18。"IT" 表示标准公差，阿拉伯数字表示公差等级。IT01 精度最高，其余精度依次降底，IT18 精度最底。其关系如下：

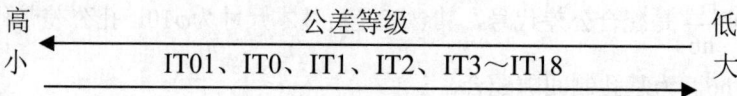

高　　　　　　　　公差等级　　　　　　　　低
←─────────────────────────
小　　IT01、IT0、IT1、IT2、IT3～IT18　　大
─────────────────────────→

2. 基本偏差及其代号

(1) 基本偏差。

国家标准规定，用以确定公差带相对于零线位置的上偏差或下偏差称为基本偏差。

基本偏差一般为靠近零线的那个偏差，如图 6-19 所示。当公差带在零线上方时，其基本偏差为下偏差，因为下偏差靠近零线；当公差带在零线下方时，其基本偏差为上偏差，因为上偏差靠近零线。当公差带的某一偏差为零时，此偏差自然就是基本偏差。而有的公差带相对于零线是完全对称的，则基本偏差可为上偏差，也可为下偏差，如 80 ± 0.025 的基本偏差可为上偏差+0.025 mm，也可为下偏差−0.025 mm。

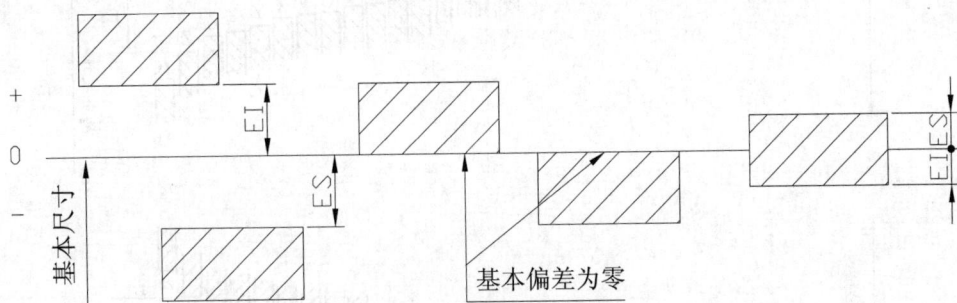

图 6-19

(2) 基本偏差代号。

基本偏差代号用拉丁字母表示，大写字母表示孔的基本偏差，小写字母表示轴的基本偏差。孔和轴各有 28 个基本偏差代号见表 6-3 所示。

表 6-3　孔和轴的基本偏差代号

孔	A	B	C	D	E	F	G	H	J	K	M	N	P	R	S	T	U	V	X	Y	Z			
			CD		EF		FG		JS													ZA	ZB	ZC
轴	a	b	c	d	e	f	g	h	j	k	m	n	p	r	s	t	u	v	x	y	z			
			cd		ef		fg		js													za	zb	zc

(3) 基本偏差系列图及其特征。

图 6-20 所示为基本偏差系列图，它表示基本尺寸相同的 28 种孔、轴的基本偏差相对零线的位置关系。此图只表示公差带位置，不表示公差带大小。所以，图中公差带只画了靠近零线的一端，另一端是开口的，开口端的极限偏差由标准公差确定。

从基本偏差可以看出，孔和轴同字母的基本偏差相对零线基本呈对称分布。轴的基本偏差从 a～h 为上偏差 es，h 的上偏差为零，其余均为负值，它们的绝对值依次逐渐减小。轴的基本偏差从 j 至 zc 为下偏差 ei，除 j 和 k 的部分外都为正值，其绝对值依次逐渐增大。

孔的基本偏差从 A～H 为下偏差 EI，J～ZC 为上偏差 ES，其正负号情况与轴的基本偏差正负号情况相反。

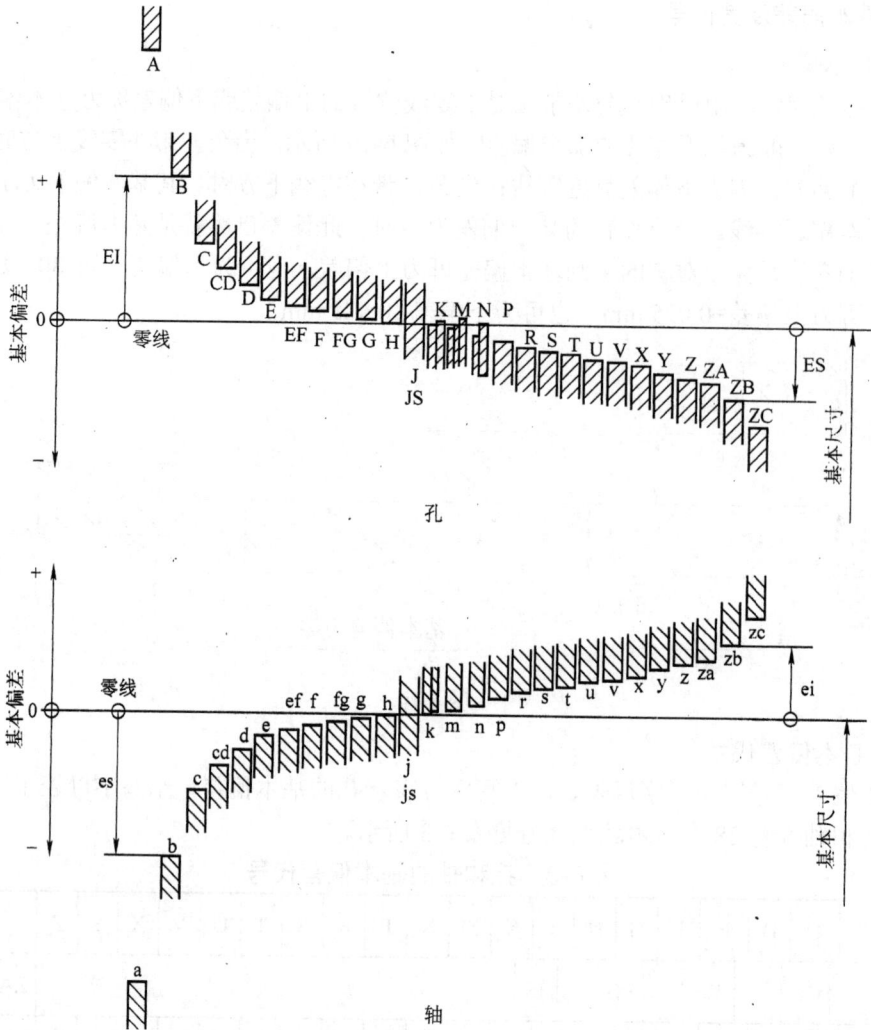

图 6-20

3. 公差带

(1) 公差带代号。孔、轴公差带代号由基本偏差代号与公差等级数字组成,如 H9、D9、B11、S7、T7 等为孔公差带代号;h6、d8、k8、s6、u6 等为轴公差带代号。

(2) 图样上标注尺寸公差的方法。

在图样上标注尺寸公差时,可用基本尺寸与公差带代号表示,也可用基本尺寸与极限偏差表示,还可用基本尺寸与公差带代号、极限偏差共同表示。

例如:轴 $\phi16d9$ 可用 $\phi16_{-0.093}^{-0.050}$ 或 $\phi16d9(_{-0.093}^{-0.050})$ 表示;

孔 $\phi40G7$ 可用 $\phi40_{+0.009}^{+0.034}$ 或 $\phi40G7(_{+0.009}^{+0.034})$ 表示;

几种标注方法比较:

① $\phi40G7$ 是只标注公差带代号的方法,它表示:

$$\varnothing 40\text{G7}$$

公差带代号

公差等级为7级（表示公差带大小）

孔的基本偏差代号

基本尺寸

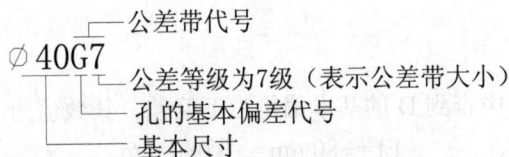

这种方法，能清楚地表示公差带的性质，但偏差值要查表。

② $\phi 40^{+0.034}_{+0.009}$ 是只标注上、下偏差数值的方法，对于零件加工较为方便。

③ $\phi 40\text{G7}(^{+0.034}_{+0.009})$ 是公差带代号与偏差值共同标注的方法，兼有上面两种注法的优点，但标注较为麻烦。

4. 孔、轴极限偏差数值的确定

(1) 基本偏差的数值。如前所述，基本偏差确定公差带的位置，国标对孔和轴各规定了 28 种基本偏差，标准中列出了轴的基本偏差数值表，如表 6-4 所示，孔的基本偏差数值表，如表 6-5 所示(注：表 6-4、表 6-5 附于本项目末)。

查基本偏差数值表时，应注意：

① 基本偏差代号有大、小写之分，大写字母查孔的基本偏差数值表，小写字母查轴的基本偏差数值表。

② 查基本尺寸时，对于在基本尺寸段界限位置的基本尺寸属于哪个尺寸段不能查错。如$\phi 10$，应查"大于 6 至 10"一行，而不能查"大于 10 至 18"一行。

③ 分清基本偏差是上偏差还是下偏差(注意表上方的标示)

④ 代号 j、k、J、K、M、N、P～ZC 的基本偏差数值与公差等级有关，查表时应根据基本偏差代号和公差等级，查表中相应的列。

(2) 另一极限偏差的确定。基本偏差决定了公差带中的一个极限偏差，即靠近零线的那个偏差，从而确定了公差带的位置，而另一极限偏差的数值，可由极限偏差和标准公差的关系式进行计算。

对于轴 $\qquad\qquad\qquad$ es = ei + IT

或 $\qquad\qquad\qquad$ ei = es − IT $\qquad\qquad\qquad$ (6-2)

对于孔 $\qquad\qquad\qquad$ ES = EI + IT

或 $\qquad\qquad\qquad$ EI = ES − IT $\qquad\qquad\qquad$ (6-3)

例 6-2 查表确定下列各尺寸的标准公差和基本偏差，并计算另一极限偏差。

(1) $\phi 8\text{e7}$ $\qquad$ (2) $\phi 50\text{D8}$ $\qquad$ (3) $\phi 80\text{R6}$

查表及计算如下：

(1) $\phi 8\text{e7}$ 从表 6-4 中查到 e 的基本偏差为上偏差，其数值为

$$\text{es} = -25 \ \mu\text{m} = -0.025 \ \text{mm}$$

从表 6-2 中可查到标准公差数值为

$$T = 15 \ \mu\text{m} = 0.015 \ \text{mm}$$

代入公式(6-2)得另一极限偏差为

$$\text{ei} = \text{es} - \text{IT} = -0.025 - 0.015 = -0.040 \ \text{mm}$$

即$\phi 8e7\left(^{-0.025}_{-0.040}\right)$

(2) ϕ50D8 从表 6-5 中查到 D 的基本偏差为下偏差, 其数值为

$$EI=+80 \ \mu m=+0.080 \ mm$$

从表 6-2 中可查到标准公差数值为

$$IT=39 \ \mu m=0.039 \ mm$$

代入公式(6-3)得另一极限偏差为

$$ES=EI+IT=+0.080+0.039=+0.119 \ mm$$

即$\phi 50D8\left(^{+0.119}_{+0.080}\right)$

(3) 80R6 从表 6-5 中查到 R 的基本偏差为上偏差, 其数值为

$$ES=-43+\varDelta=-43+6=-37 \ \mu m=-0.037 \ mm$$

从表 6-2 中可查到标准公差数值为

$$IT=19 \ \mu m=0.019 \ mm$$

代入公式(6-3)得另一极限偏差为

$$EI=ES-IT=-0.037-0.019=-0.056 \ mm$$

即$\phi 80R6\left(^{-0.037}_{-0.056}\right)$

5. 配合

1) 配合制

配合的性质由相配合的孔、轴公差带的相对位置决定, 因而改变孔或轴的公差带位置, 就可以得到不同性质的配合。从理论上讲, 任何一种孔的公差带和任何一种轴的公差带都可以形成一种配合。但为了便于应用, 国标对孔与轴公差带之间的相互关系, 规定了两种基准制, 即基孔制和基轴制。

(1) 基孔制。

基本偏差为一定的孔的公差带, 与不同基本偏差的轴的公差带形成各种配合的一种制度称为基孔制。

基孔制中的孔是配合的基准件, 称为基准孔。基准孔的基本偏差代号为"H", 它的基本偏差为下偏差, 其数值为零, 上偏差为正值, 其公差带位于零线的上方并紧邻零线, 如图 6-21 所示。图中基准孔的上偏差用虚线画出, 以表示其公差大小随不同公差等级变化。

基孔制中的轴是非基准件, 由于轴的公差带相对零线可有各种不同的位置, 因而可形成各种不同性质的配合。

(2) 基轴制。

基本偏差为一定的轴公差带, 与不同基本偏差的孔公差带形成各种配合的一种制度称为基轴制。

基轴制中的轴是配合的基准件, 称为基准轴。基准轴的基本偏差代号为"h", 它的基本偏差为上偏差, 其数值为零, 下偏差为负值, 其公差带位于零线的下方并紧邻零线, 如图 6-22 所示。图中基准轴的下偏差用虚线画出, 以表示其公差大小随不同公差等级变化。

基轴制中的孔是非基准件，由于孔的公差带相对零线可有各种不同的位置，因而可形成各种不同性质的配合。

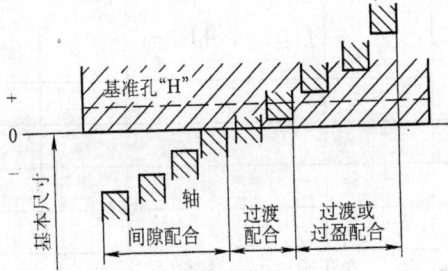

图 6-21

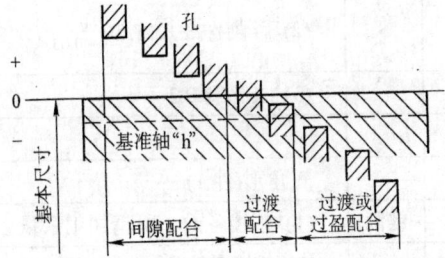

图 6-22

(3) 混合配合。

在实际生产中，根据需求有时也采用非基准孔和非基准轴相配合，这种没有基准件的配合称为混合配合。

2) 配合代号

国标规定：配合代号用孔、轴公差带代号的组合表示，写成分数形式，分子为孔的公差带代号，分母为轴的公差带代号，如 H8/f7 或 $\dfrac{H8}{f7}$。在图样上标注时，配合代号标注在基本尺寸之后，如 $\phi 50 \dfrac{H8}{f7}$，其含义是：基本尺寸为 $\phi 50$ mm，孔的公差带代号为 H8，轴的公差带代号为 f7，为基孔制间隙配合。

七、编制三角 V 形组合加工工艺

机械加工工艺过程卡			产品名称	三角 V 形组合		零件图号		共 页	
						零件名称		第 页	
材料牌号	Q235	毛坯种类	扁钢	毛坯尺寸		$(112 \pm 0.1) \times (80.5 \pm 0.1) \times 7$		件数	1
工序	名称	工 序 内 容			设备	工艺装备		工 时	
								单件	准终
一		备料(半成品)							
1	检测	检测(修锉)坯料要求，⊥≤0.02				角尺			
2	锉削	锉削尺寸 80±0.02，∥≤0.02				角尺、千分尺			
3	划线	划出件1、件2、件3分割尺寸界线							
4	钻孔	(1) 钻定中心孔及工艺排孔$\phi 3$			台钻	$\phi 3$ 钻头、平口钳			
		(2) 钻件1$\phi 10$H7 底孔$\phi 9.8$				$\phi 9.8$ 麻花钻			
		(3) 倒角 C0.5				$\phi 12$ 倒角钻			
		(4) 铰孔$\phi 10$H7，$Ra1.6$				$\phi 10$H7 铰刀			
5	锯削	锯削与錾削，分割件1、件2、件3，留加工余量							

6	锉削	(1) 锉削件 2 尺寸 $35_{-0.03}^{0}$，$//\leqslant 0.02$，$Ra3.2$		角尺、千分尺		
		(2) 锉削件 3 尺寸 $50_{-0.03}^{0}$，$//\leqslant 0.02$，$Ra3.2$		角尺、千分尺		
		(3) 去毛刺 0.3				
二		三角形(件 1)				
1	锉削	(1) 粗锉各面，留精加工余量				
		(2) 锉削角度面 1，尺寸 11.5 ± 0.03，$Ra3.2$		百分表、量块		
		(3) 锉削角度面 2，尺寸 11.5 ± 0.03、$60°\pm4'$，$Ra3.2$		万能角度尺		
		(4) 锉削角度面 3，尺寸 11.5 ± 0.03、$60°\pm4'$，$Ra3.2$				
2	锉削	去毛刺 0.3				
3	检验					
三		V 形块(件 2)(以件 1 为基准配作)				
1	划线	划出件 2 加工尺寸界线				
2	锉削	(1) 粗锉 V 形面，留精加工余量				
		(2) 同时锉削角度面 1 和 2，角度 120°，留修正余量。		万能角度尺		
		(3) 以件 1 和件 2 结合配作修正 V 形，结合尺寸 $50_{-0.03}^{0}$，平面度、对称度$\leqslant0.03$、$//\leqslant0.02$		百分表、角尺千分尺		
		(三件结合检测如装配形式)				
		(4) 去毛刺 0.3				
3	检验					
四		装配				
1	划线	划出件 2 孔加工尺寸界线				
2	钻孔	(1) 钻件 2 一个 $\phi10H7$ 定位中心孔	台钻	A3 中心钻		
		(2) 钻$\phi10H7$ 预孔$\phi6$		$\phi6$ 钻头		
		(3) 扩$\phi10H7$ 底孔$\phi9.8$		$\phi9.8$ 钻头		
		(4) 孔口倒角 $C0.5$		$\phi12$ 倒角钻		
3	装配	将件 1、件 2、件 3 按装配要求结合。		C 形夹头		
4	钻孔	以件 1 孔为导向钻件 3∅10H7 定中心 118° 浅孔、以件 2 孔为导向，钻件 3 底孔$\phi9.8$		$\phi10$、$\phi9.8$钻头		
5	装配	将件 2 翻转 180°按装配要求再次结合		C 形夹头		

6	钻孔	(1) 分别以件 2、件 3 孔为导向，钻对应底孔 $\phi 9.8$		$\phi 9.8$ 钻头		
		(2) 倒角 C0.5				
7	铰孔	铰件 2、件 3 的 5-ϕ10H7		ϕ10H7 铰刀		
8	装配	装配尺寸平面度≤0.03、// ≤0.02、间隙≤0.04。		ϕ10h6 销		
9	检验					

八、小结

(1) 了解基本偏差系列图概念，熟悉配合代号及其含义。

(2) 通过实践了解定位原理，分析定位方式，掌握定位应用。

(3) 单件尺寸公差和形位公差的正确是保证配合公差的前提。

表 6-4　轴的基本偏差数值

（单位：μm）

上偏差 es 为所有公差等级；下偏差 ei 中 m、n、p、r、s、t、u、v、x、y、z、za、zb、zc 为所有公差等级。

基本尺寸/mm	a	b	c	cd	d	e	ef	f	fg	g	h	js	j 5~6	j 7	j 8	k 4~7	k ≤3,>7	m	n	p	r	s	t	u	v	x	y	z	za	zb	zc
≤3	−270	−140	−60	−34	−20	−14	−10	−6	−4	−2	0	±IT/2	−2	−4	−6	0	0	+2	+4	+6	+10	+14	—	+18	—	+20	—	+26	+32	+40	+60
>3~6	−270	−140	−70	−46	−30	−20	−14	−10	−6	−4	0	±IT/2	−2	−4	—	+1	0	+4	+8	+12	+15	+19	—	+23	—	+28	—	+35	+42	+50	+80
>6~10	−280	−150	−80	−56	−40	−25	−18	−13	−8	−5	0	±IT/2	−2	−5	—	+1	0	+6	+10	+15	+19	+23	—	+28	—	+34	—	+42	+52	+67	+97
>10~14	−290	−150	−95	—	−50	−32	—	−16	—	−6	0	±IT/2	−3	−6	—	+1	0	+7	+12	+18	+23	+28	—	+33	—	+40	—	+50	+64	+90	+130
>14~18	−290	−150	−95	—	−50	−32	—	−16	—	−6	0	±IT/2	−3	−6	—	+1	0	+7	+12	+18	+23	+28	—	+33	+39	+45	—	+60	+77	+108	+150
>18~24	−300	−160	−110	—	−65	−40	—	−20	—	−7	0	±IT/2	−4	−8	—	+2	0	+8	+15	+22	+28	+35	—	+41	+47	+54	+63	+73	+98	+136	+188
>24~30	−300	−160	−110	—	−65	−40	—	−20	—	−7	0	±IT/2	−4	−8	—	+2	0	+8	+15	+22	+28	+35	+41	+48	+55	+64	+75	+88	+118	+160	+218
>30~40	−310	−170	−120	—	−80	−50	—	−25	—	−9	0	±IT/2	−5	−10	—	+2	0	+9	+17	+26	+34	+43	+48	+60	+68	+80	+94	+112	+148	+200	+274
>40~50	−320	−180	−130	—	−80	−50	—	−25	—	−9	0	±IT/2	−5	−10	—	+2	0	+9	+17	+26	+34	+43	+54	+70	+81	+97	+114	+136	+180	+242	+325
>50~65	−340	−190	−140	—	−100	−60	—	−30	—	−10	0	±IT/2	−7	−12	—	+2	0	+11	+20	+32	+41	+53	+66	+87	+102	+122	+144	+172	+226	+300	+405
>65~80	−360	−200	−150	—	−100	−60	—	−30	—	−10	0	±IT/2	−7	−12	—	+2	0	+11	+20	+32	+43	+59	+75	+102	+120	+146	+174	+210	+274	+360	+480
>80~100	−380	−220	−170	—	−120	−72	—	−36	—	−12	0	±IT/2	−9	−15	—	+3	0	+13	+23	+37	+51	+71	+91	+124	+146	+178	+214	+258	+335	+445	+585
>100~120	−410	−240	−180	—	−120	−72	—	−36	—	−12	0	±IT/2	−9	−15	—	+3	0	+13	+23	+37	+54	+79	+104	+144	+172	+210	+254	+310	+400	+525	+690
>120~140	−460	−260	−200	—	−145	−85	—	−43	—	−14	0	±IT/2	−11	−18	—	+3	0	+15	+27	+43	+63	+92	+122	+170	+202	+248	+300	+365	+470	+620	+800
>140~160	−520	−280	−210	—	−145	−85	—	−43	—	−14	0	±IT/2	−11	−18	—	+3	0	+15	+27	+43	+65	+100	+134	+190	+228	+280	+340	+415	+535	+700	+900
>160~180	−580	−310	−230	—	−145	−85	—	−43	—	−14	0	±IT/2	−11	−18	—	+3	0	+15	+27	+43	+68	+108	+146	+210	+252	+310	+380	+465	+600	+780	+1000
>180~200	−660	−340	−240	—	−170	−100	—	−50	—	−15	0	±IT/2	−13	−21	—	+4	0	+17	+31	+50	+77	+122	+166	+236	+284	+350	+425	+520	+670	+880	+1150
>200~225	−740	−380	−260	—	−170	−100	—	−50	—	−15	0	±IT/2	−13	−21	—	+4	0	+17	+31	+50	+80	+130	+180	+258	+310	+385	+470	+575	+740	+960	+1250
>225~250	−820	−420	−280	—	−170	−100	—	−50	—	−15	0	±IT/2	−13	−21	—	+4	0	+17	+31	+50	+84	+140	+196	+284	+340	+425	+520	+640	+820	+1050	+1350
>250~280	−920	−480	−300	—	−190	−110	—	−56	—	−17	0	±IT/2	−16	−26	—	+4	0	+20	+34	+56	+94	+158	+218	+315	+385	+475	+580	+710	+920	+1200	+1550
>280~315	−1050	−540	−330	—	−190	−110	—	−56	—	−17	0	±IT/2	−16	−26	—	+4	0	+20	+34	+56	+98	+170	+240	+350	+425	+525	+650	+790	+1000	+1300	+1700
>315~355	−1200	−600	−360	—	−210	−125	—	−62	—	−18	0	±IT/2	−18	−28	—	+4	0	+21	+37	+62	+108	+190	+268	+390	+475	+590	+730	+900	+1150	+1500	+1900
>355~400	−1350	−680	−400	—	−210	−125	—	−62	—	−18	0	±IT/2	−18	−28	—	+4	0	+21	+37	+62	+114	+208	+294	+435	+530	+660	+820	+1000	+1300	+1650	+2100
>400~450	−1500	−760	−440	—	−230	−135	—	−68	—	−20	0	±IT/2	−20	−32	—	+5	0	+23	+40	+68	+126	+232	+330	+490	+595	+740	+920	+1100	+1450	+1850	+2400
>450~500	−1650	−840	−480	—	−230	−135	—	−68	—	−20	0	±IT/2	−20	−32	—	+5	0	+23	+40	+68	+132	+252	+360	+540	+660	+820	+1000	+1250	+1600	+2100	+2600

注：1. 基本尺寸小于 1 mm 时，各级的 a 和 b 均不采用。

2. js 的数值：对 IT7~IT11，若 IT 的数值（μm）为奇数，则取 $js = \pm\dfrac{IT-1}{2}$。

表 6-5　孔的基本偏差数值　　　　　　　　　　　　　　　　　　　　　　（单位：μm）

下偏差 EI 为"所有标准公差等级"（A～H 列），上偏差 ES 为 J～N 列。

基本尺寸/mm 大于	至	A	B	C	CD	D	E	EF	F	FG	G	H	JS	J IT6	J IT7	J IT8	K ≤IT8	K >IT8	M ≤IT8	M >IT8	N ≤IT8	N >IT8
—	3	+270	+140	+60	+34	+20	+14	+10	+6	+4	+2	0	偏差=±IT_n/2（式中 IT_n 是 IT 数值）	+2	+4	+6	0	0	−2	−2	−4	−4
3	6	+270	+140	+70	+46	+30	+20	+14	+10	+6	+4	0		+5	+6	+10	−1+Δ		−4+Δ	−4	−8+Δ	0
6	10	+280	+150	+80	+56	+40	+25	+18	+13	+8	+5	0		+5	+8	+12	−1+Δ		−6+Δ	−6	−10+Δ	0
10	14	+290	+150	+95		+50	+32		+16		+6	0		+6	+10	+15	−1+Δ		−7+Δ	−7	−12+Δ	0
14	18																					
18	24	+300	+160	+110		+65	+40		+20		+7	0		+8	+12	+20	−2+Δ		−8+Δ	−8	−15+Δ	0
24	30																					
30	40	+310	+170	+120		+80	+50		+25		+9	0		+10	+14	+24	−2+Δ		−9+Δ	−9	−17+Δ	0
40	50	+320	+180	+130																		
50	65	+340	+190	+140		+100	+60		+30		+10	0		+13	+18	+28	−2+Δ		−11+Δ	−11	−20+Δ	0
65	80	+360	+200	+150																		
80	100	+380	+220	+170		+120	+72		+36		+12	0		+16	+22	+34	−3+Δ		−13+Δ	−13	−23+Δ	0
100	120	+410	+240	+180																		
120	140	+460	+260	+200		+145	+85		+43		+14	0		+18	+26	+41	−3+Δ		−15+Δ	−15	−27+Δ	0
140	160	+520	+280	+210																		
160	180	+580	+310	+230																		
180	200	+660	+340	+240		+170	+100		+50		+15	0		+22	+30	+47	−4+Δ		−17+Δ	−17	−31+Δ	0
200	225	+740	+380	+260																		
225	250	+820	+420	+280																		
250	280	+920	+480	+300		+190	+110		+56		+17	0		+25	+36	+55	−4+Δ		−20+Δ	−20	−34+Δ	0
280	315	+1050	+540	+330																		
315	355	+1200	+600	+360		+210	+125		+62		+18	0		+29	+39	+60	−4+Δ		−21+Δ	−21	−37+Δ	0
355	400	+1350	+680	+400																		
400	450	+1500	+760	+440		+230	+135		+68		+20	0		+33	+43	+66	−5+Δ		−23+Δ	−23	−40+Δ	0
450	500	+1650	+840	+480																		

注：1. 基本尺寸不大于 1mm 时，基本偏差 A 和 B 及大于 IT8 的 N 均不采用。

2. 公差带 JS7～JS11，若 IT_n 数值是奇数，则取偏差=±IT_{n-1}/2。

3. 对不大于 IT8 的 K、M、N 和不大于 IT7 的 P～ZC，所需 Δ 值从表内右侧选取。
例如：18～30mm 段的 K7：Δ=8μm，所以 ES=(−2+8)μm=+6μm　18～30mm 段的 S6：Δ=4μm，所以 ES=(−35+4)μm=−31μm。

4. 特殊情况：>250～315mm 段的 M6，ES=−9μm（代替−11μm）。

项目七 螺旋传动机构

一、项目学习任务书

项目名称	螺旋传动机构		加工方法	按图纸要求综合加工
工作任务		知 识 要 求		能 力 要 求
1 项目学习与操作准备		• 分析图纸技术要求。 • 了解项目特点和机构组成。 • 熟悉螺旋传动常用形式。 • 了解螺旋传动的作用。 • 分析差动位移,熟悉计算方法		• 确定应用材料与备料要求。 • 熟悉项目操作方法。 • 分析项目加工方法。 • 确定应用设备与工量具。 • 编制项目加工工艺
2 项目备料与零件加工		• 了解平面磨床操作工艺过程。 • 了解立式铣床操作工艺过程。 • 了解机械加工零件装夹要求		• 熟悉平面磨床操作基本方法。 • 熟悉立式铣床操作基本方法。 • 熟悉零件加工安全装夹方法
3 项目装配检测与调试		• 了解装配定位基准概念。 • 分析装配形位公差要求。 • 了解装配基本方法。 • 熟悉装配工艺过程		• 有装配结构图识读能力。 • 掌握装配定位与测量。 • 掌握项目装配方法。 • 有项目调试能力基础
4 参考教材		• 公差配合与技术测量(机械工业出版社), • 简明机械手册(湖南科学技术出版社) • 机械设计基础(机械工业出版社) • 机械零件加工(教材)		

二、常用的螺旋传动形式

螺纹除用作装配和固定连接外,还普遍用于传递运动。如图 7-1 所示,螺旋转动机构与滑动导轨机构的结合应用,使螺杆的旋转运动通过螺母带动溜板沿导轨直线运动。螺旋传动机构结构简便、制造方便,能将较小的旋转力矩变换成较大的轴向力,具有传动精度高、工作平稳和传递扭力大等特点。

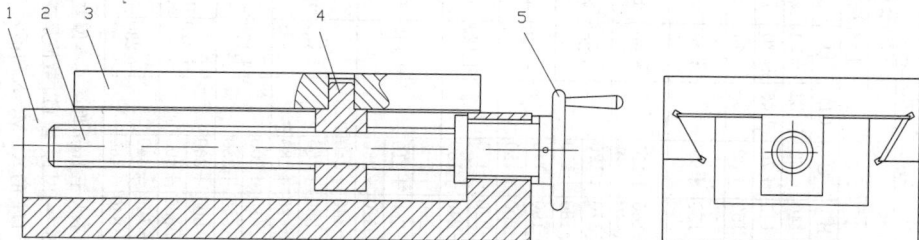

1—底座;2—螺杆;3—溜板;4—螺母;5—手轮

图 7-1

1. 螺母位移

螺母位移形式如图 7-1 所示,溜板 3 与底座 1 为燕尾导轨间隙配合,螺母 4 与溜板 3

固定配合并与螺杆 2 旋合，而螺杆 2 右端轴径与底座结合孔成间隙配合，并通过销连接固定手轮 5，控制螺杆轴向窜动。当转动手轮时螺杆相应转动，螺母带动溜板沿滑动导轨作直线移动。

螺母位移形式常见于数控车床大拖板的往复移动、普通车床中拖板的进给运动，铣床工作台横向运动和摇臂钻床摇臂的升降运动等。

2．螺杆位移

铣床工作台纵向运动、普用车床小拖板的进给运动、立式钻床工作台的升降运动等都采用螺杆位移传动形式。

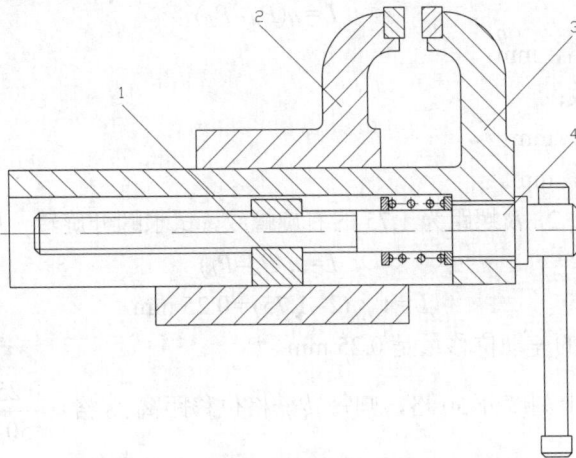

1—螺母；2—固定钳座；3—活动钳座；4—螺杆

图 7-2

螺杆位移形式如图 7-2 所示。螺杆 4 的轴径与活动钳座 3 右端孔间隙配合，由弹簧、垫片和销组成弹性连接，控制活动钳座轴向窜动；螺母 1 与固定钳座 2 固定连接，并与螺杆 4 旋合。转动手柄一周，螺杆在螺母中相应旋转一圈，此时螺杆带着活动钳座相对固定钳座位移一个螺距。

螺旋位移公式为

$$L = nP \tag{7-1}$$

式中：L——位移距离，mm；

　　　n——转动周数；

　　　P——螺距，mm。

3．差动位移

差动位移常见于精度要求较高的机械结构传动运动，如镗床镗刀进给量微调机构、机械式精密仪器的微调机构等。

图 7-3 所示为镗床镗刀微量调整机构。其螺杆 1 在 A、B 两处是直径大小不同的旋合螺纹，且旋向一致；A 处为大螺纹与刀套 2 的内螺纹旋合，B 处为小螺纹与镗刀 4 的内螺纹旋合；镗刀外形为正方形，与刀套内孔成间隙配合，使镗刀在刀套内通过螺杆旋转只能往复移动，而不能转动。因此，当螺杆旋转一周时，A 螺纹相对刀套 2 移动一个 A 螺距，而镗刀相对螺杆 1 移动一个反向 B 螺距。

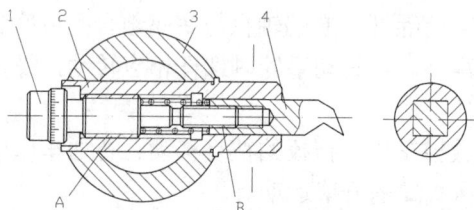

1—螺杆；2—刀套；3—镗杆；4—镗刀

图 7-3

差动位移计算公式为

$$L = n(P_A - P_B) \tag{7-2}$$

式中：L——位移距离，mm；

   n——转动周数；

   P_A——大螺距，mm；

   P_B——小螺距，mm。

例 7-1 A 螺距为 2，B 螺距为 1.75 的右旋螺纹，试求螺杆旋转一周 L 的差动位移量？

根据差动公式： $L = n(P_a - P_b)$

$$L = 1 \times (2 - 1.75) = 0.25 \text{ mm}$$

即，螺杆旋转一周 L 的差动位移量是 0.25 mm。

如果螺杆调整盘上刻度分 50 格，则每转一格位移距离 L_1 格 $= \dfrac{0.25}{50} = 0.005$ mm。

注意：若螺杆上的大小螺纹旋向相反，则位移量 $L = n(P_A + P_B)$，此机构位移形式为增大位移量。

镗刀微量调整机构是一种典型的螺杆和螺母相对位移的应用形式，起到差动位移作用。差动位移能得到很小的位移距离，故所设计螺杆的螺距并不需要太小，只要考虑大小螺距相对位移量即可，因此便于加工制造。

三、螺旋传动机构分析

螺旋传动机构如图 7-4 所示。

1. 螺旋传动机构结构组成

装配图(图 7-4)所示为本项目制作的螺旋传动机构，该机构由机架、燕尾移动板组件、螺杆组件、定位套组件和手柄组件构成。

(1) 机架。机架由底板 1 与梯形板 2 通过圆柱销 4 定位、螺钉 3 固定，组成燕尾导轨底座。左右墙板 5 通过圆柱销定位、螺钉 20 固定在底座左右两端，组成整体机架。

(2) 燕尾移动板组件。燕尾移动板组件由移动螺母 8 与燕尾移动板 9 过渡配合，紧定螺钉 10 固定防止松动。它与底座燕尾导轨成间隙配合，相对螺杆转动，移动板相应左右移动。

(3) 螺杆组件。螺杆 6 两端轴径与左右墙板上滑动轴承 7 定位螺套 12 成间隙配合，螺杆小螺纹和移动螺母 8 旋合。

(4) 定位套组件。定位套组件由定位套 14 和螺钉 13 组成，在螺母位移传动时，定位套组件可限制螺杆的轴向窜动。

(5) 手柄组件。手柄组件由摇杆 15、螺钉 18 和手柄 19 组成。手柄 19 装配后，可在螺钉 18 上转动。

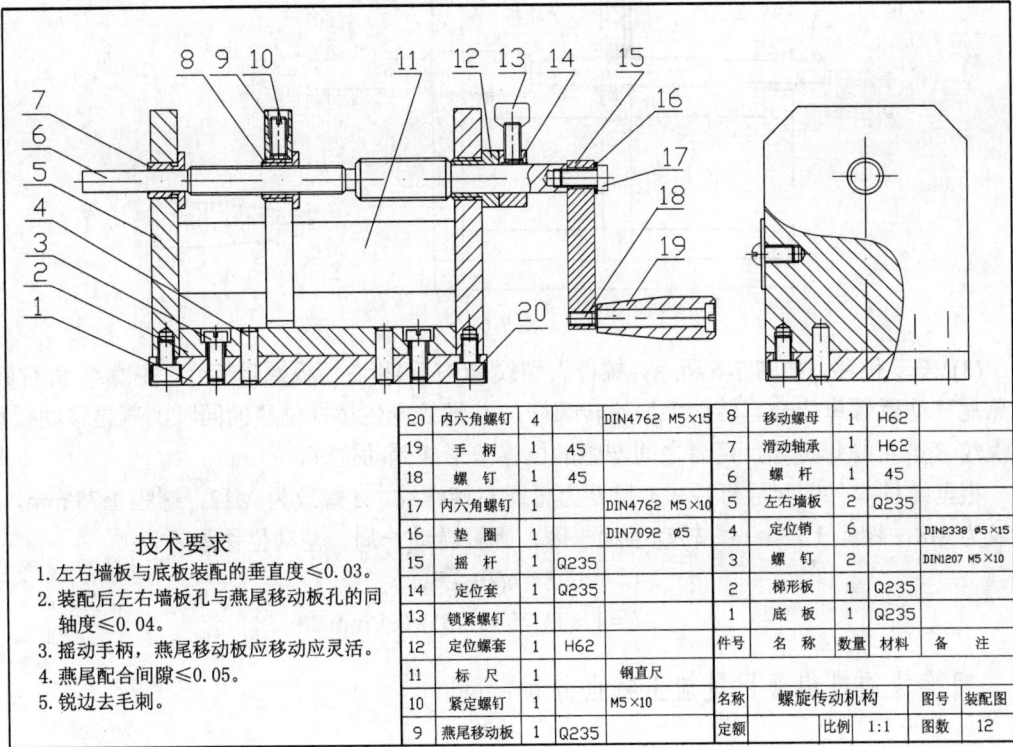

20	内六角螺钉	4	DIN4762 M5×15		8	移动螺母	1	H62	
19	手 柄	1	45		7	滑动轴承	1	H62	
18	螺 钉	1	45		6	螺 杆	1	45	
17	内六角螺钉	1	DIN4762 M5×10		5	左右墙板	2	Q235	
16	垫 圈	1	DIN7092 ⌀5		4	定位销	6		DIN2338 ⌀5×15
15	摇 杆	1	Q235		3	螺 钉	2		DIN1207 M5×10
14	定位套	1	Q235		2	梯形板	1	Q235	
13	锁紧螺钉	1			1	底 板	1	Q235	
12	定位螺套	1	H62		件号	名 称	数量	材料	备 注
11	标 尺	1	钢直尺						
10	紧定螺钉	1	M5×10		名称	螺旋传动机构		图号	装配图
9	燕尾移动板	1	Q235		定额		比例	1:1	图数 12

技术要求
1. 左右墙板与底板装配的垂直度≤0.03。
2. 装配后左右墙板孔与燕尾移动板孔的同轴度≤0.04。
3. 摇动手柄，燕尾移动板应移动应灵活。
4. 燕尾配合间隙≤0.05。
5. 锐边去毛刺。

图 7-4

2. 螺旋传动机构位移功能

(1) 螺母位移，如图 7-5 所示，转动手柄螺杆旋转，A 螺纹(M12)空转，B 螺纹(M8)和移动螺母 8 产生旋合运动，因定位套 4 限制了螺杆的轴向窜动，燕尾导轨又限制了燕尾移动板的转动，故燕尾移动板只能沿螺杆轴向产生直线移动。螺旋转一圈的位移距离为

$$L = nP = 1 \times 1.25 = 1.25 \text{ mm}$$

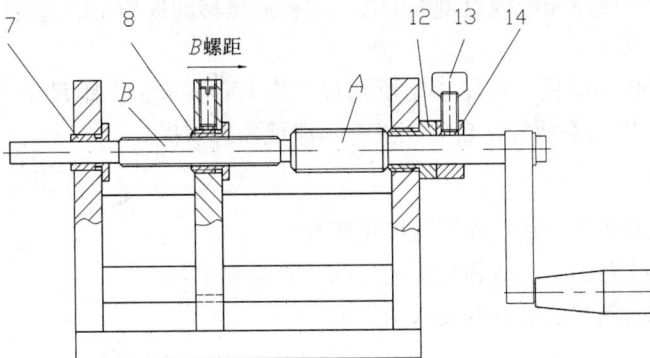

图 7-5

(2) 螺杆位移，调整机构如图 7-6 所示，螺杆 A 的螺纹和固定右墙板的螺纹孔旋合。转动手柄一周螺杆旋转一圈，A 螺纹在墙板螺纹孔中产生旋转的同时轴向移动一个 A 螺距。

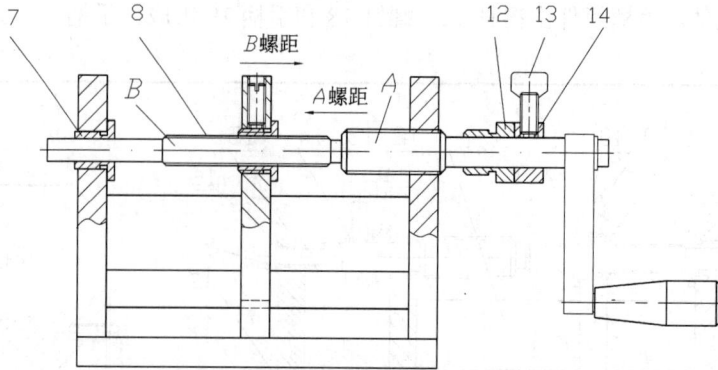

图 7-6

(3) 差动位移，如图 7-6 所示，螺杆大螺纹 A(右旋)和右墙板螺母旋合，小螺纹 B(右旋)和燕尾移动板螺母旋合。转动手柄旋转螺杆，A 螺纹产生螺杆位移的同时，燕尾移动板相对螺纹 B 产生螺母位移，两者之间产生的位移差形成差动位移。

根据螺杆零件图尺寸标注，A 和 B 为普通右旋螺纹，A 螺纹为 M12，螺距 1.75 mm，B 螺纹为 M8，螺距 1.25 mm。转动手柄一圈，螺杆转动一周。差动位移距离为：

$$L=n(P_A-P_B)$$
$$L=1\times(1.75-1.25)=0.5\ \text{mm}$$

四、螺旋传动机构项目及加工特点分析

1. 加工特点

螺旋传动机构是手摇机械传动结构，机架组合以燕尾配合和墙板组成，装配要求以螺杆传动要求为中心，各单件加工应以孔为基准，统一对称度要求。因此，为保证装配技术要求，制作时要考虑以下几个方面：

(1) 底板平面和梯形板角度面加工平行度≤0.03，保证燕尾移动板与底座配合有移动条件。

(2) 左右墙板与底座装配垂直度≤0.03，注意燕尾移动板加工的垂直度和对称度要求，以保证装配面的正确性。

(3) 与螺杆配合的墙板、燕尾移动板孔有对称中心要求和孔距尺寸一致性要求，这些要求是保证装配后摇动手柄轻松自如、没有阻滞现象的前提。

2. 项目重点

(1) 梯形板角度加工一致性和平行度正确性。

(2) 左右墙板孔对称中心线和孔距尺寸的一致性要求。

(3) 加工工艺编制和装配技术要求的保证。

3. 项目难点

(1) 燕尾移动板孔对称燕尾中心控制方法。

(2) 螺杆与装配各板之间的同轴度保证方法。

(3) 装配工艺和装配检测及调试方法。

五、加工工艺分析

1. 备料

备料要求见表 7-1。

表 7-1　螺旋转动机构备料表

序号	零件名称	材料牌号	数量	坯料尺寸	型材规格
1	底板	Q235	1	60×8×103	60×8 扁钢
2	梯形板	Q235	1	35×8×85	100×8 扁钢
3	左、右墙板	Q235	2(各1件)	60×8×73	60×8 扁钢
4	燕尾移动板	Q235	1	60×8×73	60×8 扁钢
5	螺杆	45	1	$\phi14×153$	$\phi14$ 圆钢
6	轴套类	H62	3(各1件)	$\phi16×50$	$\phi16$ 铜棒
7	摇杆	Q235	1	10×4×50	10×4 扁钢
8	螺栓	Q235	1	$\phi10×45$	$\phi12$ 圆钢
9	手柄	Q235	1	$\phi12×32$	$\phi14$ 圆钢
10	定位套	Q235	1	$\phi16×13$	$\phi16$ 圆钢

2. 底板

底板的零件图和技术要求见图 7-7，底板加工工艺见表 7-2。

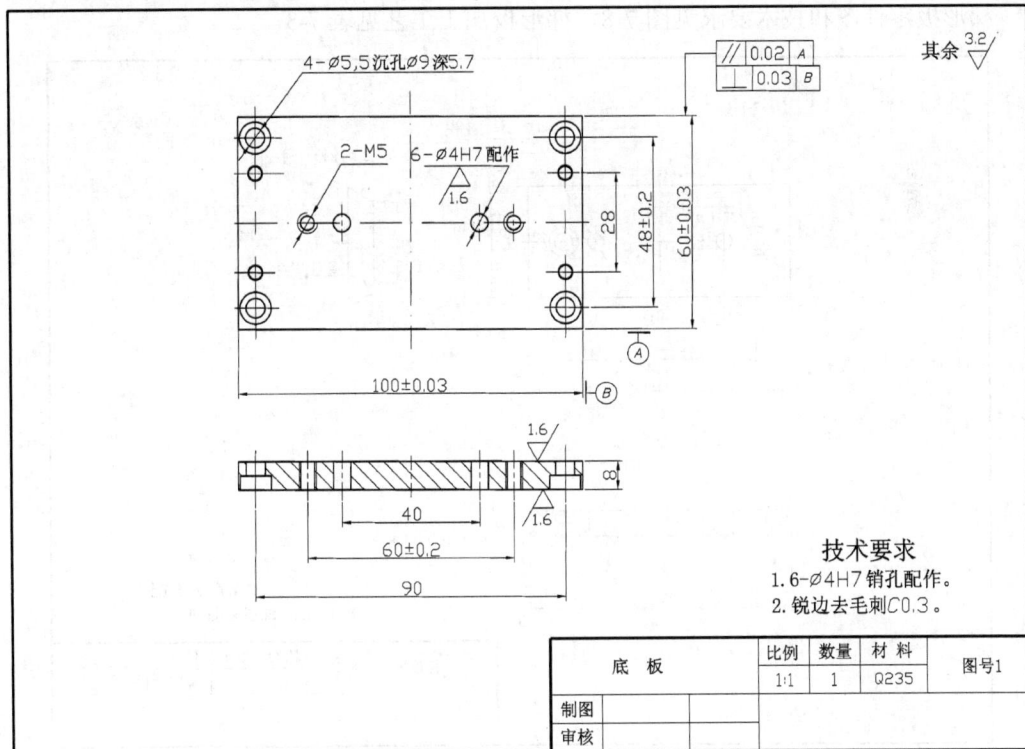

图 7-7

表 7-2　编制底板加工工艺规程

机械加工工艺过程卡		产品名称	螺旋传动机构	零件图号		1	共　页	
				零件名称		底板	第　页	
材料牌号	Q235	毛坯种类	冷拉钢	毛坯尺寸	60×8×103		件数	1
工序	名称	工　序　内　容		设备	工艺装备		工　时	
							单件	准终
1	锉削	锉削尺寸 100±0.03、⊥≤0.02、∥≤0.02，Ra3.2			角尺、千分尺			
2	磨削	磨削尺寸 8，Ra1.6		磨床	千分尺			
3	划线	划出 2-M5、6-ϕ4H7、4-ϕ5.5 尺寸界线						
4	钻孔	(1) 钻 2-M5 螺纹底孔ϕ4.2		台钻	ϕ4.2 钻头			
		(2) 钻 4-ϕ5.5 孔			ϕ5.5 钻头			
		(3) 锪沉孔 4-ϕ9 深 5.7			ϕ5 沉孔钻			
		(4) 倒角 C1			ϕ8 倒角钻			
5	攻丝	攻 2-M5 螺纹孔			M5 丝锥			
6	检验							

3. 梯形板

梯形板零件图和技术要求见图 7-8，梯形板加工工艺见表 7-3。

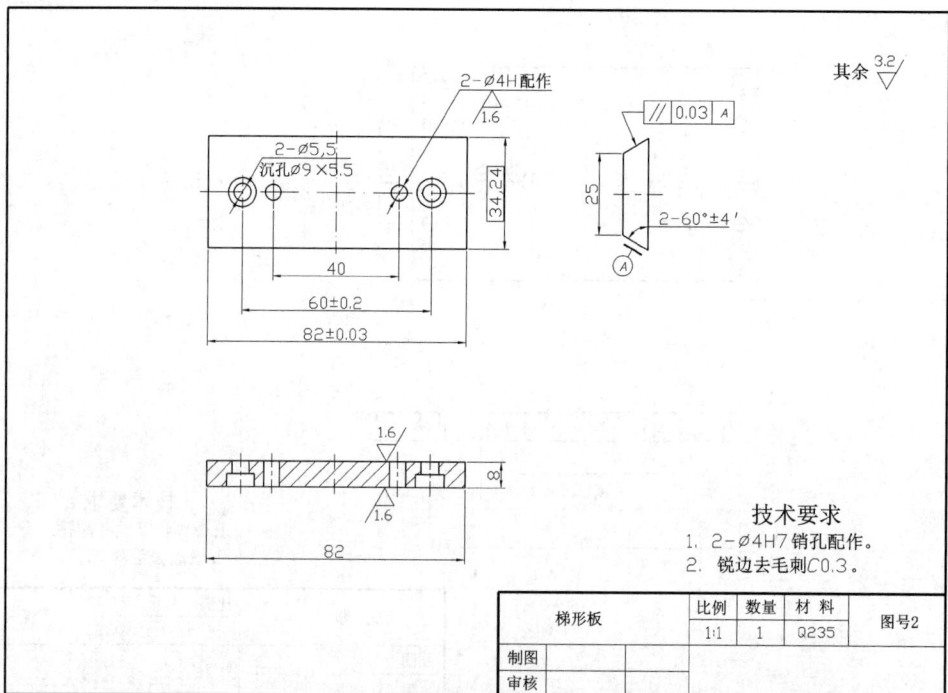

图 7-8

表 7-3 编制梯形板加工工艺

机械加工工艺过程卡		产品名称	螺旋传动机构	零件图号	2	共 页	
				零件名称	梯形板	第 页	
材料牌号	Q235	毛坯种类	冷拉扁钢	毛坯尺寸	35×8×85	件数	1
工序	名称	工 序 内 容		设备	工艺装备	工 时	
						单件	准终
1	锉削	锉削尺寸 82±0.03、⊥≤0.02，Ra3.2			角尺、千分尺		
2	磨削	磨削尺寸 8，Ra1.6		磨床	千分尺		
3	锉削	(1) 锉削 1 角度面 60°±4′、∥≤0.03，Ra3.2			正弦规、量块		
		(2) 锉削对应角度面 60°±4′、尺寸 25、∥≤0.03			双圆柱检测		
		Ra3.2					
4	划线	划出 2-φ5.5 和 φ4H7 孔加工尺寸界线					
5	钻孔	(1) 钻 2-φ5.5 孔		台钻	φ5.5 钻头		
		(2) 锪沉孔 2-φ9 深 5.7			φ5 沉孔钻		
		(3) 倒角 C0.5			φ8 倒角钻		
6	检验						

注意： 用正弦规检测平面度和角度的方法如图 7-9(a)所示，双圆柱检测平行度的方法如图 7-9(b)所示。

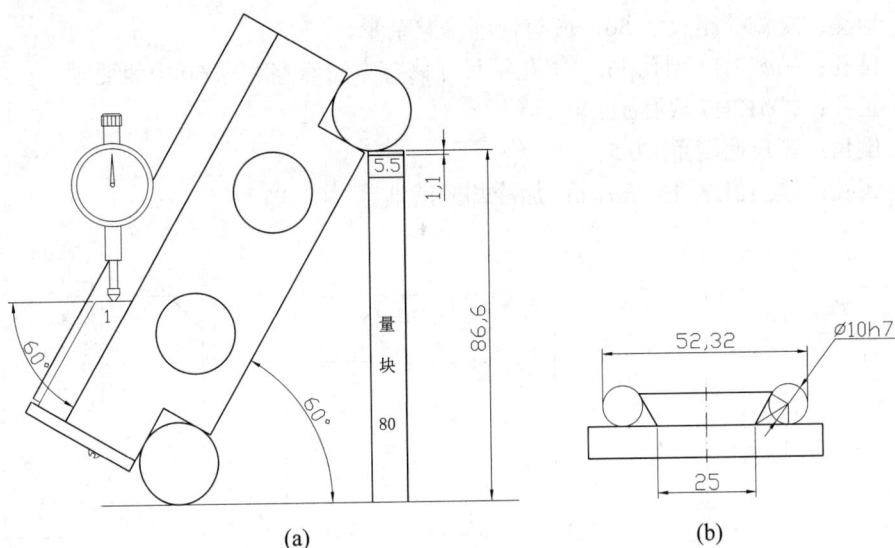

图 7-9

4. 左右墙板和燕尾移动板

左墙板(见图 7-10(a))、右墙板(见图 7-10(b))和燕尾移动板(见图 7-10(c))的外形尺寸、倒角和形位公差要求基本相同，均与底板结合和螺杆传动配合，加工时注意控制实际尺寸一致性要求、孔距尺寸对称度要求，为装配后燕尾的滑动和螺杆的传动提供正确条件。

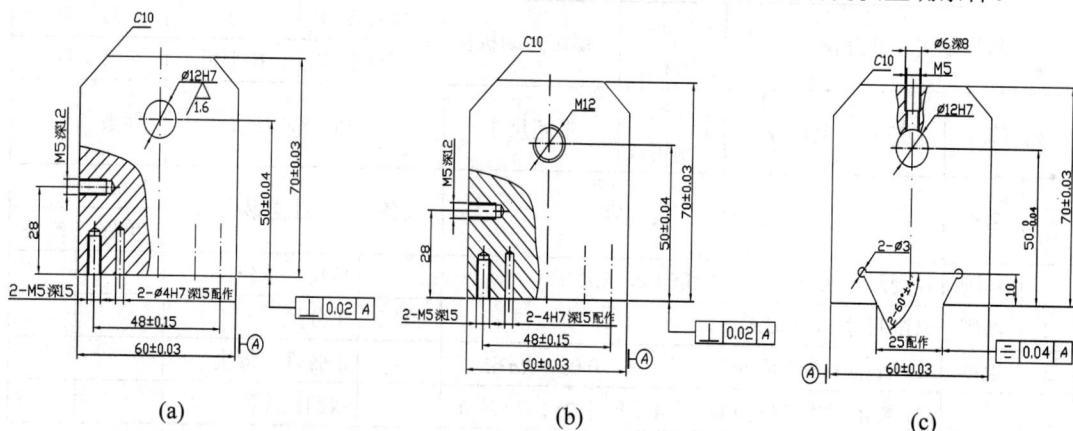

图 7-10

1) 燕尾移动板加工工艺分析

左、右墙板和燕尾移动板的加工工艺分析，以燕尾移动板为例。为保证钳工操作中孔的对称中心和孔距尺寸一致性要求，应以孔为基准分析加工方法。

(1) 锉削：锉削端面垂基准，垂直度≤0.02。

(2) 磨削：磨削平面尺寸 10，$Ra1.6$、去毛刺。选用平面磨床加工。

(3) 划线：以垂直面为基准，划 $\phi12H7$ 孔尺寸界线。

注意：划尺寸 60 对称中心线，划孔距尺寸 50 为 50.2，保留余量，如图 7-11(a)所示。

(4) 钻孔：钻 $\phi12H7$ 定位中心孔 A3。

(5) 检测：检测孔距尺寸 50，应有锉削修整余量。

(6) 钻孔：钻 $\phi12H7$ 预孔 $\phi6$。(用孔距尺寸修整方法修整对称 60 中线要求。)

(7) 扩孔：扩 $\phi12H7$ 底孔 $\phi11.8$。

(8) 倒角：正反面倒角 $C0.5$。

(9) 铰孔：铰 $\phi12H7$ 孔，$Ra1.6$；加冷却润滑油。

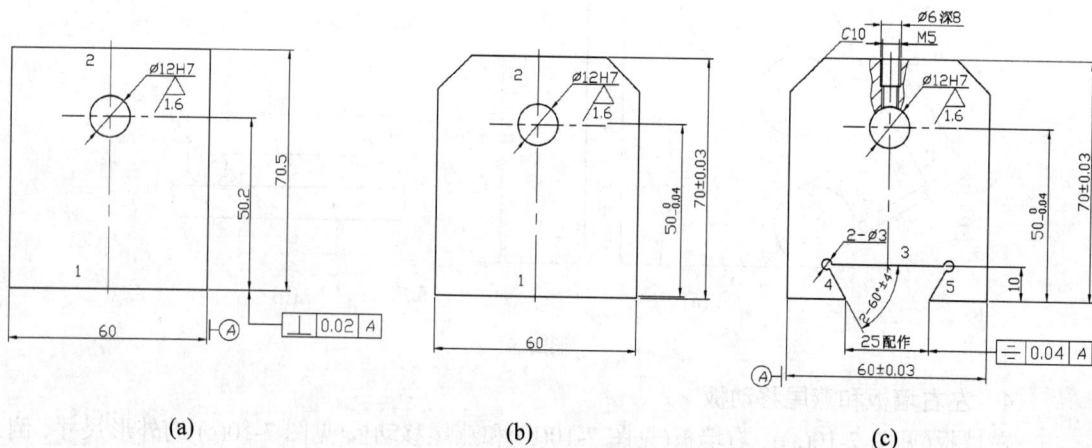

(a)　　　　　　　(b)　　　　　　　(c)

7-11

(10) 锉削：

① 锉削底面 1，保证孔距尺寸 $50_{-0.04}^{0}$，$Ra3.2$，如图 7-11(b)所示。

② 锉削顶面 2，控制尺寸 70 ± 0.03，垂直度≤0.02，$Ra3.2$。

(11) 划线：划出燕尾加工尺寸界线，如图 7-11(c)所示。

(12) 钻孔：钻工艺孔和工艺排孔$\phi3$，去毛刺。

(13) 錾削：去除燕尾内腔余料。

(14) 锉削：

① 锉削燕尾底面 3，控制尺寸 $50 \pm 0.04-10=40 \pm 0.04$，平行度≤0.03。

② 锉削角度面 4，保证角度 $60° \pm 4'$，$Ra3.2$。(圆柱检测对称度要求。)

③ 锉削角度面 5、底板和梯形板结合后配作修整，间隙≤0.04，$Ra3.2$。

注意：加工方法参考燕尾三角组合项目燕尾制作。

(15) 划线：划倒角线 $C10$、M5 孔加工尺寸界线。

(16) 锉削：锉削倒角 $C10$，$Ra3.2$，去毛刺。

(17) 钻孔：钻 M5 螺纹底孔$\phi4.2$。

(18) 扩孔：扩$\phi6$深 8 孔，倒角 $C0.5$。

(19) 攻丝：攻 M5 螺纹孔。

(20) 检验。

燕尾移动板及其技术要求见图 7-12，其加工工艺见表 7-4。

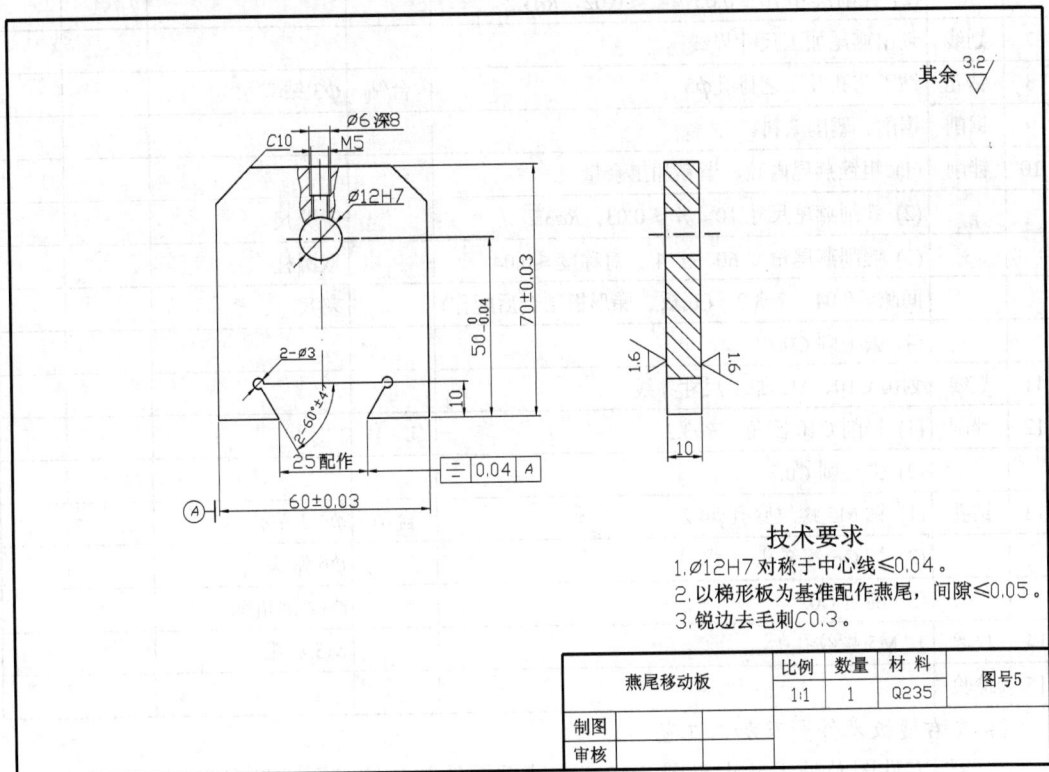

技术要求

1. $\phi12H7$ 对称于中心线≤0.04。
2. 以梯形板为基准配作燕尾，间隙≤0.05。
3. 锐边去毛刺$C0.3$。

燕尾移动板		比例	数量	材料	图号5
		1:1	1	Q235	
制图					
审核					

图 7-12

表 7-4 编制燕尾移动板加工工艺规程

机械加工工艺过程卡		产品名称	螺旋传动机构	零件图号	5	共 页	
				零件名称	燕尾移动板	第 页	

材料牌号	Q235	毛坯种类	冷拉扁钢	毛坯尺寸	60×8×73		件数	1

工序	名称	工 序 内 容	设备	工艺装备	工 时	
					单件	准终
1	锉削	锉削尺寸 70 端面 ⊥≤0.02，Ra3.2		角尺		
2	磨削	磨削平面尺寸 10，Ra1.6	磨床	千分尺		
3	划线	(1) 去毛刺				
		(2) 划出 ϕ12H7 孔加工界线				
4	钻孔	(1) 钻 ϕ12H7 定位中心孔 ϕ3	台钻	A3 中心钻		
		(2) 钻 ϕ12H7 预孔 ϕ6		ϕ6 钻头		
		(3) 扩 ϕ12H7 底孔 ϕ11.8		ϕ11.8 钻头		
		(4) 倒角 C0.5		ϕ12 倒角钻		
5	铰孔	铰 ϕ12H7 孔，Ra1.6		ϕ12H7 铰刀		
6	锉削	(1) 锉削尺寸 $50_{-0.04}^{0}$，⊥≤0.02，Ra3.2		带表卡尺		
		(2) 锉削尺寸 70±0.03，⊥≤0.02，Ra3.2				
7	划线	划出燕尾加工尺寸界线				
8	钻孔	钻工艺孔及工艺排孔 ϕ3	台钻	ϕ3 钻头		
9	锯削	锯削、錾削余料。				
10	锉削	(1) 粗锉燕尾内腔，留精加工余量				
		(2) 锉削燕尾尺寸 10，∥≤0.03，Ra3.2		千分尺		
		(3) 锉削燕尾角度 60°±4′、对称度≤0.04		双圆柱		
		间隙≤0.04，Ra3.2。(底板、梯形板结合后配作)		塞尺		
		(4) 去毛刺 C0.3				
11	划线	划出 C10、M5 加工尺寸界线				
12	锉削	(1) 锉削 C10 倒角，Ra3.2				
		(2) 去毛刺 C0.3				
13	钻孔	(1) 钻 M5 螺纹底孔 ϕ4.2	台钻	ϕ4.2 钻孔		
		(2) 扩 Ø6 深 8 孔		ϕ6 钻头		
		(3) 倒角 C0.5		ϕ12 倒角钻		
14	攻丝	攻 M5 螺纹孔		M5 丝锥		
15	检验					

2) 左右墙板零件图及加工工艺

左墙板零件图及技术要求见图 7-13，右墙板零件图及技术要求见图 7-14。两者的加工工艺见表 7-5(读者自行填写)。

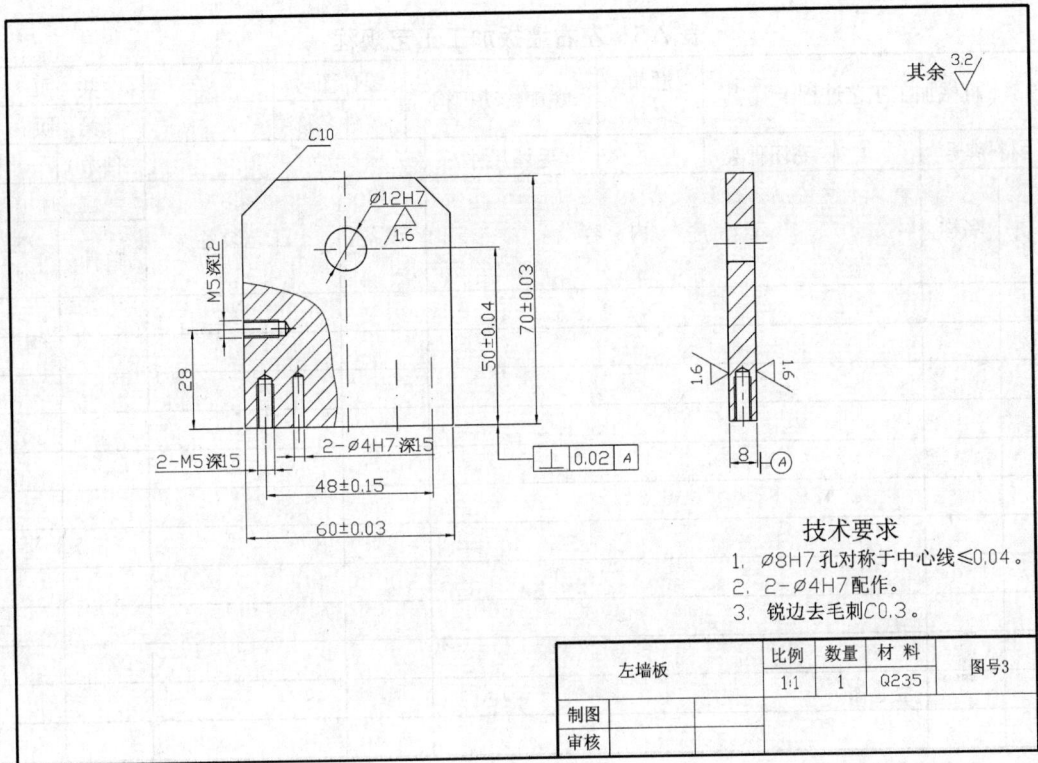

其余 3.2 ▽

技术要求

1. ∅8H7孔对称于中心线≤0.04。
2. 2-∅4H7配作。
3. 锐边去毛刺C0.3。

左墙板	比例	数量	材 料	图号3
	1:1	1	Q235	
制图				
审核				

图 7-13

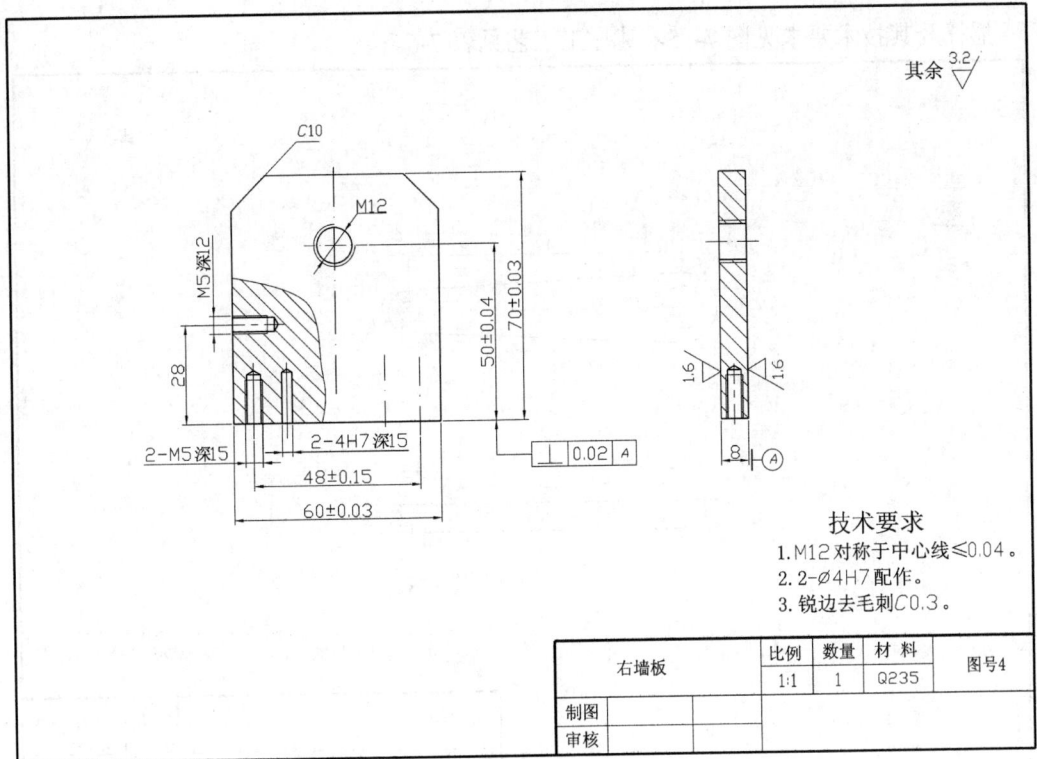

其余 3.2 ▽

技术要求

1. M12 对称于中心线≤0.04。
2. 2-∅4H7配作。
3. 锐边去毛刺C0.3。

右墙板	比例	数量	材 料	图号4
	1:1	1	Q235	
制图				
审核				

图 7-14

表 7-5　左右墙扳加工工艺规程

机械加工工艺过程卡		产品名称	螺旋传动机构	零件图号		共　页	
				零件名称		第　页	
材料牌号		毛坯种类		毛坯尺寸		件数	
工序	名称	工　序　内　容		设备	工艺装备	工　时	
						单件	准终

5. 摇杆

摇杆及其技术要求见图 7-15，其加工工艺见表 7-6。

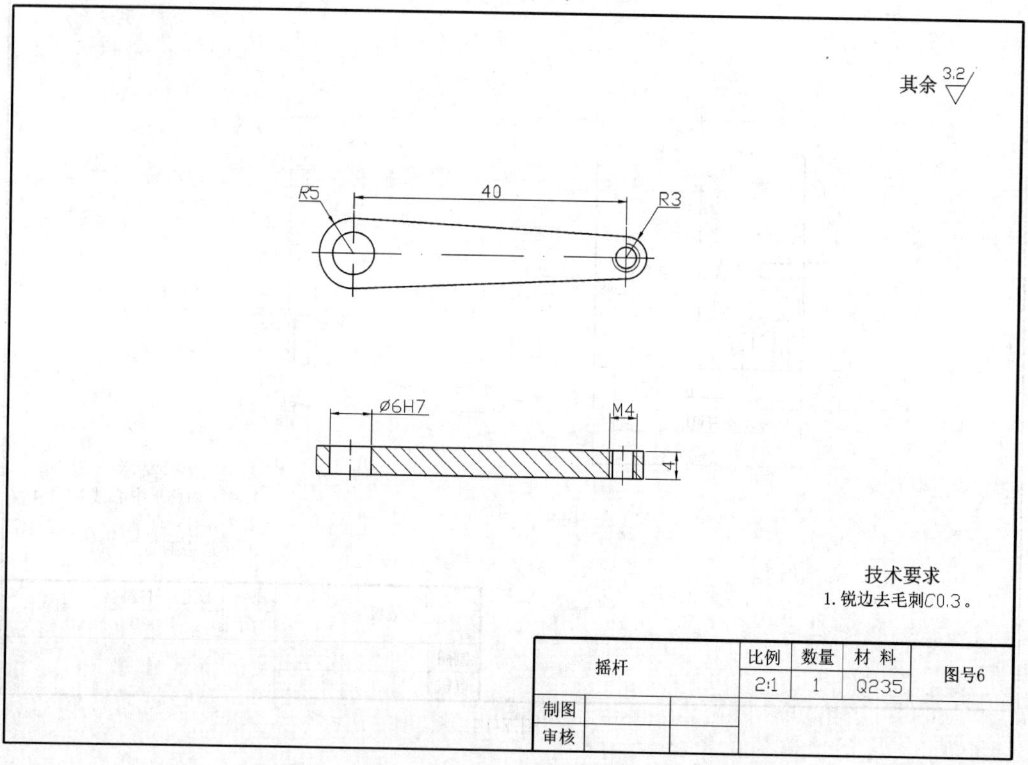

其余 $\sqrt{\frac{3.2}{}}$

R5　40　R3

Ø6H7　M4　4

技术要求
1. 锐边去毛刺C0.3。

摇杆	比例	数量	材　料	图号6
	2:1	1	Q235	
制图				
审核				

图 7-15

表 7-6 摇杆加工工艺规程

机械加工工艺过程卡		产品名称	螺旋传动机构		零件图号	6	共 页	
					零件名称	摇杆	第 页	
材料牌号	Q235	毛坯种类	冷拉扁钢	毛坯尺寸	10×4×50		件数	1
工序	名称	工 序 内 容			设备	工艺装备	工 时	
							单件	准终
1	划线	划出ϕ6H7、M4、R5 和 R3 尺寸界线						
2	钻孔	(1) 钻 M4 螺纹底孔ϕ3.3			台钻	ϕ3.3 钻头		
		(2) 钻ϕ6H7 底孔ϕ5.8				ϕ5.8 钻头		
		(3) 倒角 C0.5						
3	铰孔	铰ϕ6H7 孔，Ra1.6				ϕ6H7 铰刀		
4	攻丝	攻 M4 螺纹孔。				M4 丝锥		
5	锉削	(1) 锉削斜面尺寸 40，Ra3.2						
		(2) 锉削圆弧尺寸 R5，Ra3.2				0～6.5R 规		
		(3) 锉削圆弧尺寸 R3，Ra3.2						
		(4) 倒角 C0.3。						
6	检验							

6. 手柄

手柄及其技术要求见图 7-16，手柄加工工艺见表 7-7。

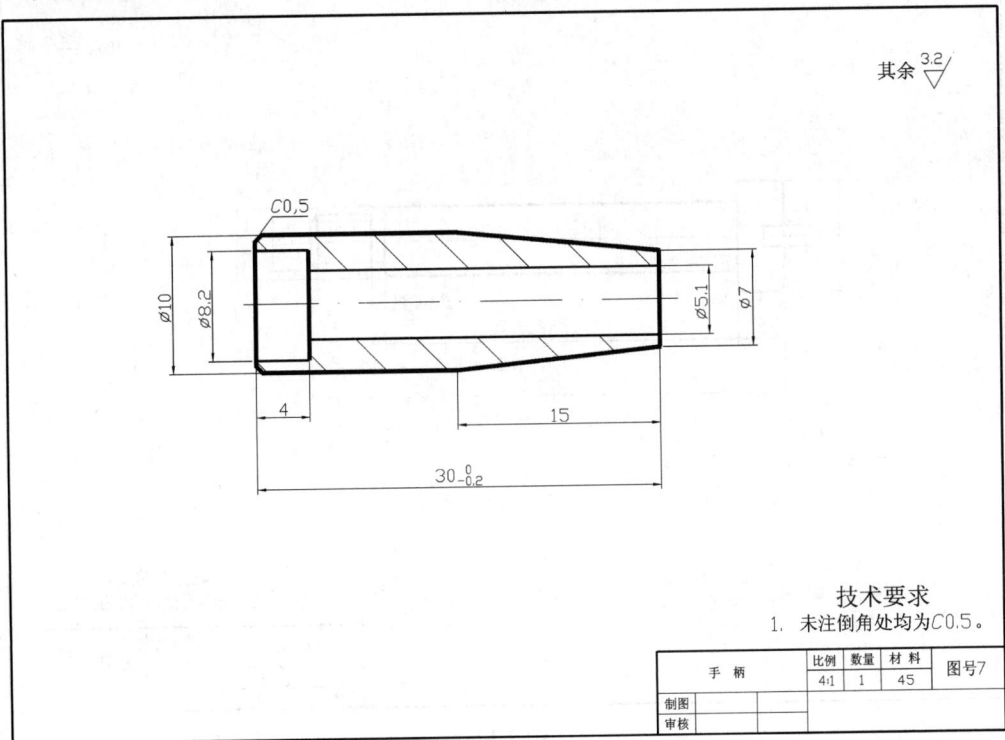

图 7-16

表 7-7　手柄加工工艺规程

机械加工工艺过程卡		产品名称	螺旋传动机构	零件图号		7	共　页	
				零件名称		手　柄	第　页	
材料牌号	Q235	毛坯种类	圆钢	毛坯尺寸		$\phi 12 \times 32$	件数	1
工序	名称	工　序　内　容		设备	工艺装备		工　时	
							单件	准终
1	车削	(1) 车削端面，$Ra3.2$		车床				
		(2) 车削外圆 $\phi 10 \times 30$，$Ra3.2$			游标卡尺			
		(3) 车削锥度，小端 $\phi 7$ 长度 15，$Ra3.2$			角度尺			
2	钻孔	(1) 钻中心孔 A3		车床	A3 中心钻			
		(2) 钻 $\phi 5.1$ 孔			$\phi 5.1$ 钻头			
		(3) 倒角 C0.5						
3	车削	(1) 换向，车削总长尺寸 $30_{-0.2}^{\ 0}$		车床	游标卡尺			
		(2) 车削 $\phi 8.2 \times 4$ 沉孔			$\phi 8.2$ 钻头			
		(3) 倒角 C0.5						
4	检验							

7. 螺栓

螺栓及其技术要求见图 7-17，其加工工艺见表 7-8。

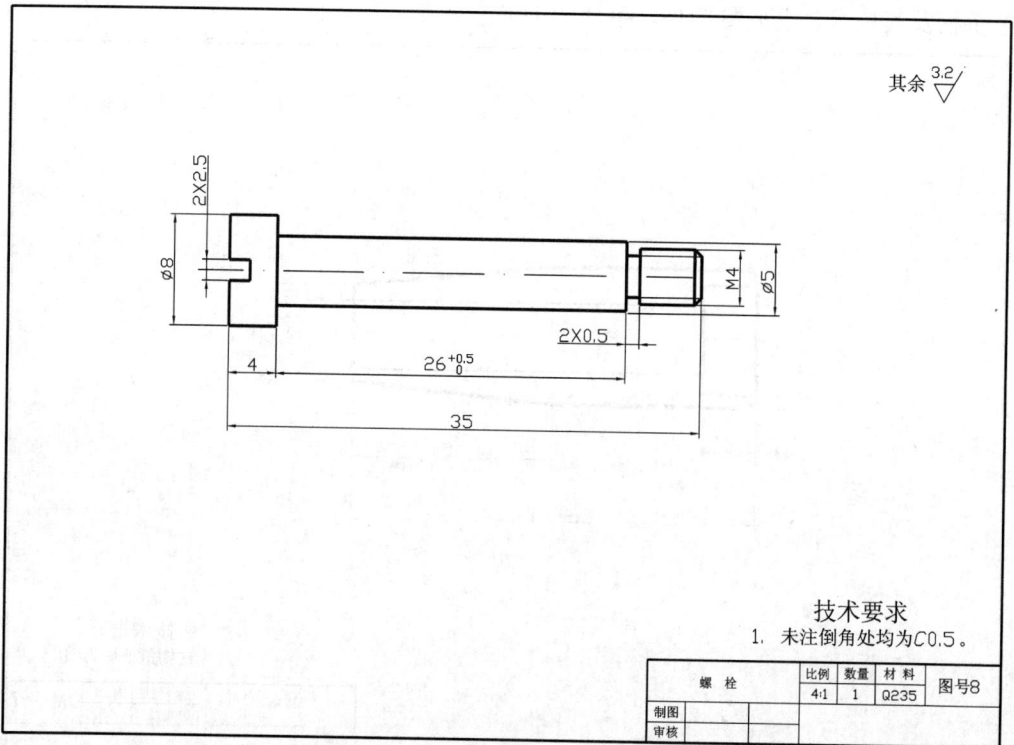

技术要求
1. 未注倒角处均为 C0.5。

螺　栓		比例	数量	材料	图号8
		4:1	1	Q235	
制图					
审核					

图 7-17

表 7-8　螺栓加工工艺规程

机械加工工艺过程卡			产品名称	螺旋传动机构	零件图号		8	共　页	
					零件名称		螺栓	第　页	
材料牌号	Q235	毛坯种类	圆钢	毛坯尺寸		$\phi15\times45$		件数	1
工序	名称	工　序　内　容			设备	工艺装备		工　时	
								单件	准终
1	车削	(1) 车削端面，$Ra3.2$			车床				
		(2) 车削外圆$\phi5\times26^{+0.5}_{0}$，$Ra3.2$				游标卡尺			
		(3) 车削 M4 外圆$\phi3.9$，$Ra3.2$				$\phi3.9$ 钻头			
		(4) 切槽 2×0.5							
		(5) 倒角 $C0.5$							
		(6) 套螺纹 M4				M4 板牙			
2	车削	(1) 换向，车削总长尺寸 35			车床	游标卡尺			
		(2) 车削$\phi8\times4$							
		(3) 倒角 $C0.5$							
3	钳工	锯削修整 2×2.5 槽							
4	检验								

8. 螺杆

螺杆及其技术要求见图 7-18，其加工工艺见表 7-9。

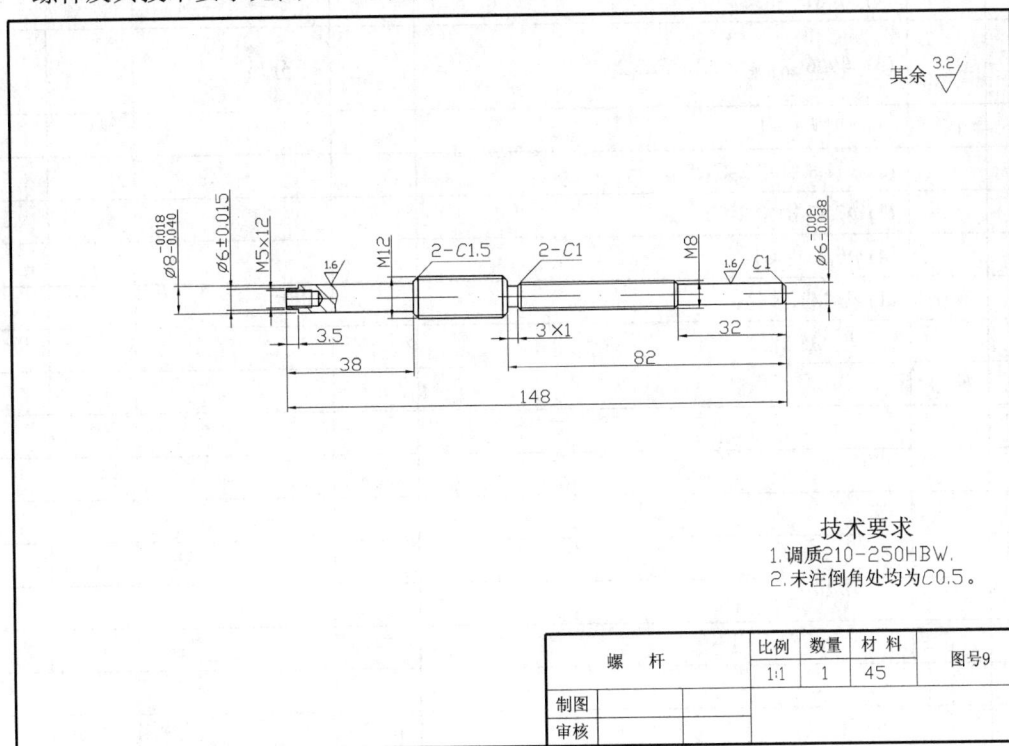

图 7-18

表7-9 螺杆加工工艺规程

机械加工工艺过程卡		产品名称	螺旋传动机构	零件图号	9	共 页
				零件名称	螺杆	第 页
材料牌号	45	毛坯种类 圆钢	毛坯尺寸	$\phi14\times153$	件数	1

工序	名称	工序内容	设备	工艺装备	工时 单件	工时 准终
1	车削	(1) 车削端面，$Ra3.2$	车床			
		(2) 车削外圆 $\phi8_{-0.022}^{0}\times38$，$Ra1.6$		千分尺		
		(3) 车削台阶 $\phi6\pm0.015\times3.5$，$Ra3.2$				
		(4) 钻中心孔 A2		A2 中心钻		
		(5) 钻 M5 底孔 $\phi4.2$ 深 15		$\phi4.2$ 钻头		
		(6) 倒角 $C0.5$				
		(7) 攻螺纹 M5		M5 丝锥		
2	车削	(1) 换向，车削总长尺寸 148	车床	游标卡尺		
		(2) 钻中心孔 A2		A2 中心钻		
		(3) 车 M12 外圆 $\phi11.8$		顶尖		
		(4) 车 M8 外圆 $\phi7.85$				
		(5) 车 $\phi6_{-0.018}^{0}\times32$，$Ra3.2$		千分尺		
3	车削	(1) 切槽 3×1				
		(2) $\phi11.8$ 倒角 $2-C1.5$				
		(3) $\phi7.85$ 倒角 $2-C1$。				
		(4) $\phi6$ 倒角 $C1$。				
4	车削	(1) 车 M12 螺纹				
		(2) 车 M8 螺纹				
5	检验					

9. 轴套类

轴套类零件图及技术要求见图 7-19，加工工艺见表 7-10。

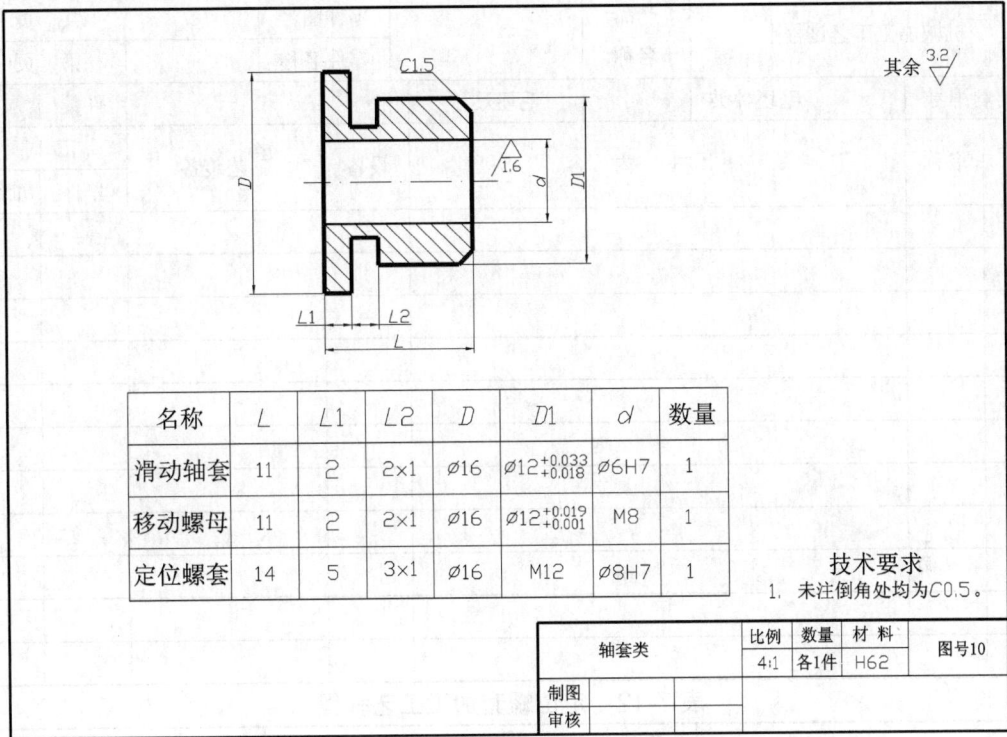

名称	L	$L1$	$L2$	D	$D1$	d	数量
滑动轴套	11	2	2×1	$\varnothing16$	$\varnothing12^{+0.033}_{+0.018}$	$\varnothing6H7$	1
移动螺母	11	2	2×1	$\varnothing16$	$\varnothing12^{+0.019}_{+0.001}$	M8	1
定位螺套	14	5	3×1	$\varnothing16$	M12	$\varnothing8H7$	1

技术要求
1. 未注倒角处均为 $C0.5$。

轴套类	比例	数量	材料	图号10
	4:1	各1件	H62	
制图				
审核				

图 7-19

表 7-10　滑动轴套加工工艺规程

机械加工工艺过程卡		产品名称	螺旋传动机构	零件图号	10	共　页	
				零件名称	滑动轴套	第　页	
材料牌号	H62	毛坯种类	铜棒	毛坯尺寸	$\phi16\times50$	件数	1
工序	名称	工　序　内　容		设备	工艺装备	工　时	
						单件	准终
1	车削	(1) 车削端面，$Ra3.2$		车床			
		(2) 车削外圆$\phi16$，$Ra3.2$					
		(3) 车台阶圆$\phi12^{+0.033}_{+0.008}\times9$，$Ra3.2$			千分尺		
		(4) 切槽 2×1					
		(5) 钻中心孔 A3			A3 中心钻		
		(6) 钻$\phi6H7$底孔$\phi5.8$			$\phi5.8$ 钻头		
		(7) 倒角 $C0.5$，外圆 $C1.5$					
		(8) 铰孔$\phi6H7$，$Ra1.6$			$\phi6H7$ 铰刀		
		(9) 切割长度尺寸 11.5					
2	车削	换向，车削总长尺寸 11，倒角 $C0.5$，$Ra3.2$		车床	游标卡尺		
3	检验						

读者自行编制移动螺母加工工艺和定位螺套加工工艺，分别填入表 7-11 及表 7-12 中。

表 7-11　移动螺母加工工艺教程

机械加工工艺过程卡		产品 名称			零件图号			共　页	
					零件名称			第　页	
材料牌号		毛坯种类		毛坯尺寸				件数	
工序	名称	工　序　内　容			设备	工艺装备		工　时	
								单件	准终

表 7-12　定位螺套加工工艺教程

机械加工工艺过程卡		产品 名称			零件图号			共　页	
					零件名称			第　页	
材料牌号		毛坯种类		毛坯尺寸				件数	
工序	名称	工　序　内　容			设备	工艺装备		工　时	
								单件	准终

六、装 配

装配是按照图样标准和技术要求，将零件组成部件或将零件和部件装配成机构或机器的工艺过程。

1．常用装配方法

(1) 完全互换装配法。在同一种零件中任取一个零件，不需要修配就可装入部件中，并能达到装配技术要求的方法。

(2) 分组选择装配法。将一批零件逐一检测后，根据配合技术要求，分成若干个组进行装配方法。这种方法可提高配合精度，降底制造成本。

(3) 修配和调整装配法。修配法是根据装配的实际需要，在某一零件上去除少量预留余量，以达到装配要求的方法。调整法是根据装配的实际需要，改变部件中可调整零件的相对位置或选用合适的调整件，以达到装配要求的方法。

2．装配工艺过程

装配工艺过程一般有四个部分组成：

(1) 装配前准备工作：包括分析装配图、装配技术要求，了解产品结构，研究装配工艺；确定装配方法，准备装配工具、量具；清洗装配零件，检查装配零件质量。

(2) 装配：又分为部件装配和总装配。部件装配是将两个以上零件组合在一起或将零件与几个组件结合在一起成为一个单元的装配工作。总装配是将零件和部件组合成一台完整机器的装配工作。

(3) 调试和检验。机构或机器应在静态时通过调整，检验几何精度；在试车过程中检验和调整工作精度，以保证符合设计要求。

(4) 喷漆、涂防锈油与装箱。

3．固定连接装配

固定连接装配常见的形式有螺纹连接、键连接、销连接和管道连接等。

1) 螺纹联连装配

螺纹连接是可拆卸的固定连接，它具有结构简单、连接可靠和装拆方便等优点。螺纹连接的主要类型有螺栓连接、双头螺柱连接、螺钉连接和紧定螺钉连接等，如图 7-20 所示。

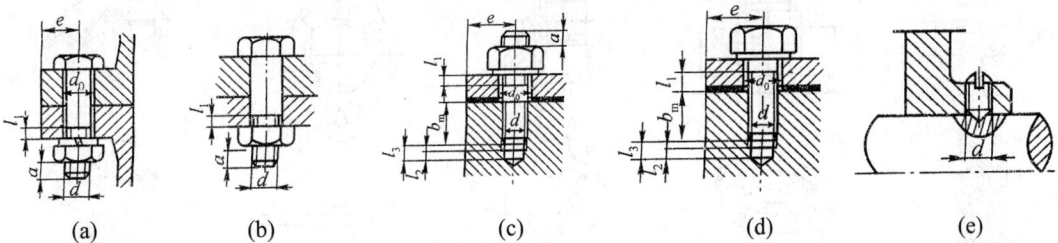

(a)　　　　　(b)　　　　　(c)　　　　　(d)　　　　　(e)

图 7-20

螺纹连接装配的技术要求有：

(1) 保证螺纹有足够的拧紧力。螺纹连接拧紧时，为达到结合牢固，必须施加足够的力矩。连接使用的工具有螺丝刀、通用和专用扳手等，常见的专用扳手又有呆板手、内六角板手、单头勾形扳手和双叉销扳手之分，如图 7-21 所示。

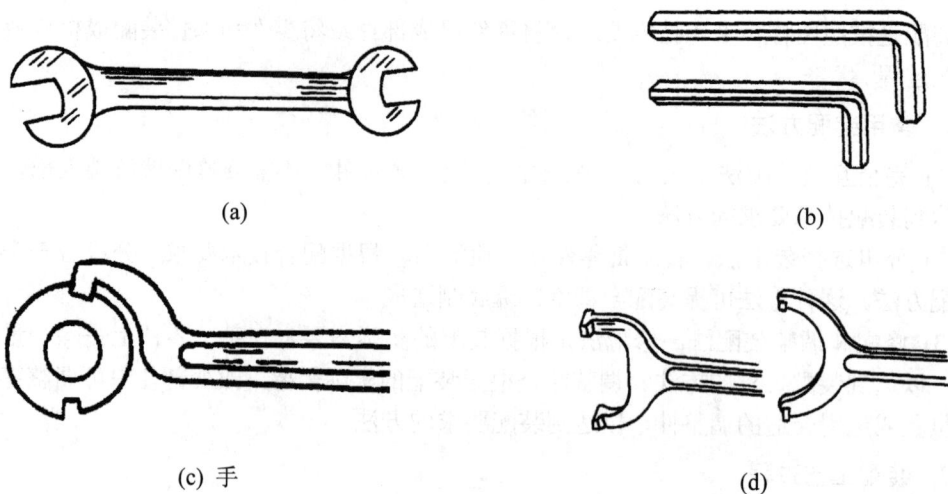

(a)

(b)

(c) 手

(d)

图 7-21

(2) 保证连接配合精度。为使配合连接达到装配要求，拧紧成组螺母时应按顺序依次拧紧，拧紧方法为从中间向两边对称展开，使零件受力产生微量弹性变形时向两边展开，逐步拧紧两边螺母压制弹性变形，达到紧密配合的目的。拧紧成组螺母顺序如图 7-22 所示。

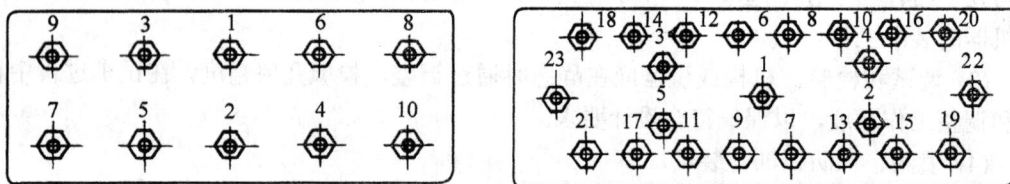

图 7-22

(3) 具有可靠的防松装置。螺纹连接在有冲击负荷和振动场合中，为防止松脱现象，所采用的常见防松装置和方式有双螺母、弹簧垫圈、止退垫圈、开口销和串联钢丝，如图 7-23 所示。

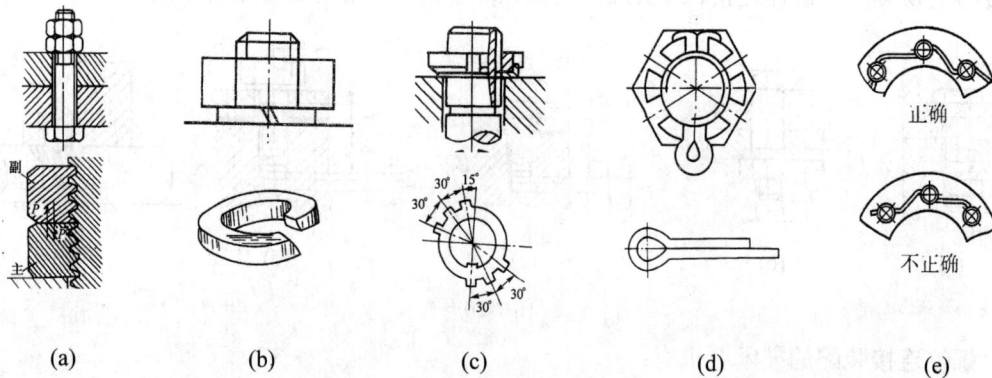

(a)

(b)

(c)

(d)

(e)

图 7-23

2) 键、销连接

键连接是将轴和轴上零件通过键在圆周上固定，保证传递转矩的装配方法。键连接的种类有松键连接、紧键连接和花键连接等。

(1) 松键连接。松键连接是靠键的两侧面传递转矩，对配合零件作圆周方向固定，键的上表面与槽之间留有间隙，不承受轴向力。常见松键连接有普通平键、导向键、半圆键和花键，连接形式如图 7-24 所示。

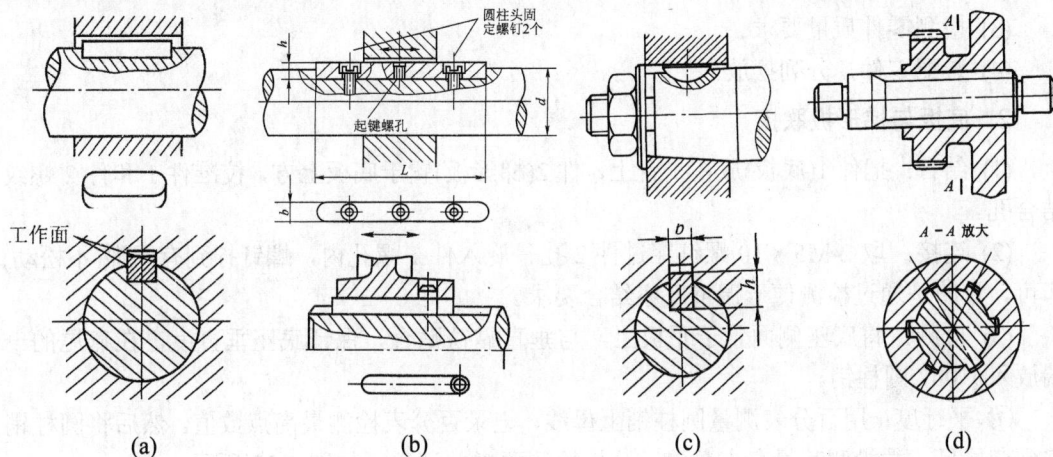

图 7-24

(2) 紧键连接。紧键连接是指楔键连接，楔键又分普通楔键和钩头楔键两种。楔键的上、下两个表面是工作面，有 1∶100 的斜度，装配后，键楔紧在轴毂之间，靠摩擦力传递转矩，连接形式如图 7-25 所示。

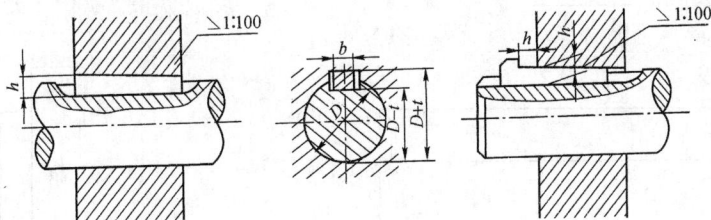

图 7-25

(3) 销连接。销连接是一种常用的连接，按照销的作用可以将销分为连接销、定位销和安全销等。按照销的形状又可将销分为圆柱销、圆锥销和开口销等。销的连接形式如图7-26 所示。

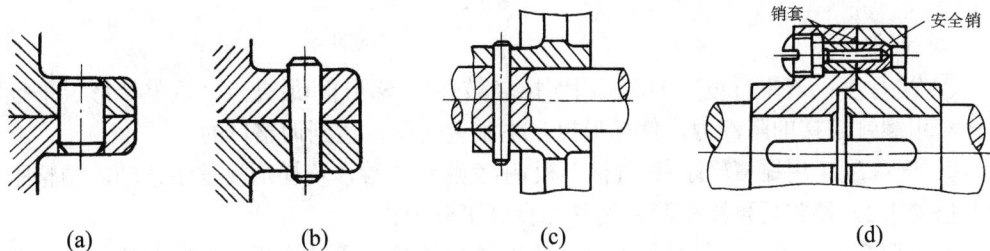

图 7-26

七、螺旋传动机构装配

1．装配准备

根据装配工艺要求，做好装配准备工作：

(1) 准备装配工具和检测量具。

(2) 清理工件毛刺，将工件擦试干净。

(3) 检测零件质量要求。

(4) 装配零件，分列摆放。

2．底板与梯形板联接

(1) 结合：把件1(底板)放在平台上，件2(梯形板)置于底板上方，校准件1和件2螺纹结合孔。

(2) 连接：取2-M5×10螺钉穿过件2孔、旋入件1螺孔内，螺钉拧到有阻滞(不松动)即可，目的是通过检测便于调整底座结合要求。

(3) 检测：将底座侧面置于平板上，与垂直靠铁贴合，保证底座垂直度，在燕尾的一端放入ϕ10h7圆柱销。

① 平行度：用百分表测量圆柱销上母线，记录百分表检测最高点数值。然后将圆柱销移到燕尾另一端检测其最高点数值，分析检测要求并调整，如图7-27所示。

② 对称度：平行度调整后，将底座翻转180°，用相同方法测量另一燕尾最高点数值，计算两次检测对称度的误差量。

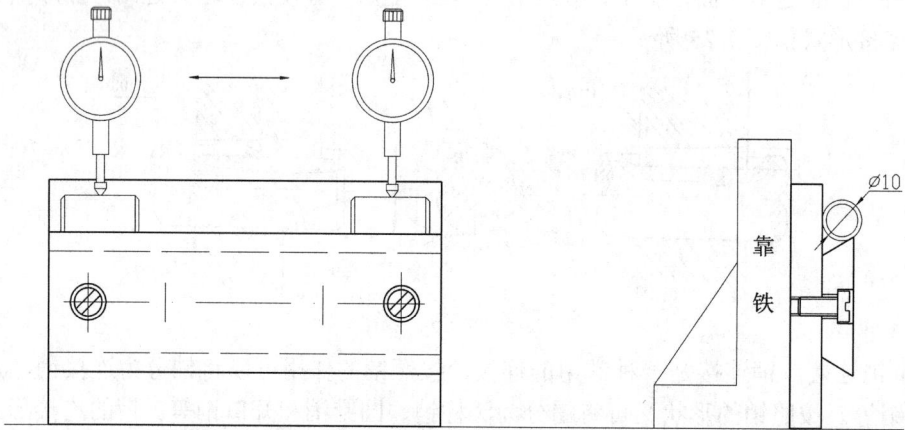

图 7-27

(4) 调整。

① 平行度：若平行度＞0.03，用铜棒轻敲件2(梯形板)最高点，调整梯形板平行度要求。利用螺钉连接的阻滞力，使梯形板产生微量转动，达到调整目的。

② 对称度：用铜棒轻敲件2(梯形板)超差燕尾高端，使梯形板逐步移动，调整距离为超差值的1/2。调整后再次检测和调整，直到正确为止。

一般调整过程中，可将平行度和对称度结合调整，通过检测，分析调整方向、调整数值，边检测边调整。

③ 固定：拧紧螺钉，复检要求。

(5) 钻孔：钻、铰 2-ϕ5H8 孔，加冷却润滑油，Ra1.6。

(6) 定位：用ϕ5 × 15 圆柱销配入孔定位。

3．墙板、移动板装配

根据配合公差要求，左墙板与件 10(滑动轴承)为过盈配合装配。过盈配合是通过包容件(孔)与被包容件(轴)配合的过盈量来达到紧固的目的。

常用过盈连接的装配方法有压入法和热胀法两种：压入法是用手锤加垫块敲击压入的方法或采用压力机加垫块压入的方法，如图 7-28(a)所示为滑动轴承敲入法，图 7-28(b)所示的则是滚动轴承敲入法；热胀法是利用物体的热胀冷缩原理，将孔件加热使孔径增大，把轴装入孔中，待冷却后达到装配的目的。热胀法中，常用的加热方法是将工件放在液体中加热，如非金属件用热水(80℃～100℃)，金属件用机油、柴油等(90℃～320℃)进行加热。

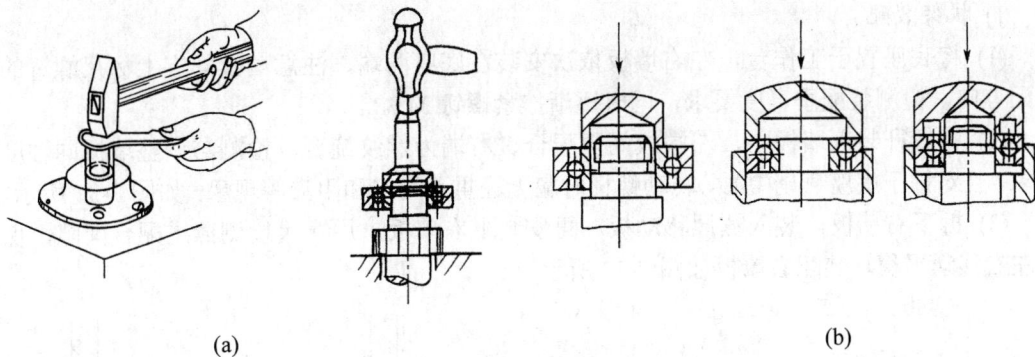

(a)   (b)

图 7-28

(1) 左墙板装配：将件 3(左墙板)平放于工作台上，件 10(滑动轴承)重叠平行于件 3 配合孔表面，用铜棒置于轴承表面作敲击衬垫，手锤轻敲铜棒使轴承压入 1mm 左右时，检测轴承与墙板垂直度，敲入过程中注意观察，调整敲击位置。左墙板装配后如图 7-29(a)所示。

(2) 燕尾移动板装配：将件 11(移动螺母)压入件 5(燕尾移动板)后，拧上紧定螺钉，可增加连接牢固度，使移动螺母和燕尾移动板的结合在轴向受力时不易松动，如图 7-29(b)所示。

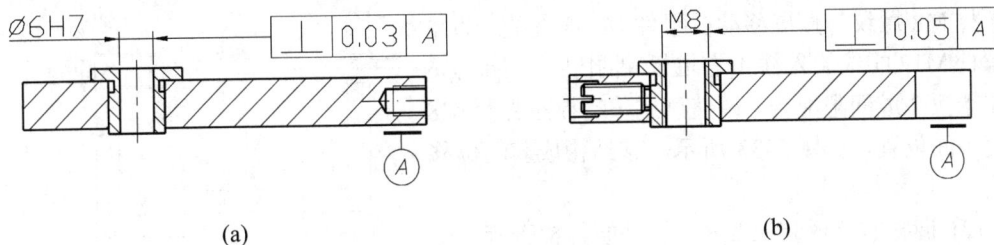

(a)   (b)

图 7-29

4. 手柄组件装配连接

将件 8(螺钉)穿过件 7(摇柄)φ5.1 孔,用旋具旋入件 6(摇杆)M4 螺孔内拧紧,检查摇柄转动,连接后如图 7-30 所示。

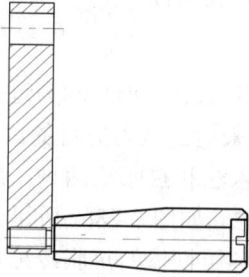

图 7-30

5. 总装

1) 机架装配

(1) 将底座置于工作台,左右墙板依次安装在底座两端,注意墙板固定上标尺螺钉的装配方向,检测装配垂直度要求,同时逐渐拧紧螺钉 M5。

(2) 将螺杆装入墙板中,左端成间隙配合、右端为螺纹旋合,检测与调整墙板同轴度要求,且对称于底座燕尾中心,转动螺杆时应无轻重不均匀和阻滞等现象,如图 7-31 所示。

(3) 拆下右墙板,装入燕尾移动板,再安装上右墙板,用塞尺检测燕尾配合间隙,保证左右移动平稳,装配右墙板如图 7-32 所示。

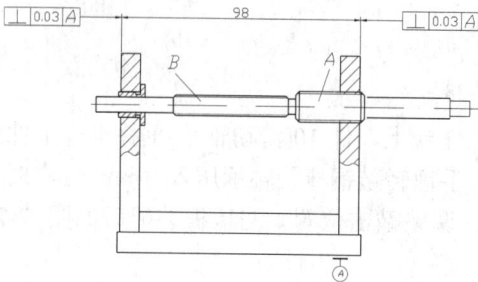

图 7-31

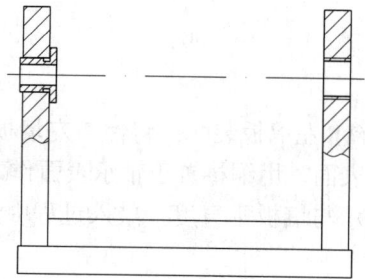

图 7-32

2) 螺杆装配

(1) 将件 9(螺杆)左端 φ6 穿过右墙板 M12 螺孔,使螺杆 M8 螺纹与燕尾移动板组件 M8 螺孔旋合,并将螺杆 M12 螺纹旋入件 4(右墙板)螺孔内,左端轴 φ6 与左墙板孔成间隙配合。调整燕尾移动板组件至 M8 长度中间位置,如图 7-33 所示,该结构成差动位移结构。

(2) 调整右墙板装配要求,转动螺杆检查旋转配合无轻重不均匀和阻滞现象。

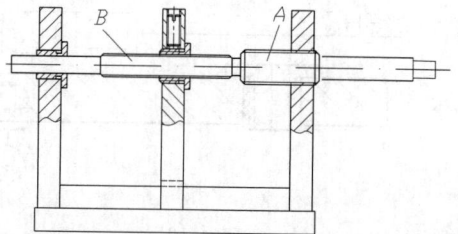

图 7-33

3) 定位螺套与定位套安装

(1) 将螺杆顺时针旋转，使 M12 螺纹穿过右墙板螺纹孔。

(2) 将件 12(定位螺套)通过螺杆右端旋入右墙板螺纹孔配合。

(3) 将件 14(定位套)安装在螺杆ϕ8 轴径上，调整轴向间隙，拧紧螺钉 13，使螺杆只能转动无轴向窜动，螺母位移传动如图 7-34 所示。

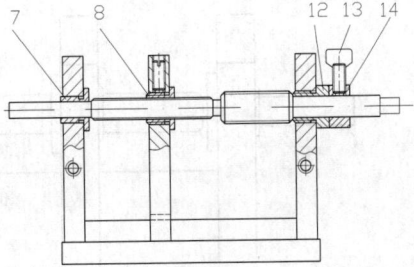

图 7-34

4) 摇柄安装

将摇柄组合安装在螺杆右端ϕ6 轴肩上，拧紧内六角螺钉 M5 × 10，如图 7-35 所示，转动摇柄应无松动。

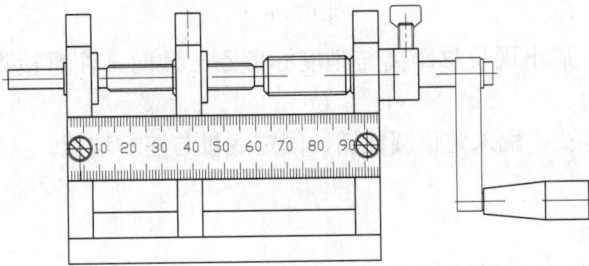

图 7-35

5) 标尺安装

如图 7-35 所示，用 2-M5 × 8 螺钉将标尺 11(钢尺)固定在左右墙板上。

6. 调试

(1) 如图 7-36 所示顺时针或逆时针转动手柄 19，螺旋机构无轻重不均匀感觉、无阻滞现象为装配正确，在移动与转动面之间加润滑油即可。若螺旋机构有轻重不匀及阻滞现象时，应在螺杆两端轴径配合表面均匀擦拭红丹粉，转动螺杆使红丹粉产生摩擦痕迹，并根据此摩擦痕迹分析原因，进行相应的处理：

① 若轴的一端有局部线形痕迹且燕尾移动板配合间隙正常，则应调整右墙板装配形位公差要求，保证右墙板和左墙板的平行度和同轴度。

② 若轴端红丹粉呈面形痕迹，则应按以下分析的原因，分别对应处理之。

• 检测燕尾移动板与底座配合间隙，若燕尾两侧角度配合面有一处无间隙，则燕尾移动板螺旋配合孔对称燕尾中心不一致。在垂直方向与左右墙板有同轴度误差。

• 若燕尾移动板底平面与底座燕尾(平面)配合无间隙，则燕尾移动板上 M8 螺孔中心线在水平方向高于左右墙板配合孔中心线。

• 若燕尾移动板的燕尾两侧 60° 角配合面无间隙，则燕尾移动板上 M8 螺孔中心线在水平方向低于左右墙板配合孔中心线。

• 若燕尾移动板燕尾与底座配合的间隙在螺杆转动中时有时无，并在两侧产生交叉，则传动螺杆同轴度超差。

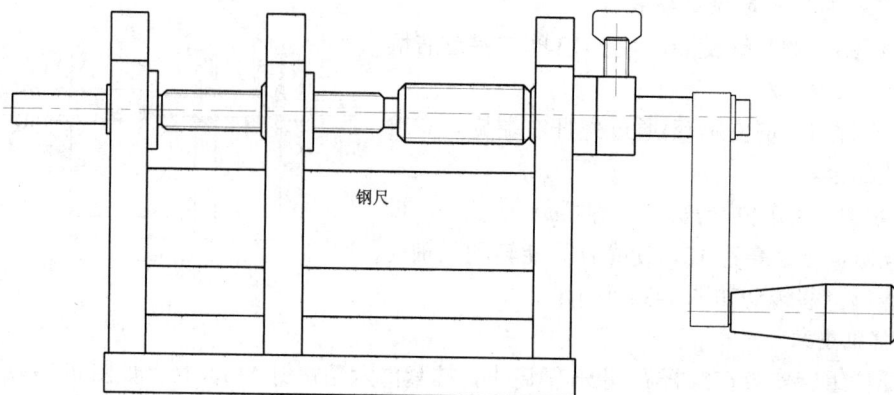

图 7-36

    (2) 摇动手柄 1 周出现位移距离与刻度标值不一致时，注意检查和调整螺杆轴向窜动量。

    (3) 钻铰 4-ϕ5H8 孔，配入定位圆柱销，固定底板与左右墙板。

八、小结

    (1) 通过项目制作，熟悉螺旋差动结构形式。

    (2) 熟悉装配基本方法，掌握装配工艺过程。

    (3) 了解键销连接结构，熟悉键销应用场合。

    (4) 熟悉螺栓连接类型，掌握螺栓紧定方法。

项目八 曲柄滑块机构

一、项目学习任务书

项目名称	曲柄滑块机构	制作方法	按图纸要求综合加工	
工作任务		知 识 要 求	能 力 要 求	
1	项目学习与操作准备	• 分析图纸技术要求。 • 了解机构特点,熟悉机构组成。 • 熟悉曲柄与连杆作用。 • 了解滑块机构应用形式。 • 了解滑动导轨的作用	• 确定应用材料与备料要求。 • 熟悉项目操作方法。 • 分析项目加工方法。 • 确定应用设备与工、量具。 • 编制项目加工工艺	
2	项目备料与零件加工	• 熟悉平面磨床操作工艺知识。 • 熟悉立式铣床操作工艺知识。 • 熟悉零件加工安全装夹要求	• 实施自编加工工艺规程。 • 掌握平面磨、铣床操作基本方法。 • 掌握零件加工工艺装夹基本方法	
3	项目装配检测与调试	• 熟悉装配技术要求。 • 熟悉装配工艺方法。 • 分析装配定位概念。 • 熟悉装配公差要求	• 有装配结构图识读能力。 • 掌握装配定位与测量。 • 掌握项目装配方法。 • 有项目调试能力基础	
4	参考教材	• 公差配合与技术测量(机械工业出版社) • 简明机械手册(湖南科学技术出版社) • 机械设计基础(机械工业出版社) • 机械零件加工(教材)		

二、曲柄滑块机构

曲柄滑块机构是机械传动中常见的结构形式,如机械冲床滑块的上下移动、锯床锯架的往复运动等都利用了曲柄滑块机构。

1. 曲柄滑块机构的功能

曲柄滑块机构运动方式如装配图(图 8-1)所示,手柄 15、摇杆 9、螺栓(轴)14 和曲柄轮 7 固定连接,摇动手柄带动曲柄轮旋转。连杆 6 的作用是转换运动方式,其一端与曲柄轮间隙配合,通过螺栓(轴)11 连接作相应圆周运动,而连杆的另一端与滑块间隙配合,圆柱销 17 连接,使滑块 10 在导轨中产生前后移动,移动距离约为曲柄轮中心至连杆结合孔中心的旋转直径。

曲柄轮连续转动,连杆则不断地将曲柄轮的旋转运动转换成滑块的往复直线运动。滑块的作用是通过连杆不断输出往复动能,滑块的燕尾导轨结构,因为其配合精度高、运动平稳调整方便而应用较广。

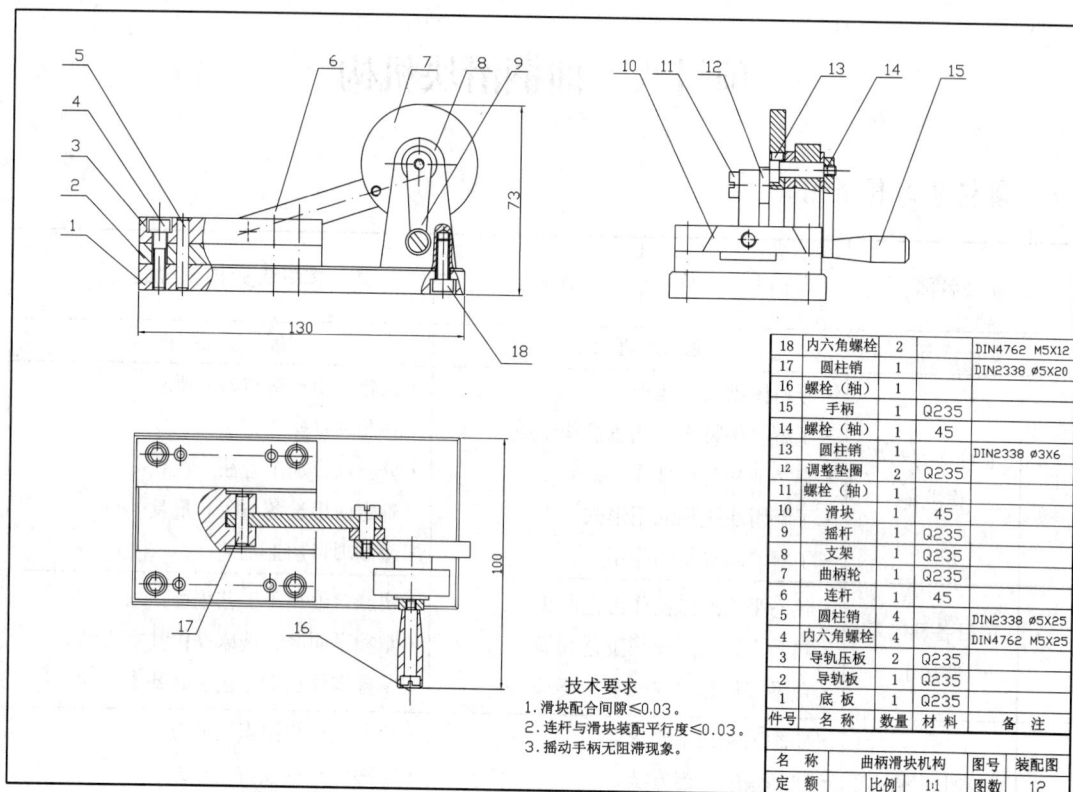

技术要求
1.滑块配合间隙≤0.03。
2.连杆与滑块装配平行度≤0.03。
3.摇动手柄无阻滞现象。

18	内六角螺栓	2		DIN4762 M5X12
17	圆柱销	1		DIN2338 ∅5X20
16	螺栓（轴）	1		
15	手柄	1	Q235	
14	螺栓（轴）	1	45	
13	圆柱销	1		DIN2338 ∅3X6
12	调整垫圈	2	Q235	
11	螺栓（轴）	1		
10	滑块	1	45	
9	摇杆	1	Q235	
8	支架	1	Q235	
7	曲柄轮	1	Q235	
6	连杆	1	45	
5	圆柱销	2		DIN2338 ∅5X25
4	内六角螺栓	4		DIN4762 M5X25
3	导轨压板	2	Q235	
2	导轨板	1	Q235	
1	底板	1	Q235	
件号	名 称	数量	材料	备 注

名 称		曲柄滑块机构	图号	装配图
定 额	比例	1:1	图数	12

图 8-1

2．曲柄滑块机构的组成

(1) 机架。

机架由底板 1 和支架 8 结合，螺栓 18 固定组成。

(2) 导轨。

滑动导轨由导轨板 2 和导轨压板 3 组合，通过内六角螺栓 4、定位销 5 结合组成。

(3) 曲柄滑块组合。

曲柄滑块组合是由曲柄轮 7 与滑块 10 通过连杆 6 结合组成的。连接销 17 结合滑块与连杆的一端，螺栓(轴)11 结合曲柄轮和连杆的另一端。

曲柄由曲柄轮 7、螺栓(14 轴)、销 13 和螺栓(轴)11 结合组成。

另外，调整垫圈 12(三件)用于调整连杆对称滑块中心位置。装配过程中通过检测尺寸，并根据检测结果修磨调整垫圈的厚度，使之满足装配要求，

(4) 手柄。

手柄由螺栓(轴)16 和手柄 15 结合固定于摇杆 9，装配后手柄能绕螺栓 16 转动。

3．曲柄滑块机构加工特点分析

根据曲柄滑块机构的结构和功能要求，在考虑其加工工艺时，要注意装配整体技术要求，围绕图纸要求分析、确定各单件加工基准和装配工艺基准，保证其尺寸公差和形位公差的正确性。

(1) 底板。底板是滑块机构所有零件装配和检测的基准面，有平面度要求，且四周相

互垂直。

(2) 导轨。导轨是滑块运动的定位基准，限制其运动方向。因导轨与滑块之间是间隙配合，有运动精度要求，而燕尾导轨槽两角度的一致性和直线度要求是保证滑块运动正确的前提条件。

(3) 滑块。滑块的角度要求和组成导轨的角度要求应一致，两角度面有平行度要求。滑块凸台槽有对称度要求，注意和连杆配合孔对应底面的垂直度要求，以保证装配后连杆运动无阻滞现象。

(4) 连杆。连杆既是连接件，又是传递动力、改变曲柄轮运动方式的零件。连杆两孔中心距要正确，且垂直于两平面，这是保证滑块往复运动距离和装配后平行于曲柄轮的基本要求。

(5) 曲柄轮。曲柄轮是连杆机构中的一种曲柄形式，作圆周运动，向连杆输送动力。加工与装配时应保证曲柄轮中心孔和螺纹孔的平行度要求，与曲柄轮端面的垂直度要求。

(6) 手柄。手柄组合由摇杆、手柄套和螺栓组成。装配要求螺栓(轴)与摇杆固定后手柄套可转动。

4．项目重点

(1) 曲柄滑块结构与应用。

(2) 熟悉零件功能与加工工艺。

(3) 装配孔距尺寸一致性。

(4) 机构装配与质量保证。

5．项目难点

(1) 加工工艺分析和编制(综合加工工艺)。

(2) 调试检测与调整方法。

三、曲柄滑块机构备料

曲柄滑块机构备料单见表 8-1

表 8-1　曲柄滑块机构备料单

序号	零件名称	材料牌号	数量	坯料尺寸	型材规格
1	底板	Q235	1	80×10×133	80×10　扁钢
2	导轨板	Q235	1	60×8×75	60×8　扁钢
3	导轨压板	Q235	2	20×10×75	20×10　扁钢
4	滑块	45	1	40×10×48	40×10　扁钢
5	连杆	45	1	12×5×65	12×5　扁钢
6	曲柄轮	Q235	1	$\phi46×100$	$\phi46$　圆钢
7	支架	Q235	1	30×10×55	40×10　扁钢
8	摇杆	Q235	1	10×4×40	10×4　扁钢

序号	零件名称	材料牌号	数量	坯料尺寸	型材规格	
9	手柄	45	1	$\phi10\times35$	$\phi12$	圆钢
10	螺栓(轴)	45	3	$\phi10\times38.5$	$\phi12$	圆钢
11	调整垫圈	45	3	$\phi14\times3.5$ 等	$\phi14$	圆钢
12	内六角螺栓		4	M5×25	DIN4762	
13	内六角螺栓		2	M5×12	DIN4762	
14	圆柱销		4	Ø5×25	DIN2338	
15	圆柱销		1	Ø5×20	DIN2338	
16	圆柱销		1	Ø3×6	DIN2338	

四、加工工艺分析

本项目的加工工艺分析以钳工操作为主。

1. 底板

底板及技术要求见图 8-2，加工工艺见表 8-2(读者自行填写)。

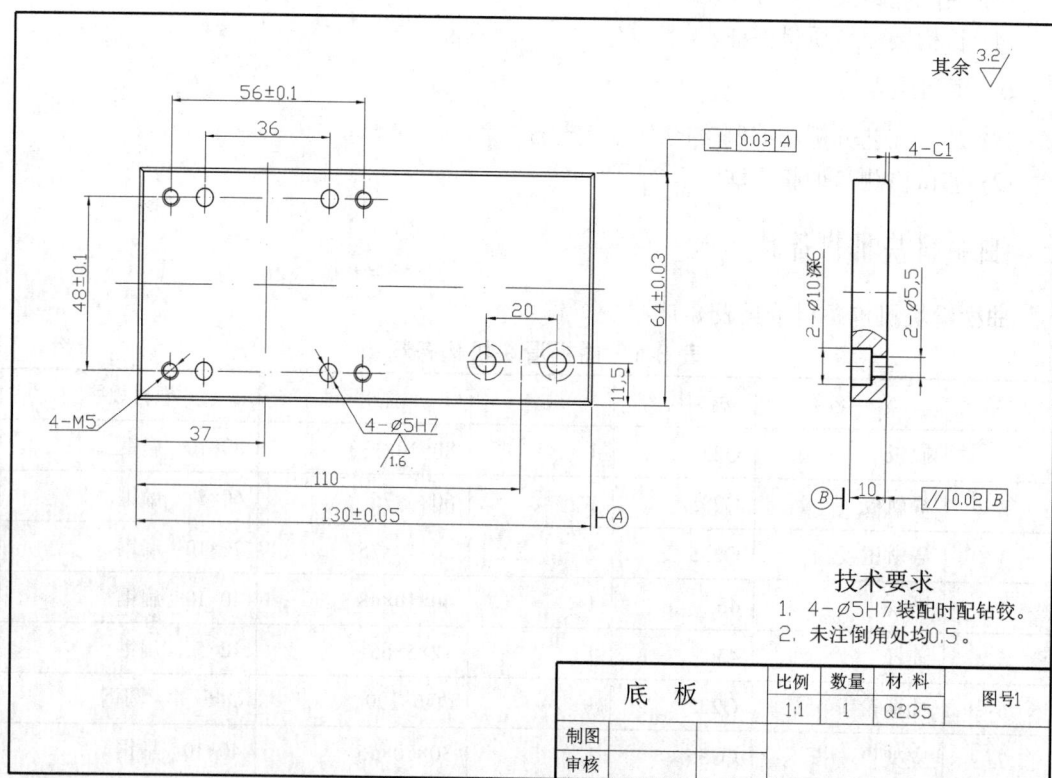

其余 $\sqrt{3.2}$

技术要求
1. 4-Ø5H7 装配时配钻铰。
2. 未注倒角处均0.5。

底 板	比例	数量	材 料	图号1
	1:1	1	Q235	
制图				
审核				

图 8-2

表 8-2　底板加工工艺规程

机械加工工艺过程卡		产品名称		零件图号		共　页	
				零件名称		第　页	
材料牌号		毛坯种类		毛坯尺寸		件数	
工序	名称	工　序　内　容		设备	工艺装备	工时	
						单件	准终

2．导轨板

导轨及技术要求见图 8-3，加工工艺见表 8-3。

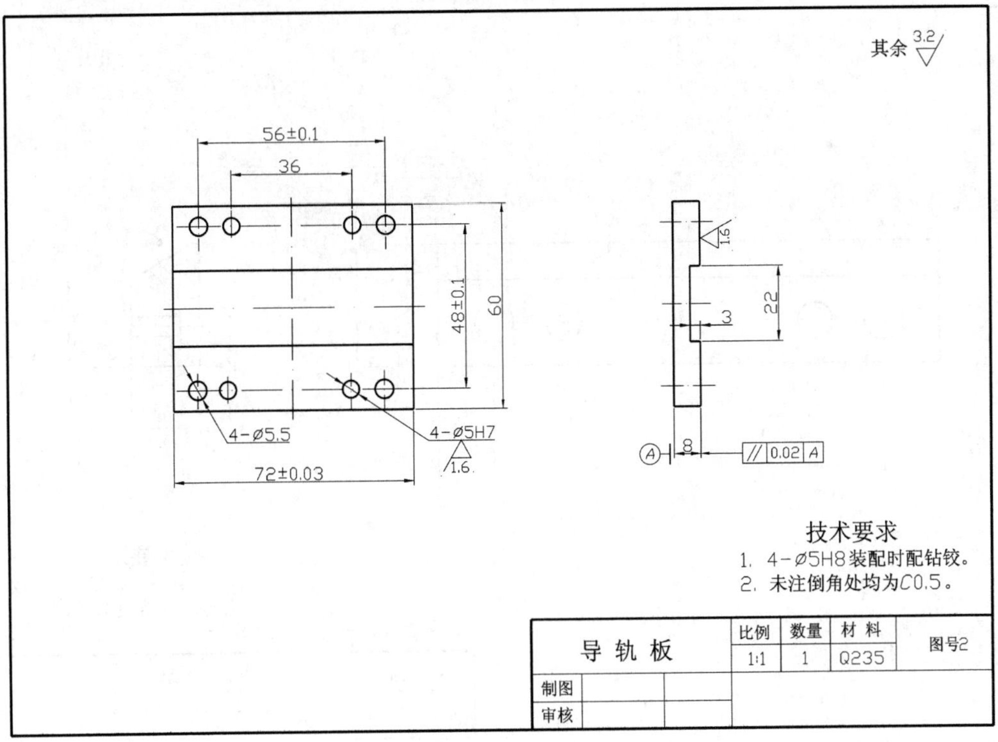

其余 3.2
56±0.1
36
48±0.1
60
4-ø5.5
4-ø5H7
1.6
72±0.03
1.6
22
3
8
A
// 0.02 A
技术要求
1. 4-ø5H8装配时配钻铰。
2. 未注倒角处均为C0.5。
导 轨 板
比例
数量
材 料
1:1
1
Q235
图号2
制图
审核

图 8-3

表 8-3　导轨板加工工艺规程

机械加工工艺过程卡		产品名称	曲柄滑块机构		零件图号	2		共　页	
					零件名称	导轨板		第　页	
材料牌号	Q235	毛坯种类	扁钢	毛坯尺寸	$60 \times 8 \times 75$			件数	1
工序	名称	工　序　内　容			设备	工艺装备		工　时	
								单件	准终
1	锉削	锉削坯料垂直基准，$\perp \leqslant 0.02$，去毛刺，$Ra3.2$				角尺			
2	划线	划出外形尺寸 72、60 加工界线							
3	锉削	(1) 锉削尺寸 72 ± 0.03，$\perp \leqslant 0.03$，去毛刺，$Ra3.2$				角尺、千分尺			
		(2) 锉削尺寸 60，$\parallel \leqslant 0.03$，去毛刺，$Ra3.2$							
		(3) 倒角 $C0.5$。							
4	磨削	磨削尺寸 8，$\parallel \leqslant 0.02$，去毛刺，$Ra1.6$			平磨	千分尺			
5	划线	划出孔、槽加工尺寸界线							
6	铣削	铣削尺寸 22 深 3，去毛刺，$Ra3.2$			立铣	游标卡尺			
7	钻孔	(1) 钻 $4-\phi5.5$ 孔。			台钻	$\phi5.5$ 钻头			
		(2) 倒角 $C0.5$				倒角钻			
8	检验								

3. 导轨压板

导轨压板及技术要求见图 8-4，其加工工艺见表 8-4。

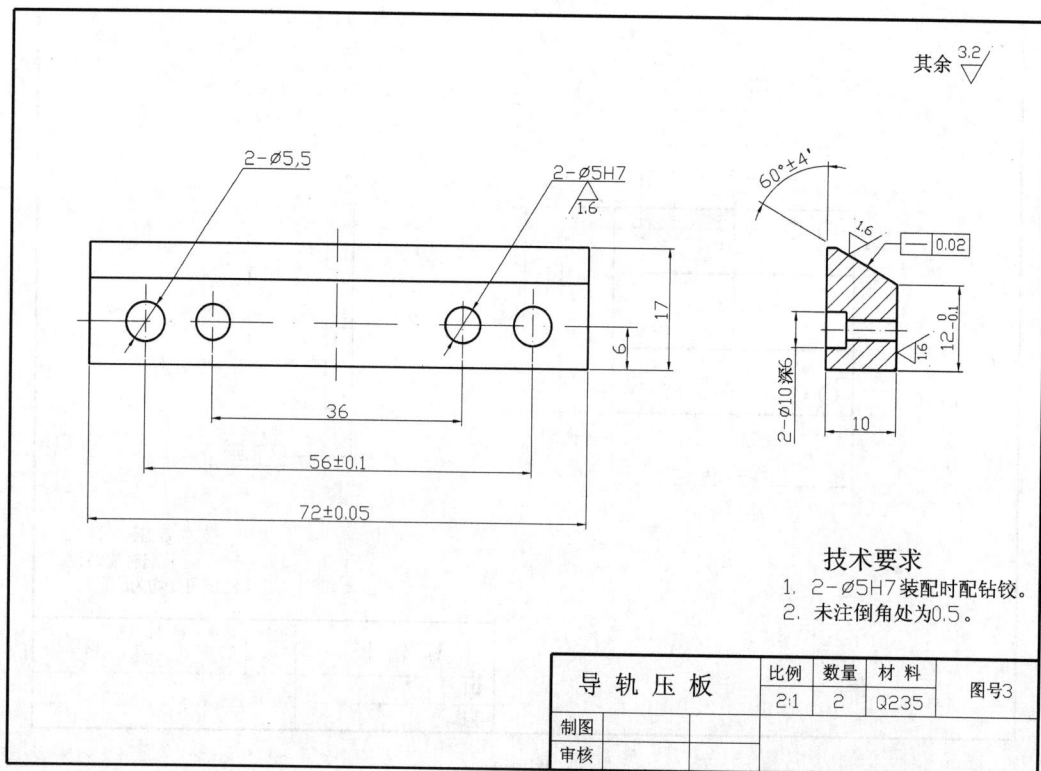

其余 $\sqrt{3.2}$

2-∅5.5

2-∅5H7 $\sqrt{1.6}$

$60° \pm 4'$

$\boxed{-|0.02}$

1.6

$\sqrt{1.6}$

$12^{\ 0}_{-0.1}$

2-∅10深6

6

17

36

56 ± 0.1

72 ± 0.05

10

技术要求

1. 2-∅5H7 装配时配钻铰。
2. 未注倒角处为0.5。

导　轨　压　板	比例	数量	材料	图号3
	2:1	2	Q235	
制图				
审核				

图 8-4

表 8-4　导轨压板加工工艺规程

机械加工工艺过程卡		产品名称	曲柄滑块机构		零件图号			共　页	
					零件名称	导轨压板		第　页	
材料牌号	Q235	毛坯种类	扁钢	毛坯尺寸		20×10×75		件数	2
工序	名称	工 序 内 容				设备	工艺装备	工时	
								单件	准终
1	锉削	锉削垂直基准，⊥≤0.02，去毛刺，Ra3.					角尺		
2	划线	划出外形尺寸 72、17 加工界线							
3	锉削	(1) 锉削尺寸 72，⊥≤0.03，Ra3.2					角尺、千分尺		
		(2) 锉削尺寸 17，∥≤0.03，Ra3.2							
		(3) 倒角 C0.5							
4	磨削	磨削尺寸 10，∥≤0.02，去毛刺，Ra1.6				平磨	千分尺		
5	划线	(1) 去毛刺							
		(2) 划出角度加工界线							
		(3) 划 2-ϕ5.5、2-ϕ5H7 孔加工界线							
6	锯削	去除角度处加工余料							
7	锉削	锉削 60°±4′，尺寸 12±0.1 $_{-0.1}^{0}$，直线度≤0.02，Ra1.6					角度尺、千分尺		
8	钻孔	(1) 钻 2-ϕ5.5 孔				台钻	ϕ5.5 钻头		
		(2) 锪沉孔ϕ10 深 6					ϕ5 沉孔钻		
		(3) 倒角 C0.5					倒角钻		
9	检验								

4．滑块

滑块及技术要求见图 8-5，其加工工艺见表 8-5。

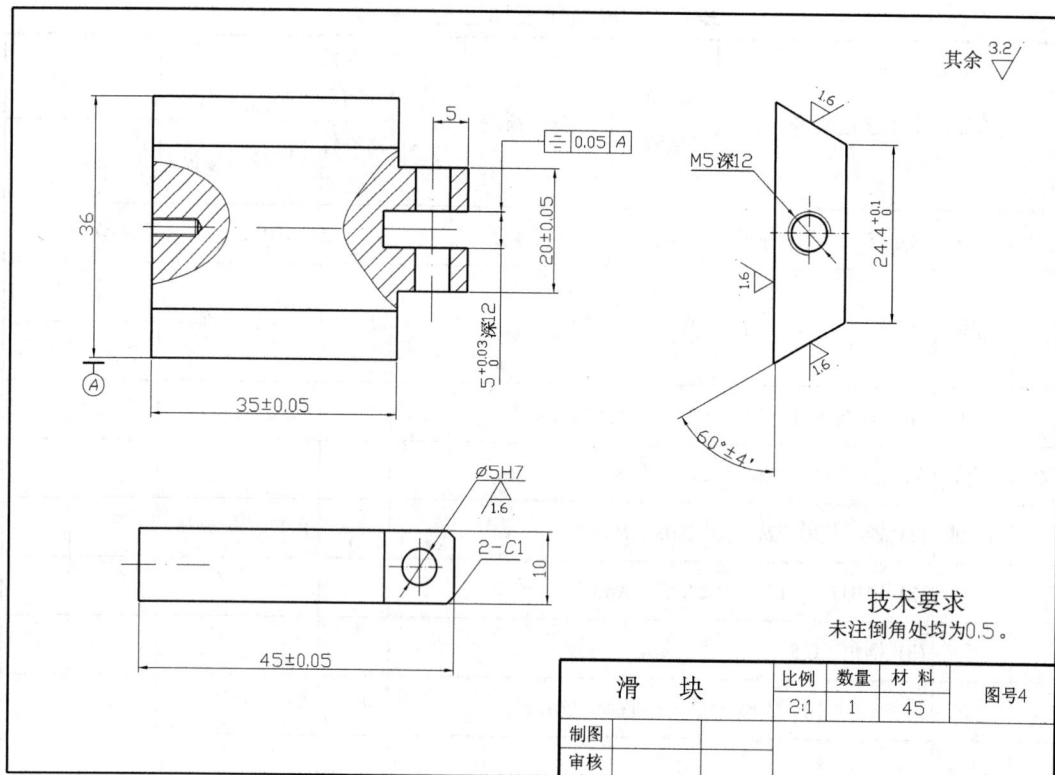

图 8-5

表 8-5　滑块加工工艺规程

机械加工工艺过程卡		产品 名称	曲柄滑块机构	零件图号		共　页	
				零件名称	滑块	第　页	
材料牌号	45	毛坯种类	扁钢	毛坯尺寸	40×10×48	件数	1
工 序	名称	工　序　内　容			设备	工艺装备	工　时
							单件　准终
1	锉削	锉削坯料垂直基准，⊥≤0.02，去毛刺，$Ra3.2$				角尺	
2	划线	划出外形尺寸 45、36 加工界线					
3	锉削	(1) 锉削尺寸 45±0.03，//≤0.03 去毛刺，$Ra3.2$				角尺、千分尺	
		(2) 锉削尺寸 36，//≤0.02，去毛刺，$Ra3.2$					
		(3) 倒角 $C0.5$					
4	磨削	磨削尺寸 10，//≤0.02，$Ra3.2$			平磨	千分尺	
5	划线	(1) 去毛刺					
		(2) 划出凸台尺寸 35、20 加工界线					
		(3) 划出 5×12 加工界线					
6	铣削	(1) 铣削 $5^{+0.03}_{0}$ 深 12 槽，对称度≤0.05，$Ra3.2$			立铣	$\phi5$ 铣刀	

工序	名称	工 序 内 容	设备	工艺装备	工时	
					单件	准终
		(2) 铣削凸台尺寸 35，20±0.05 尺寸，Ra3.2		φ16 铣刀		
7	划线	(1) 去毛刺。				
		(2) 划出 Ø5H7、M5 孔加工界线。				
		(3) 划出滑块角度加工界线。				
8	锉削	(1) 锉削角度 60°±4′，尺寸24.45±0.05，∥≤ 0.02，Ra1.6		角度尺、千分尺		
		(2) 倒角 C0.5				
9	钻孔	(1) 钻φ5H7 底孔φ4.8	台钻	φ4.8 钻头		
		(2) 钻 M5 螺纹底孔φ4.2		φ4.2 钻头		
		(3) 倒角 C0.5				
10	铰孔	铰φ5H7 孔，Ra1.6		φ5H7 铰刀		
11	攻丝	攻 M5 深 12 螺纹孔		M5 丝锥		
12	检验					

注意：(1) **滑块**角度对称加工检测，用双圆柱测量方法，控制角度和尺寸要求，注意平行度。

(2) 厚度尺寸 10 mm 按公差要求 h11 加工。

5. 连杆

连杆及技术要求见图 8-6，其加工工艺见表 8-6(读者自行填写)。

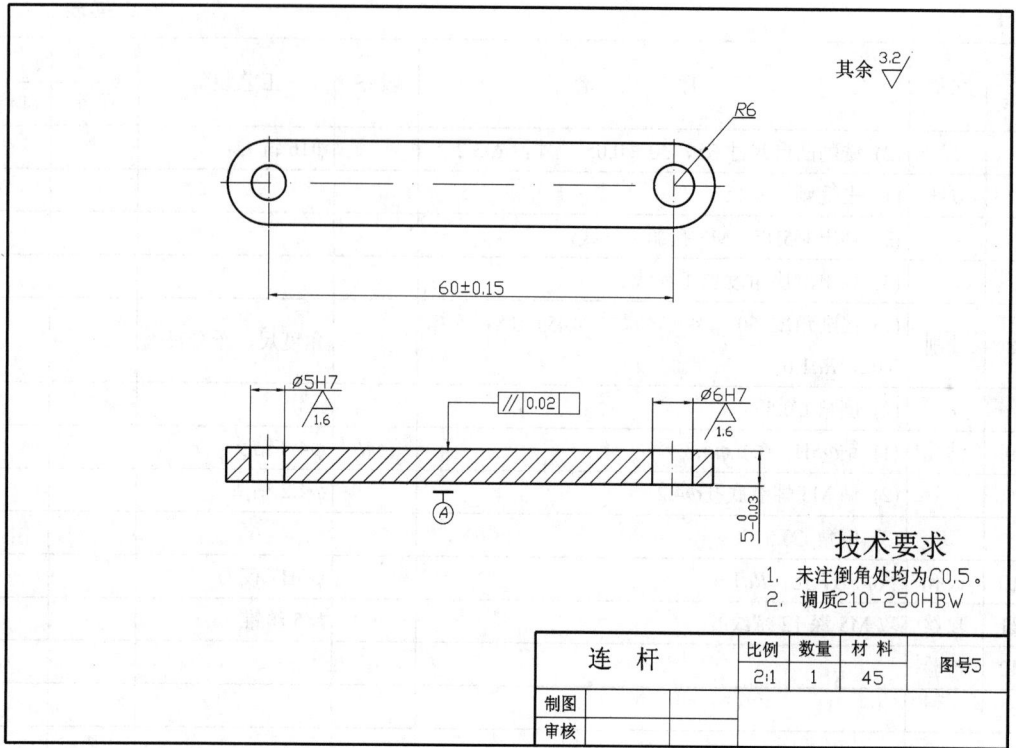

图 8-6

表 8-6 连杆加工工艺规程

机械加工工艺过程卡		产品名称			零件图号		共 页	
					零件名称		第 页	
材料牌号		毛坯种类		毛坯尺寸			件数	
工序	名称	工 序 内 容			设备	工艺装备	工 时	
							单件	准终

6. 支架

支架及技术见图8-7，其加工工艺见表8-7(读者自行填写)。

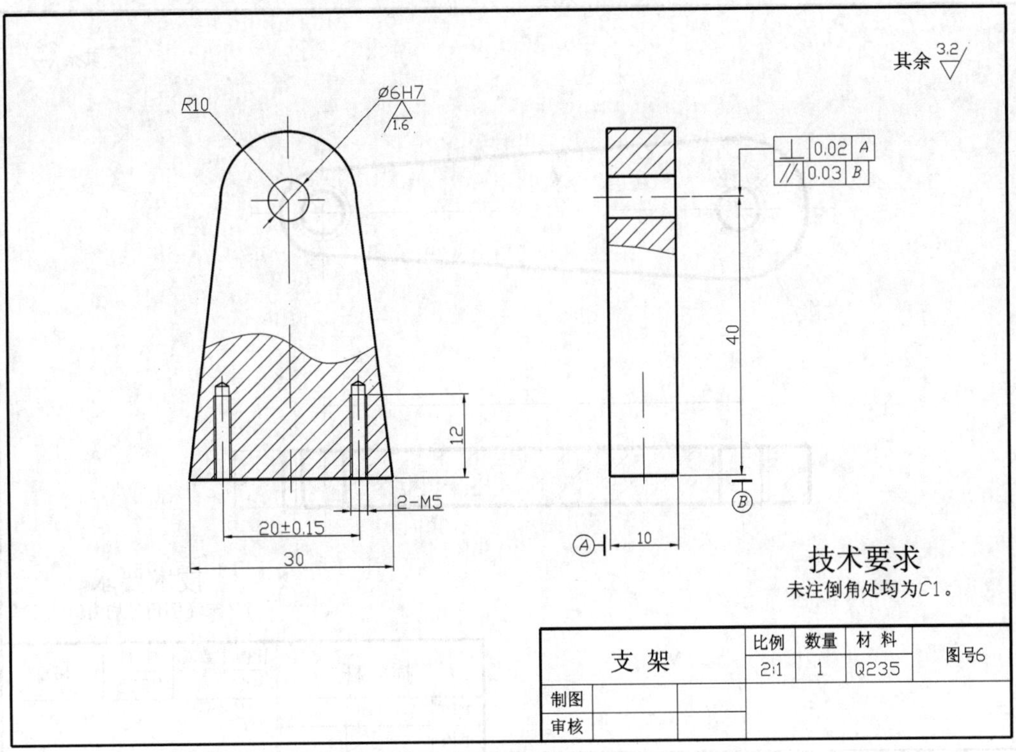

图 8-7

表 8-7 支架加工工艺规程

机械加工工艺过程卡		产品名称			零件图号		共 页	
					零件名称		第 页	
材料牌号		毛坯种类		毛坯尺寸			件数	
工序	名称		工 序 内 容		设备	工艺装备	工 时	
							单件	准终

7．摇杆

摇杆及其技术要求见图 8-8，其加工工艺见表 8-8(读者自行填写)。

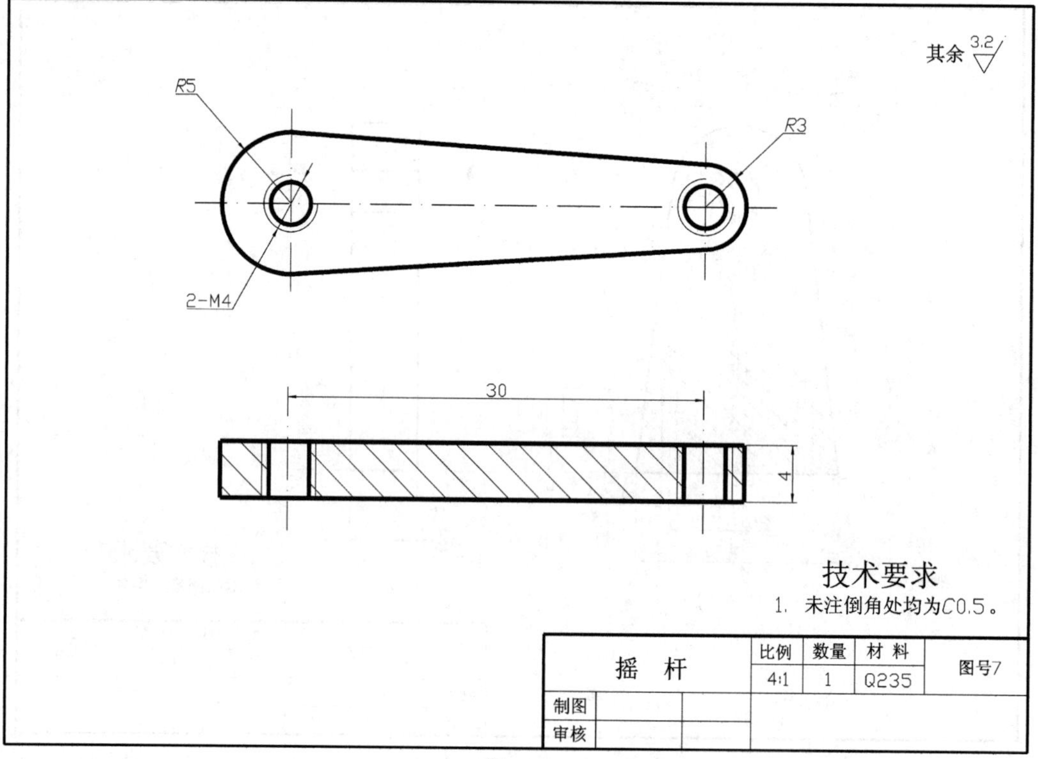

其余 3.2
R5
R3
2-M4
30
4
技术要求
1. 未注倒角处均为C0.5。
摇 杆
比例
数量
材 料
4:1
1
Q235
图号7
制图
审核

图 8-8

表 8-8 摇杆加工工艺规程

机械加工工艺过程卡		产品名称		零件图号		共 页
				零件名称		第 页
材料牌号		毛坯种类		毛坯尺寸		件数
工序	名称	工 序 内 容	设备	工艺装备	工时 单件	工时 准终

8. 曲柄轮

曲柄轮及其技术要求见图 8-9，其加工工艺见表 8-9。

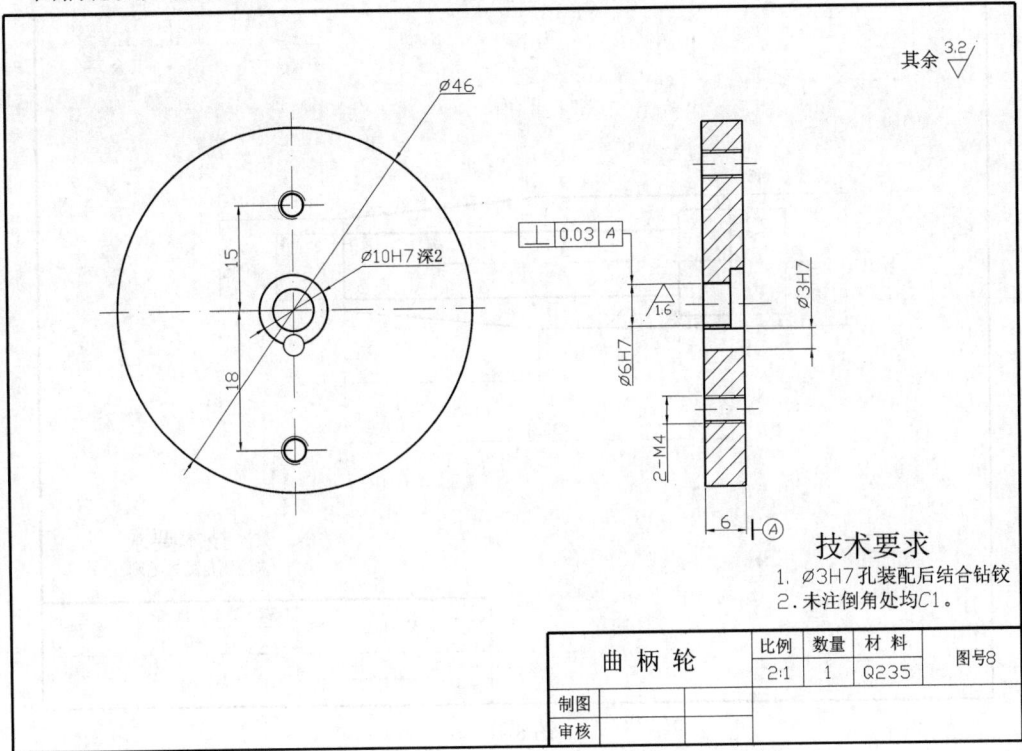

图 8-9

表 8-9　曲柄轮加工工艺规程

机械加工工艺过程卡		产品名称	曲柄滑块机构	零件图号		共　页	
				零件名称	曲柄轮	第　页	
材料牌号	Q235	毛坯种类	圆钢	毛坯尺寸	φ46×100(多件加工)	件数	1
工序	名称	工 序 内 容		设备	工艺装备	工 时	
						单件	准终
1	车削	(1) 车削端面，Ra3.2		车床			
		(2) 车削外圆φ46，Ra3.2			游标卡尺		
		(3) 钻定中心孔φ3			A3 中心钻		
		(4) 钻φ6H7 底孔φ5.8			φ5.8 钻头		
		(5) 车φ10H7 深 2 沉孔			φ10H7 铣刀		
		(6) 倒角 C1					
		(7) 铰φ6H7，Ra1.6			φ6H7 铰刀		
2	车削	割断尺寸 6.5					
3	车削	(1) 换向，车削端面，尺寸 6，Ra3.2，倒角 C1			游标卡尺		
4	钳	钻、攻 2-M4 螺孔					
5	检验						

9. 手柄

手柄及其技术要求见图 8-10，其加工工艺参照螺旋传动机构工艺分析。

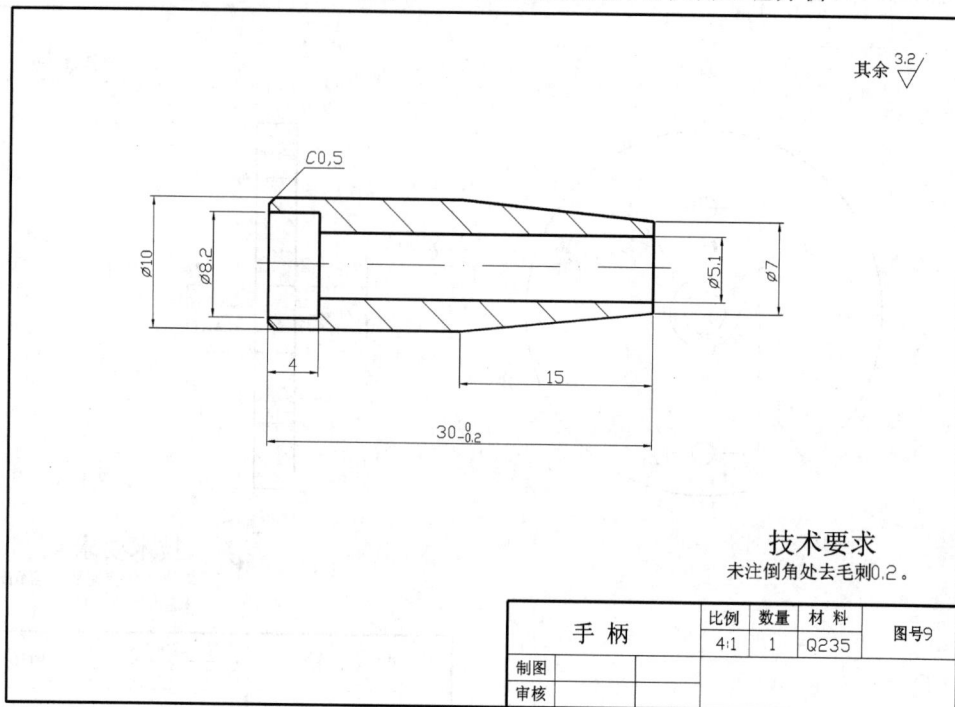

图 8-10

10. 螺栓(轴)

螺栓(轴)及其技术要求见图 8-11，其加工工艺参照紧旋传动机构工艺分析。

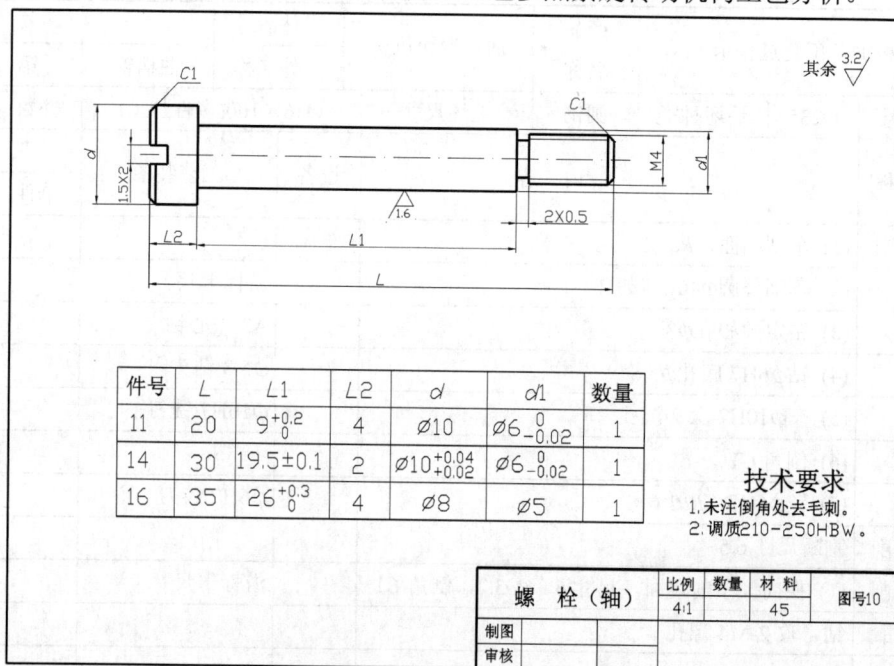

件号	L	L1	L2	d	d1	数量
11	20	$9^{+0.2}_{0}$	4	$\varnothing 10$	$\varnothing 6^{0}_{-0.02}$	1
14	30	19.5 ± 0.1	2	$\varnothing 10^{+0.04}_{+0.02}$	$\varnothing 6^{0}_{-0.02}$	1
16	35	$26^{+0.3}_{0}$	4	$\varnothing 8$	$\varnothing 5$	1

技术要求

1. 未注角处去毛刺。
2. 调质210~250HBW。

图 8-11

11．调整圈

调整圈及其技术要求见图 8-12，其加工工艺参照螺旋传动机构工艺分析。

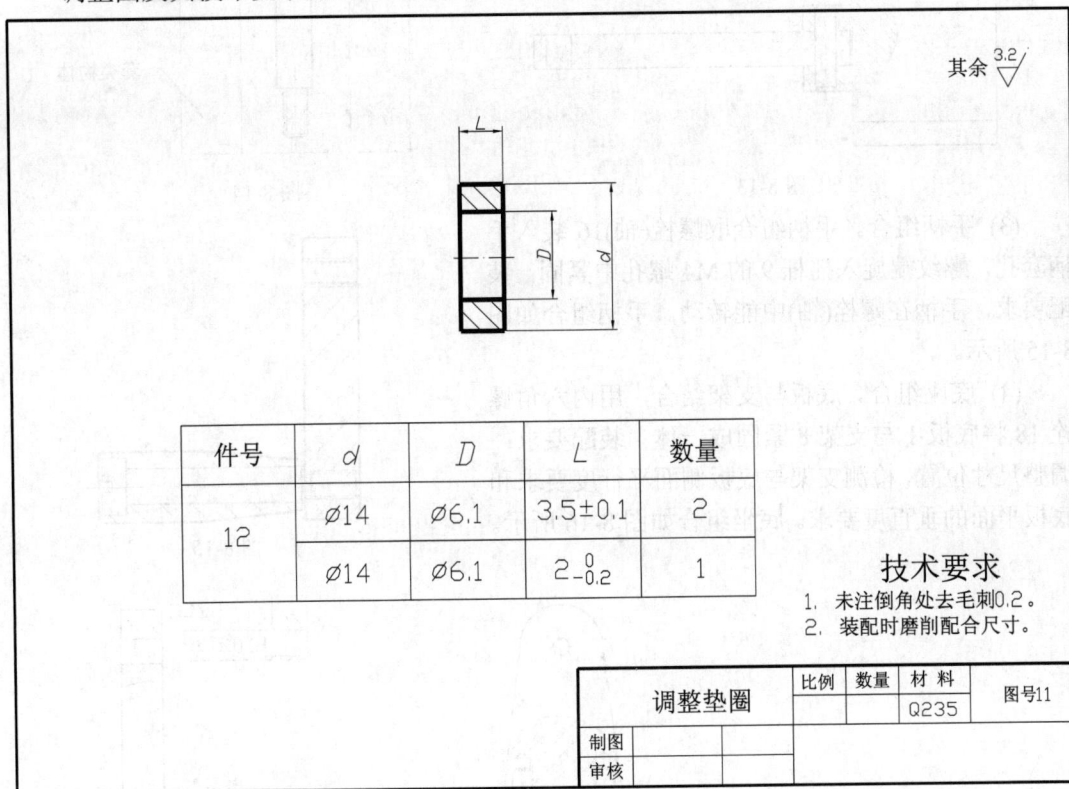

其余 3.2▽

件号	d	D	L	数量
12	φ14	φ6.1	3.5±0.1	2
	φ14	φ6.1	$2_{-0.2}^{0}$	1

技术要求
1. 未注倒角处去毛刺0.2。
2. 装配时磨削配合尺寸。

调整垫圈	比例	数量	材 料	图号11
			Q235	
制图				
审核				

图 8-12

五、曲柄滑块机构装配

1．装配前准备

根据装配技术要求，做好装配准备。

(1) 准备装配零件和标准件，数量要正确。

(2) 清理装配场地，选择装配工具和检测量具。

(3) 清洗各零件。

(4) 检测各零件质量情况。

(5) 分析装配图纸，确定装配方法。

2．装配 1(连接件与部件装配)

(1) 滑块连杆组合。滑块与连杆结合，取滑块 10 夹持在平口钳或虎钳上，将连杆 6 的一端φ5H7 孔装在滑块槽中，用铜棒轻敲定位销使两零件装配结合。要求连杆与销为间隙配合，能转动自如，装配结构如图 8-13 所示。

(2) 曲柄组合。曲柄轮 7 与螺栓(轴)14 结合，将曲柄轮置于套类物体或虎钳口上，将螺栓(轴)置于曲柄轮孔中，用铜棒轻敲螺栓(轴)端面至满足配合要求，并检测垂直度，然后在配合端面φ10 缝处钻铰φ3H7 孔，配入φ3×6 圆柱销以增加结合传递力，如图 8-14 所示。

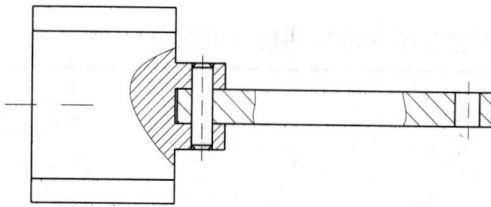

图 8-13

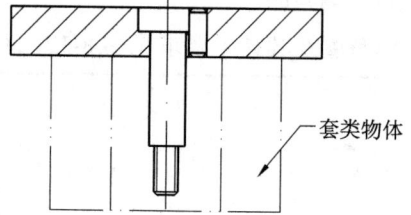

套类物体

图 8-14

(3) 手柄组合。手柄组合取螺栓(轴)16 装入手柄套孔，螺纹端旋入摇杆 9 的 M4 螺孔中紧固。装配要求，手柄在螺栓(轴)中能转动。手柄组合如图 8-15 所示。

(4) 底座组合。底板与支架结合，用内六角螺栓 18 将底板 1 与支架 8 紧固成一体。装配要求：调整尺寸位置，检测支架与底板侧面平行度要求和底板平面的垂直度要求。底坐组合如图 8-16 所示。

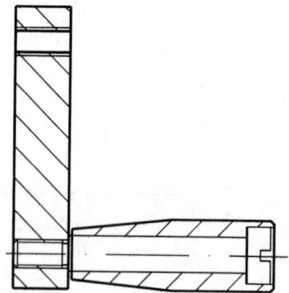

图 8-15

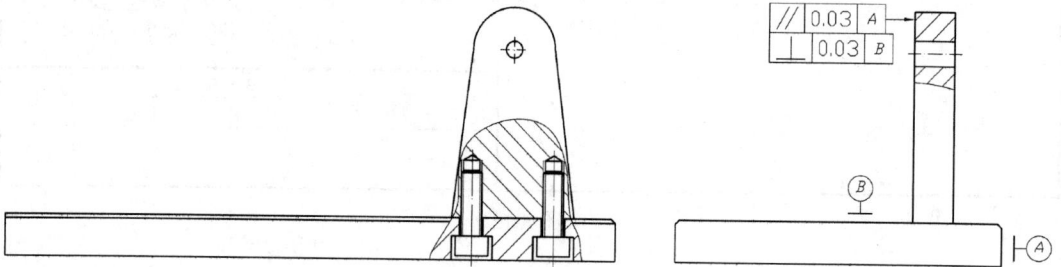

图 8-16

3. 装配 2(总装配)

1) 底座与滑块部分

(1) 取底座、导轨板 2、滑块 10、导轨压板 3、内六角螺栓 4 和圆柱销 5，将底座置于平板上，导轨板和导轨压板重叠在底座结合孔位置上，滑块置于中间，将 M5×25 内六角螺栓穿过导轨压板和导轨板结合孔，随手拧紧至有阻力即可。

(2) 对称度位置调整。将底座侧翻 90°，用靠铁保证垂直要求，用百分表测量导轨底板的正反两侧面，用铜棒轻敲调整保证对称要求，并使导轨压板与底板侧面平行，拧紧固定螺栓。

(3) 间隙调整。拧松一边两个 M5 螺栓，用塞尺取 0.03 塞片放置于滑块与导轨压板的角度面之间，用手拧上螺栓，取出塞尺，拧紧螺栓并检测间隙要求。装配要求：间隙正确，滑块往复移动无阻滞现象。

2) 曲柄轮装配

将曲柄组件的轴装上调整垫圈 12 并使其穿过支架孔成间隙配合，再装上垫圈 13，然后取手柄组合结合件 M4 螺孔与螺栓(轴)拧紧。装配要求：转动手柄自然无阻滞，无轴向窜动。

3) 连杆结合

将螺栓(轴)11 穿过连杆结合孔后装上调整垫圈 12，与曲柄轮螺孔紧固，使整个机构形成一体，装配要求：螺栓(轴)与连杆孔成间隙配合，连杆与底板侧面有平行度要求，转动手柄自然无阻滞，无轴向窜动。

4) 检测与调整

(1) 曲柄轮轴向窜动调整，轴向推拉曲柄轮，观察轴向窜动量，如有误差调整支架与摇杆间的垫圈厚度要求。

(2) 检测连杆与滑块导轨平行度，如有误差，则修正调整垫圈厚度尺寸至要求。

(3) 配合间隙调整。滑块与导轨间的间隙，通过塞尺测量(静态检测)和转动手柄运动检查(动态检测)，如有误差可调整导轨压板间的间隙保证要求。

5) 装配定位销

在通过调整并确认正确的情况下，钻铰 4-ϕ5H7 孔，并装入定位销 5。检查曲柄滑块机构整体外形情况时，注意清理毛刺、划痕等，上润滑油。

六、小结

(1) 针对曲柄滑块机构，认识曲柄与连杆的功能。

(2) 熟悉滑块的运动在机械传动中的应用与作用。

(3) 了解装配间隙大小对机构运动精度有何影响。

(4) 掌握销孔配合装配方法，认识定位销的功能。

项目九　折　弯　机

一、项目学习任务书

项目名称	折弯机	制作方法	按图纸要求综合加工
工作任务	知 识 要 求		能 力 要 求
1　项目学习与操作准备	·分析图纸和技术要求。 ·了解折弯机工作原理。 ·熟悉杠杆结构及其应用		·制订备料清单，确定备料尺寸。 ·熟悉折弯机操作与加工方法。 ·编制单件加工工艺规程
2　项目备料与零件加工	·编制项目操作进度计划。 ·熟悉锯床操作基础知识。 ·了解冷弯模具概念及相关知识		·有验证和修正自编工艺基本能力。 ·有机械加工尺寸公差控制能力。 ·有机械加工切削用量选择能力
3　项目装配检测与调试	·熟悉装配技术要求。 ·分析装配工艺规程。 ·确定项目装配方法		·熟悉装配结构分析方法。 ·掌握装配调试基本方法。 ·掌握装配工艺过程
4　参考教材	·公差配合与技术测量(机械工业出版社) ·简明机械手册(湖南科学技术出版社) ·机械设计基础(机械工业出版社) ·机械零件加工		

二、折弯机

折弯机是机械制造行业常用设备，其功能是将金属板料折弯，得到符合图纸要求的弯形零件。折弯机常用于电柜箱、机床头箱和薄板零件的弯形加工。

折弯机的种类较多，常见折弯机有液压折弯机、机械折弯机和手工折弯机等。

1. 手动折弯机的特点

手动折弯机的装配图(如图 9-1)所示，它采用杠杆结构，利用杠杆力原理降低折弯操作强度，零件的弯形尺寸由尺寸定位架和标尺组合调整选择。此类折弯机有结构简单，操作方便的优点。

2. 手动折弯机的结构

手动折弯机主要由底板、墙板、横梁导轨板、导轨压板和压力杆等零件组成。

(1) 手动折弯机的机架由底板 1 和墙板 2 通过螺栓 23 固定、销 22 定位组成。

(2) 滑动导轨槽由墙板 2 与导轨定位板 3 通过螺钉 4 调整组成。

(3) 上模 18 与横梁导轨板 6 经螺钉固定，置于导轨槽中，可上下移动。

(4) 下模 19 通过螺钉固定置于底板 1 定位槽中，与上模下移时对应配合。

(5) 弹簧定位板 11 通过螺钉固定于左右墙板下端，弹簧 10 一端置于弹簧定位板 $\phi 8$ 深 2 的浅孔内，另一端置于横梁导轨板的导向孔内，对横梁导轨板起反弹作用。

(6) 杠杆组合 14、16、17 通过销轴 13 与左右墙板活动连接，组成手压杠杆机构。

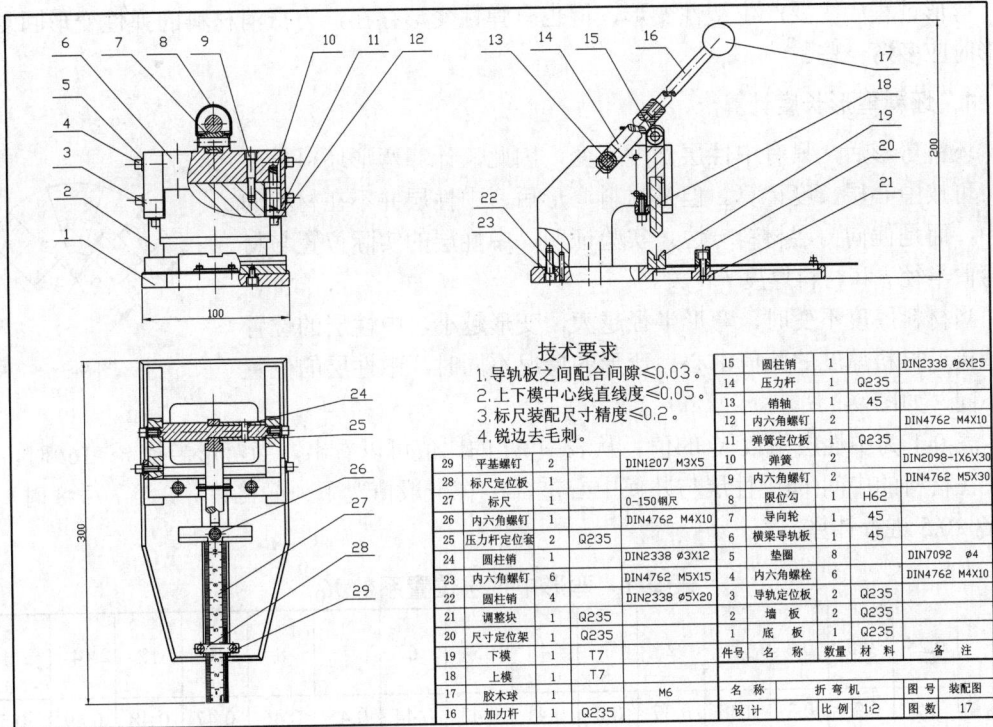

图 9-1

技术要求
1. 导轨板之间配合间隙≤0.03。
2. 上下模中心线直线度≤0.05。
3. 标尺装配尺寸精度≤0.2。
4. 锐边去毛刺。

15	圆柱销	1		DIN2338 ∅6X25
14	压力杆	1	Q235	
13	销轴	1	45	
12	内六角螺钉	2		DIN4762 M4X10
11	弹簧定位板	1	Q235	
10	弹簧	1		DIN2098-1X6X30
9	内六角螺钉	2		DIN4762 M5X30
8	限位勾	1	H62	
7	导向轮	1	45	
6	横梁导轨板	1	45	
5	垫圈	8		DIN7092 ∅4
4	内六角螺栓	1		DIN4762 M4X10
3	导轨定位板	2	Q235	
2	墙板	2	Q235	
1	底板	1	Q235	

29	平基螺钉	2		DIN1207 M3X5
28	标尺定位板	1		
27	标尺	1		0-150钢尺
26	内六角螺钉	1		DIN4762 M4X10
25	压力杆定位套	2	Q235	
24	圆柱销	1		DIN2338 ∅3X12
23	内六角螺钉	6		DIN4762 M5X15
22	圆柱销	4		DIN2338 ∅5X20
21	调整块	1	Q235	
20	尺寸定位架	1	Q235	
19	下模	1	T7	
18	上模	1	T7	
17	胶木球	1		M6
16	加力杆	1	Q235	

件号	名 称	数量	材 料	备 注

名 称	折弯机	图 号	装配图
设 计	比 例 1:2	图 数	17

3．手动折弯机操作

(1) 调整弯形标尺尺寸，将板料一端置于尺寸定位架上定位，另一端置于下模上。

(2) 扳手柄施加压力，横梁导轨板受力沿导轨下移，弹簧压缩使上模与下模贴合、板料受力产生塑性变形。

(3) 撤去压力，横梁导轨板受弹簧力向上反弹，手柄和横梁导轨板恢复起始状态，上下模之间完成闭合与松开的工作过程。

三、弯形

将坯料弯成所需要形状的加工方法，称为弯形。弯形是使材料产生塑性变形，因此只有塑性较好的材料才能进行弯形。如图 9-2(a)所示为弯形前的钢板，图 9-2(b)为弯形后的情况。钢板弯形后，其外层伸长，如图中 a-a 和 b-b 所示，内层缩短，如图中 e-e 和 d-d 所示，而中间有一层材料，弯形后长度不变，称之为中性层，如图中 c-c 所示。

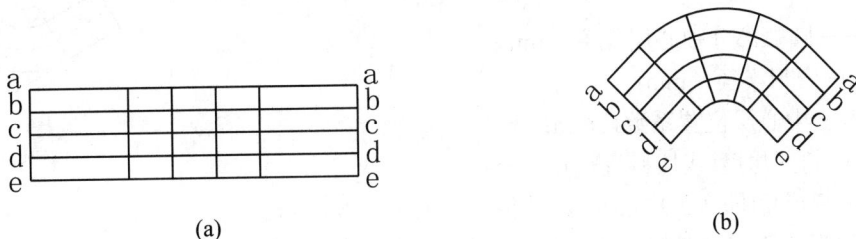

(a)

(b)

图 9-2

弯形过程中主要产生塑性变形，但也有弹性变形存在，为抵消材料的弹性变形回复，弯形时应多弯一些。

1. 坯料弯形长度计算

坯料弯形后，只有中性层长度不变，因此，计算弯形坯料长度时，可按中心层长度计算。但是材料弯形后，中性层并不在材料的正中，而是偏向内层材料一边。实验证明，中性层的实际位置与材料弯曲半径 r 和材料厚度 t 有关。

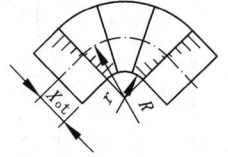

图 9-3

当材料厚度不变时，弯形半径越大，变形越小，中性层的位置就越接近材料厚度的几何中心。弯形的情况不同时，中性层的位置也不同，如图 9-3 所示。

表 9-1 为中性层系数 X_0 的值。从表中 r/t 的比值可以看出，当弯形半径 $r \geqslant 16t$ 时，中性层在材料的中间(即中性层与几何中心重合)。在一般情况下为简化计算，当 $r/t \geqslant 8$ 时，可取 $X_0 = 0.5$ 进行计算。

表 9-1 弯形中性层位置系数 X_0

$\dfrac{r}{t}$	0.25	0.5	0.8	1	2	3	4	5	6	7	8	10	12	14	$\geqslant 16$
X_0	0.2	0.25	0.3	0.35	0.37	0.4	0.41	0.43	0.44	0.45	0.46	0.47	0.48	0.49	0.5

弯形的形式较多，图 9-4 所示为常见的几种，其中图(a)、(b)、(c)为内面带圆弧的制件，图(d)为内面为直角的制件。

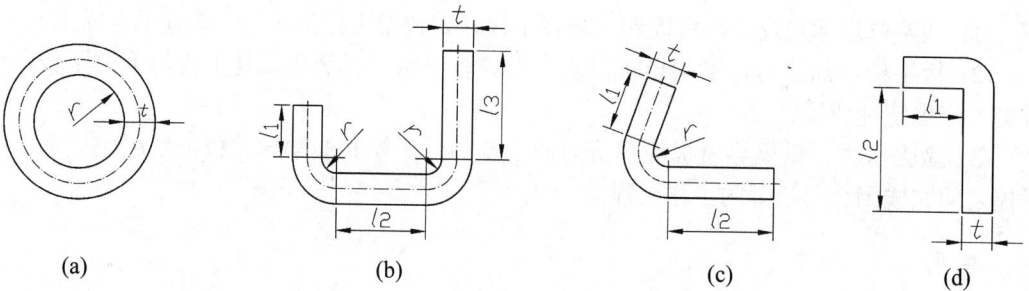

| (a) | (b) | (c) | (d) |

图 9-4

内面带圆弧制件的坯料长度等于直线部分(不变形部分)与圆弧中性层长度(弯形部分)之和。圆弧部分中性层长度的计算公式为

$$A = \pi(r + x_0 t)\frac{a}{180°} \qquad (9-1)$$

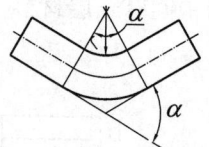

图 9-5

式中：A —— 圆弧部分中心层长度，mm；

$\quad\quad r$ —— 弯形半径，mm；

$\quad\quad x_0$ —— 中心层位置系数，mm；

$\quad\quad t$ —— 材料厚度(或坯料直径)，mm；

$\quad a$ —— 弯形角(即弯形中心角)，单位(°)，如图 9-5 所示。

内面弯形成不带圆弧的直角制件时，其坯料长度的计算可按弯形前后坯料的体积不变，

采用 $A=0.5t$ 的经验公式计算。

例 9-1 把厚度 $t=4$ 的钢板坯料，弯成图 9-4(c)所示的形状，若弯形角 $a=120°$，内弯形半径 $r=16$，边长 $l_1=60$，$l_2=120$，求坯料长度 L 是多少？

$r/t=16/4=4$，查表 9-1 得 $x_0=0.41$

$$L=l_1+l_2+A$$
$$A=\pi(r+x_0t)\,a/180°=3.14\times(16+0.41\times4)\times120°/180°=36.93 \text{ mm}$$

故得到
$$L=60+120+36.93=216.93 \text{ mm}$$

例 9-2 把厚度 $t=3$ 的钢板坯料，弯成图 9-4(d)所示的形状，若 $l_1=60$，$l_2=100$，求坯料长度 L。

因工件为内面直角的弯形制作，所以 $A=0.5t$，有
$$L=l_1+l_2+A=l_1+l_2+0.5t=60+100+0.5\times3=161.5 \text{ mm}$$

由于材料本身性质的差异和弯形工艺及操作方法的不同，理论上计算的坯料长度和实际需要的坯料长度之间会有误差。因此成批生产弯形制件时，一定要采用试弯形方法，确认坯料长度，以免造成批量废品。

2. 弯形方法

弯形方法有冷弯和热弯两种。在常温下进行的弯形称为冷弯；当弯形厚度大于 5 mm 或弯制较大直径棒料和管料工件时，常需要将工件加热后再进行弯形，这种弯形方法称为热弯。

(1) 板料在厚度方向上弯形。小工件可在台虎钳上进行，先划好弯形处尺寸线，然后用木锤敲击，如图 9-6(a)所示。也可用木块垫在工件上用锤子敲击，如图 9-6(b)所示。

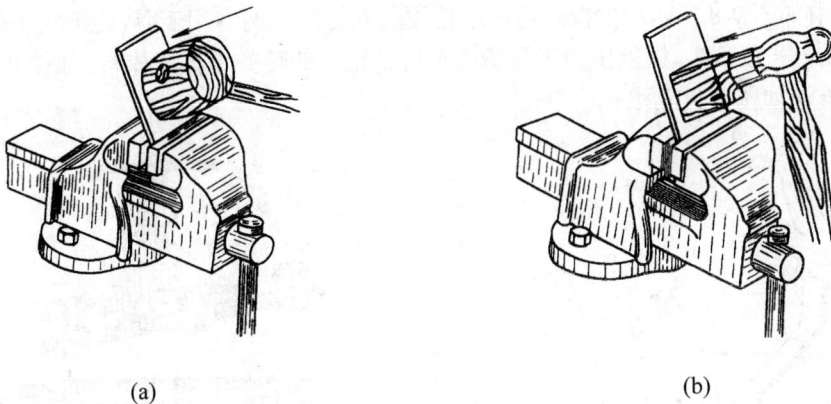

(a)   (b)

图 9-6

(2) 板料在宽度方向上的弯形。它是利用金属材料具有延展性能，在弯形的外弯形部分进行锤击，使材料朝一个方向逐渐延伸，如图 9-7(a)所示。较窄的板料可在 V 形架或特制的弯形模上用锤击法，使工件弯形，如图 9-7(b)所示。另外还可以在简单的弯形工具上进行弯形，如图 9-7(c)所示

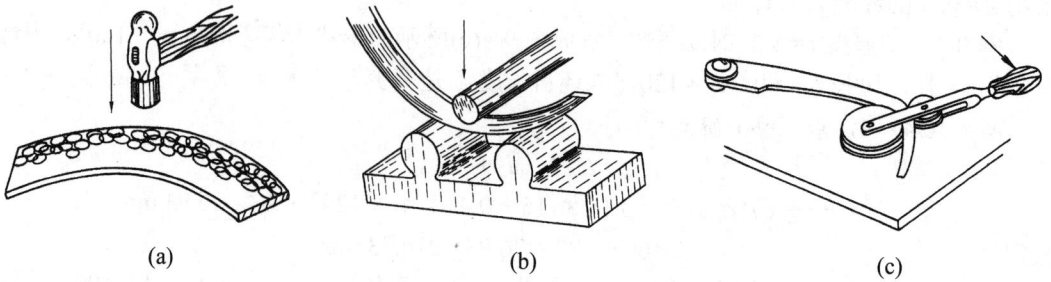

(a)　　　　　　　　　(b)　　　　　　　　　(c)

图 9-7

3．矫正

消除材料或工件弯曲、翘曲和凸凹不平等缺陷的加工方法，称为矫正。

1) 矫正方法概述

常用矫正方法有两种：一是机床矫正，二是手工矫正。钳工常用矫正方法为手工矫正。手工矫正是将工件放在平板、铁砧或台虎钳上，采用锤击、弯形、延伸或伸长等手段进行。

金属材料变形有两种：一是弹性变形，二是塑性变形。矫正的实质是让金属材料产生一种新的塑性变形，以消除原来不应存在的塑性变形。

2) 手工矫正常用工具

(1) 平板和铁砧。平板、铁砧及台虎钳是矫正板材或型材的基座。

(2) 软、硬手锤。矫正一般材料均可采用钳工常用手锤；矫正已加工表面、薄板件或有色金属制件时，应采用铜锤、木锤或橡胶锤等软手锤。

(3) 抽条和拍板。抽条是采用条状薄板，通过弯形制成简易手工工具，用于抽打较大面积的板料(如图 9-8 所示)；拍板是用质地较硬的木材制成的专用工具，主要用于敲打板料。

(4) 螺旋压力工具。螺旋压力工具适用于矫正较大的轴类工件或棒料，如图 9-9(a)所示。矫正检验方法如图 9-9(b)所示。

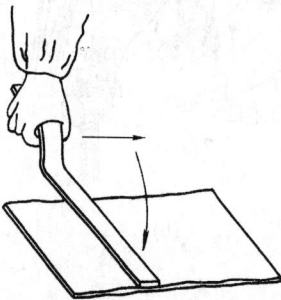

图 9-8

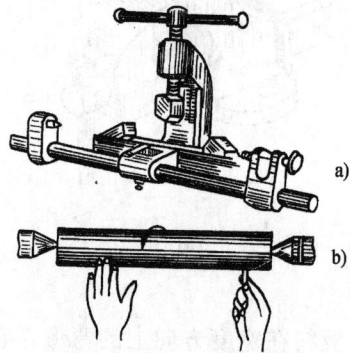

图 9-9

3) 矫正方法

(1) 扭转法。扭转法用来矫正条料的扭曲变形。一般是将条料夹持在台虎钳上，用扳手把条料向弯形的相反方向扭转到原来的形状，如图 9-10 所示。

(2) 伸张法。伸张法用来矫正各种细长线材，如图 9-11 所示，将线材的一端固定，然后在固定端让线材绕圆木一周，紧握圆木向后拉，使线材通过与圆木之间的摩擦拉力得到伸张矫直。

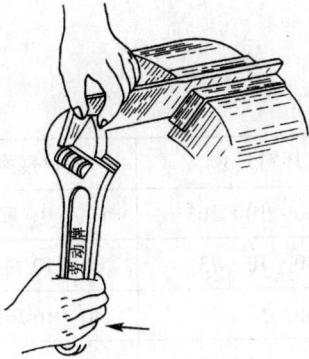
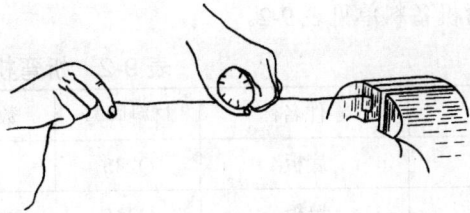

图 9-10   图 9-11

(3) 弯形法。弯形法可用来矫正各种弯曲的棒料和在宽度方向上变形的条料。直径较小的棒料和薄料，可用台虎钳在靠近弯曲处夹持，用扳手矫正。直径较大的棒料和较厚的条料，则要用压力机械矫正。矫正前，先把轴架在两块 V 形架上，V 形架的支点和间距按需要放置，转动螺旋压力机螺杆，使螺杆端部准确压在工件变形的高点部位。为消除弹性变形所产生的回翘，可适当压过一些，然后解除压力。矫正过程中，应使用百分表检测矫正情况，边矫正、边检测，直至工件符合要求。

(4) 延展法。延展法是用手锤敲击材料，使其延展伸长来达到矫正的目的。薄板中间凸起，是由于材料变形后局部变薄引起的。矫正时可锤击板料的边缘，使边缘处延展变薄，边缘处厚度与凸起部位的厚度愈接近则愈平整，图 9-12(a)所示中箭头所示方向即锤击部位。锤击时，由里向外逐渐由轻到重，由稀到密。如果薄板上有相邻几处凸起变形，应先锤击凸间的地方，使几处凸起合并成一处，然后再用延展法锤击四周达到矫平的目的。

如果薄板四周呈波纹状，说明板料四周变薄伸长了。锤击时，应从中心向四周逐渐由重到轻，由密到稀，多次反复锤击使板料平整，如图 9-12(b)所示。

如果薄板发生对角翘曲时，应沿没有翘曲的另一对角线锤击，使其延展而矫平，如图 9-12(c)所示。

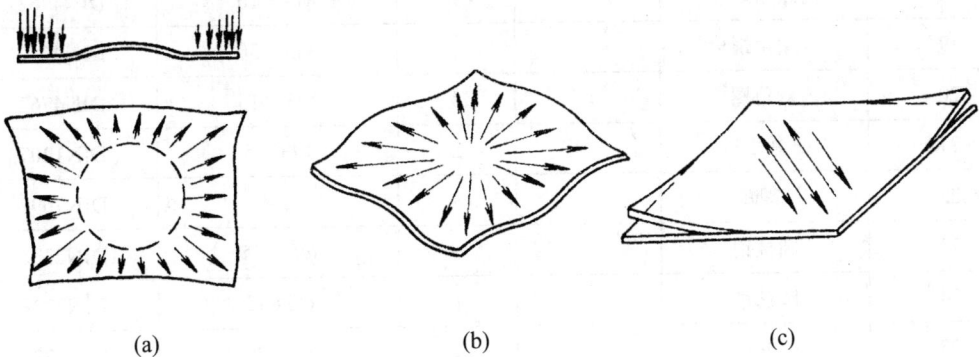

(a)   (b)   (c)

图 9-12

四、加工工艺分析

1. 备料

折弯机备料单见表 9-2。

表 9-2　折弯机备料单

序号	零件名称	材料牌号	数量	坯料尺寸	型材规格
1	底板	Q235	1	$100 \times 10 \times 203$	100×10 扁钢
2	墙板	Q235	2	$80 \times 10 \times 73$	80×10 扁钢
3	导轨定位板	Q235	2	$40 \times 14 \times 33$	40×16 扁钢
4	横梁导轨板	45	1	$40 \times 12 \times 93$	40×16 扁钢
5	压力杆定位套	Q235	1	$\phi 12 \times 34$	14 圆钢
6	构架	H62	1	$\phi 1.5 \times 65$	1.5 铜线
7	弹簧定位板	Q235	1	$4 \times 25 \times 100$	4×25 扁钢
8	销轴	45	1	$\phi 12 \times 102$	14 圆钢
9	压力杆	45	1	$\phi 12 \times 105$	12 圆钢
10	加力杆	Q235	1	$\phi 10 \times 125$	10 圆钢
11	上模	45	1	$80 \times 8 \times 43$	80×10 扁钢
12	下模	45	1	$16 \times 16 \times 100$	16×16 方钢
13	尺寸定位架	ZHL	1	$50 \times 16 \times 10$	铝型材
14	滑动定位块	Q235	1	$12 \times 8 \times 18$	12×8 扁钢
15	导向轮	45	1	$\phi 10 \times 17$	14 圆钢
16	标尺定位板	ZHL	1	$30 \times 6 \times 2$	2 mm 铝板
17	M6 胶木球		1		
18	内六角螺栓		9	$M4 \times 10$	DIN4762
19	内六角螺栓		2	$M5 \times 30$	DIN4762
20	内六角螺栓		4	$M5 \times 15$	DIN4762
21	平基螺钉		2	$M3 \times 5$	DIN1207
22	垫圈		8	$\phi 4$	DIN7092
23	圆柱销		1	$\phi 6 \times 25$	DIN2338
24	圆柱销		1	$\phi 3 \times 12$	DIN2338
25	圆柱销		4	$\phi 5 \times 20$	DIN2338
26	标尺		1	$0 \sim 150$	钢尺

2．底板

底板及技术要求见图 9-13，其加工工艺见表 9-3。

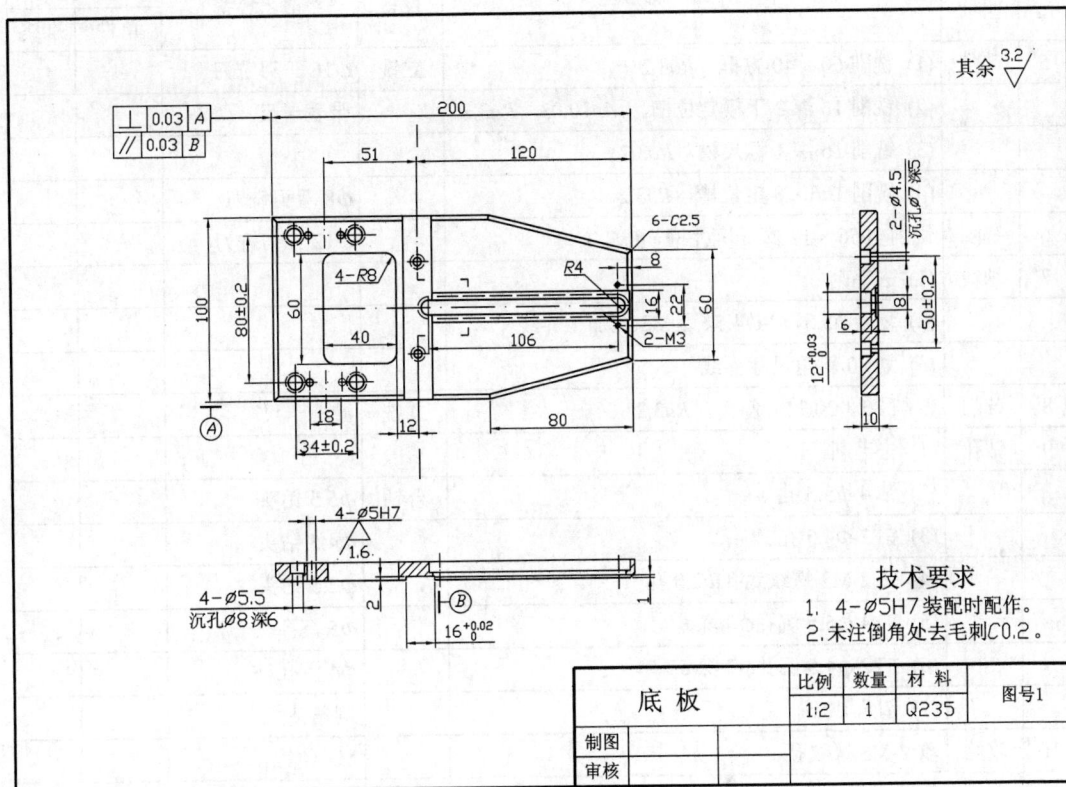

图 9-13

表 9-3 底板加工工艺规程

机械加工工艺过程卡		产品名称	折弯机	零件图号		1		共　页	
				零件名称		底板		第　页	
材料牌号	Q235	毛坯种类	扁钢	毛坯尺寸		100×8×203		件数	1
工序	名称	工 序 内 容			设备	工艺装备		工　时	
								单件	准终
1	铣削	铣削长度尺寸 200，⊥≤0.03，Ra3.2			立铣	游标卡尺			
2	磨削	(1) 去毛刺							
		(2) 磨削两平面，尺寸 10，Ra1.6			平磨	千分尺			
3	划线	(1) 划 60×40 方框加工界线							
		(2) 划 16 深 2 定位槽加工界线							
		(3) 划 106×8、106×12(背面)加工界线							
		(4) 划 16 深 1 槽加工界线							
4	钻孔	(1) 钻 60×40 方框铣削加工工艺孔ϕ8			台钻	8 钻头			
		(2) 钻 106×8 槽铣削工艺孔ϕ6				6 钻头			

工序	名称	工序内容	设备	工艺装备	工时	
					单件	准终
5	铣削	(1) 铣削 60×40 方框，$Ra3.2$	立铣	ϕ16 三刃铣刀		
		(2) 铣削 16 深 2 下模定位槽、// ≤0.03，$Ra3.2$		带表卡尺		
		(3) 铣削 16 深 1 标尺槽，$Ra3.2$				
		(4) 铣削 106×8 定位槽，$Ra3.2$		ϕ8 双刃铣刀		
6	铣削	铣削 1056×12 深 6 沉孔槽，$Ra3.2$		ϕ12 三刃铣刀		
7	划线	(1) 去毛刺				
		(2) 划 4-ϕ5.5、2-ϕ4.5、2-M3 孔加工界线				
		(3) 划 80 斜角尺寸界线				
8	铣削	铣削 80×20 尺寸斜角，$Ra3.2$	立铣	游标卡尺		
9	钻孔	(1) 去毛刺				
		(2) 钻 4-ϕ5.5 孔	台钻	ϕ5.5 钻头		
		(3) 钻 2-ϕ4.5 孔		ϕ4.5 钻头		
		(4) 钻 2-M3 螺纹底孔ϕ2.5 孔		ϕ2.5 钻头		
		(5) 扩 4-ϕ5.5 沉孔ϕ8 深 6		ϕ5 沉孔钻		
		(6) 扩 2-ϕ4.5 沉孔ϕ7 深 5		ϕ4 沉孔钻		
		(7) 倒角 $C0.5$		倒角钻		
10	攻丝	攻 2-M3 螺纹孔		M3 丝锥		
11	划线	划四周倒角线 $C2.5$				
12	锉削	锉削倒角 $C2.5$，$Ra3.2$				
13	检难					

注意：(1) 铣削底板底面定位槽，换向装夹时，定位基准保持一致性。

(2) 4-ϕ4H7 定位销孔装配调试后配钻铰。

(3) 扁钢厚度、宽度尺寸按公差等级 h11 加工。

3. 左右墙板

左右墙板及技术要求见图 9-14，其加工工艺见表 9-4。

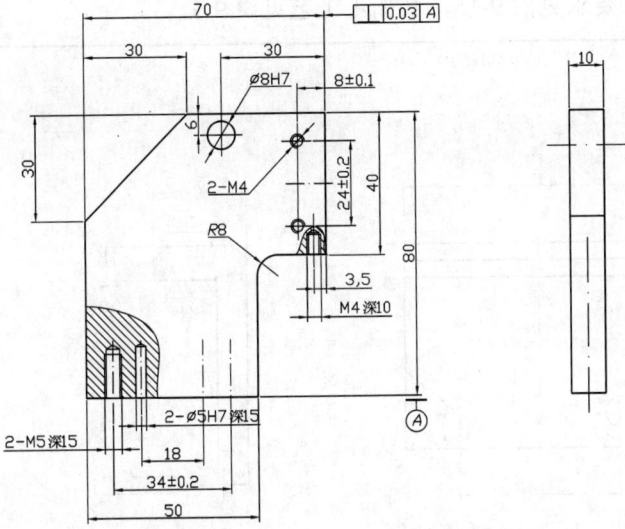

图 9-14

表 9-4　左右墙板加工工艺规程

机械加工工艺过程卡		产品名称	折弯机	零件图号		2		共　页
				零件名称		墙析		第　页
材料牌号	Q235	毛坯种类	扁钢	毛坯尺寸		80×10×73	件数	各1
工序	名称	工　序　内　容			设备	工艺装备	工　时	
							单件	准终
1	铣削	铣削尺寸 80×70，⊥≤0.03，Ra3.2			立铣	游标卡尺、角尺		
2	磨削	(1) 去毛刺						
		(2) 磨削两平面尺寸 10，Ra1.6			平磨	千分尺		
3	划线	(1) 划 30×30 倒角尺寸界线						
		(2) 划 50、40、R8 加工尺寸界线						
4	铣削	(1) 铣削 50×40、R8 尺寸，Ra3.2			立铣	游标卡尺		
		(2) 铣削 30×30 倒角尺寸，Ra3.2				游标卡尺		
5	划线	划 2-M5、3-M4 及φ8H7 孔加工尺寸界线						
6	钻孔	(1) 钻 2-M5 螺纹底孔φ4.2				φ4.2 钻头		
		(2) 钻 3-M4 螺纹底孔φ3.3				φ3.3 钻头		
		(3) 钻φ8H7 底孔φ7.8				φ7.8 钻头		
		(4) 倒角 C0.5				倒角钻		
7	铰孔	铰φ8H7 孔，Ra1.6				φ8H7 铰刀		
8	攻丝	攻 2-M5，3-M4 螺纹孔。				M3、M4 丝锥		
9	检验							

4. 导轨定位板

导轨定位板及其技术要求见图 9-15，其加工工艺见表 9-5。

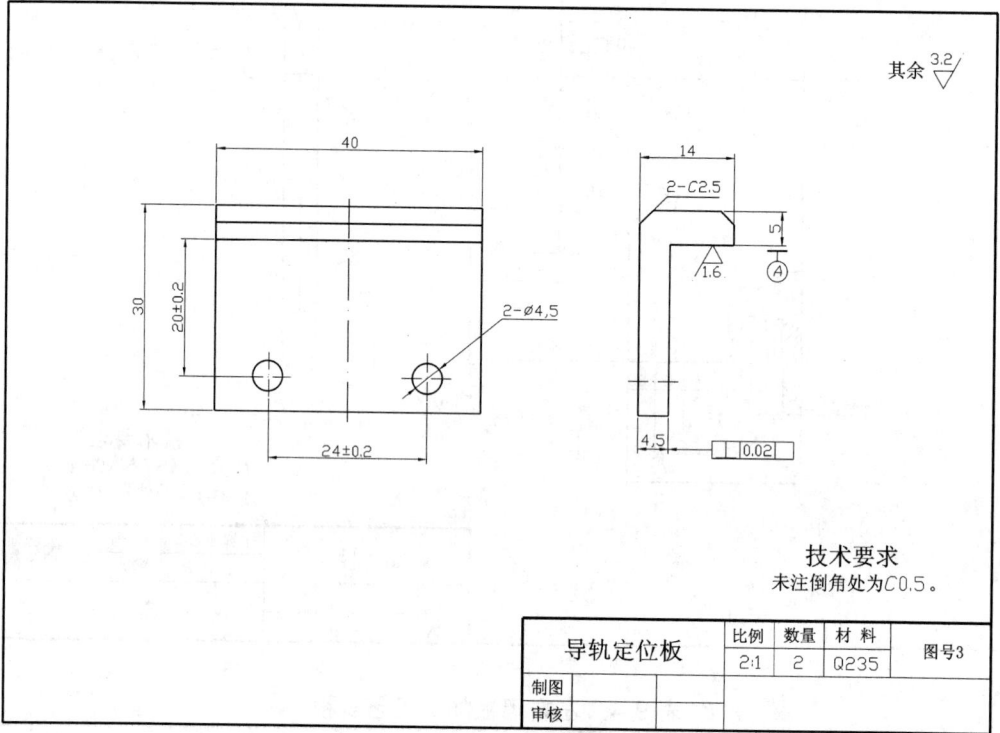

图 9-15

表 9-5 导轨定位板加工工艺规程

机械加工工艺过程卡		产品名称	折弯机		零件图号		3		共 页	
					零件名称		导轨定位板		第 页	
材料牌号	Q235	毛坯种类	扁钢	毛坯尺寸		40×16×33			件数	2
工序	名称	工 序 内 容				设备	工艺装备		工 时	
									单件	准终
1	铣削	铣削尺寸 30，⊥≤0.03，Ra3.2				立铣	千分尺、角尺			
2	磨削	(1) 去毛刺								
		(2) 磨削两平面尺寸 14，Ra1.6				平磨	千分尺			
3	铣削	铣削尺寸 4.5、5，⊥≤0.02，Ra1.6				立铣	千分尺、角尺			
4	划线	(1) 去毛刺 C0.5								
		(2) 划 2-ϕ4.5 孔加工界线								
5	钻孔	(1) 钻 2-ϕ4.5 孔					ϕ4.5 钻头			
		(2) 倒角 C0.5					倒角钻			
6	锉削	倒角 C2.5，Ra3.2								
7	检验									

5. 横梁导轨板

横梁导轨板及技术要求见图 9-16，其加工工艺见表 9-6。

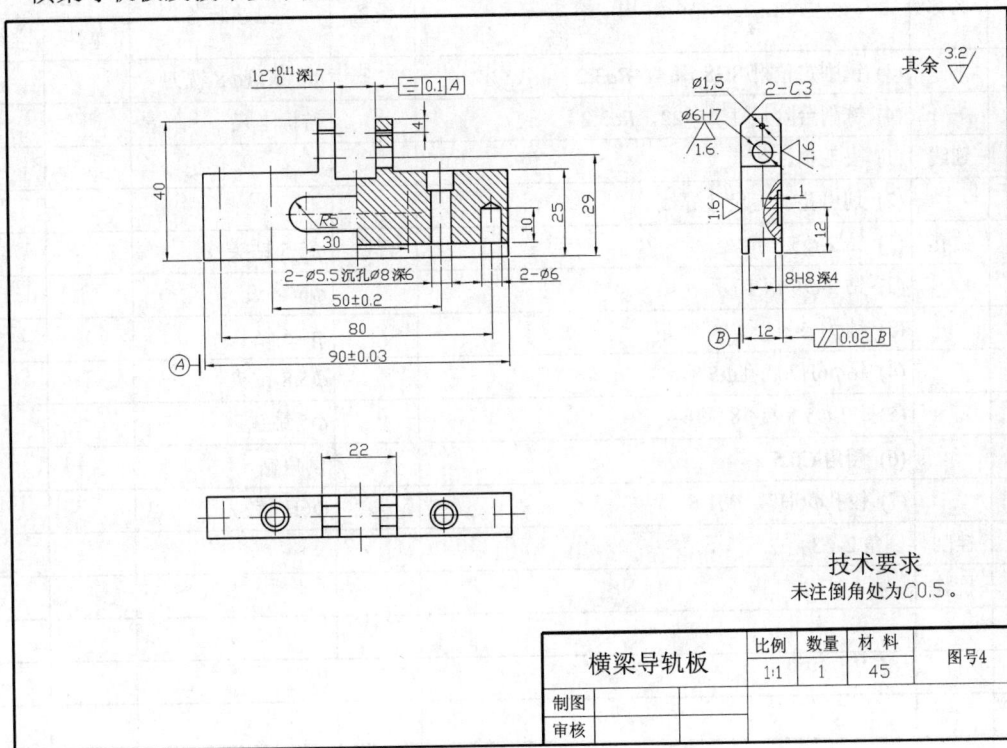

其余 3.2

$12^{+0.11}_{0}$ 深 17   ⊥ 0.1 A   ∅1.5   2-C3   ∅6H7   1.6   1.6   1

40   25   29   10   1.6   12

R5   30

2-∅5.5 沉孔∅8 深6   2-∅6   8H8 深4

50±0.2   B   12   // 0.02 B

80

90±0.03   A

22

技术要求
未注倒角处为 C0.5。

横梁导轨板	比例	数量	材料	图号4
	1:1	1	45	
制图				
审核				

图 9-16

表 9-6 横梁导轨板加工工艺规程

机械加工工艺过程卡		产品名称		折弯机	零件图号		4	共 页
					零件名称		横梁导轨板	第 页
材料牌号	45	毛坯种类	扁钢	毛坯尺寸	40×12×93			件数 1
工序	名称	工 序 内 容			设备	工艺装备	工 时	
							单件	准终
1	铣削	铣削尺寸 90±0.03，⊥≤0.02，Ra3.2			立铣	千分尺		
2	磨削	(1) 去毛刺。						
		(2) 磨削两平面尺寸 12，//≤0.02，Ra1.6			平磨	千分尺		
3	划线	(1) 划出腰形槽 R5×30 深 1 加工尺寸界线						
		(2) 划出 $12^{+0.11}_{0}$ 深 17 加工尺寸界线						
		(3) 划出定位槽 8H8 深 4 加工尺寸界线						
		(4) 划出台阶 25×22 加工尺寸界线						
4	铣削	(1) 铣削腰形槽 R5×30 深 1，Ra3.2，去毛刺			立铣	游标卡尺		
		(2) 铣削尺寸 $12^{+0.11}_{0}$ 深 17，对称中线 0.1，Ra3.2				∅12 双刃铣刀		

工序	名称	工 序 内 容	设备	工艺装备	工 时	
					单件	准终
		(3) 铣削定位槽 8H8 深 4，Ra3.2		ϕ8 塞规ϕ8 铣刀		
		(4) 铣削台阶尺寸 25×22，Ra3.2		游标卡尺		
5	划线	(1) 去毛刺。				
		(2) 划出孔加工尺寸界线。				
6	钻孔	(1) 钻 2-ϕ5.5 孔。	台钻	ϕ5.5 钻头		
		(2) 钻 2-ϕ6 深 10 孔。		ϕ6 钻头		
		(3) 钻ϕ1.5 孔。		ϕ1.5 钻头		
		(4) 钻ϕ6H7 底孔ϕ5.8		ϕ5.8 钻头		
		(5)扩 2-ϕ5.5 沉ϕ8 深 6		ϕ5 钻头		
		(6) 倒角 C0.5		倒角钻		
		(7) 铰孔ϕ6H7，Ra1.6		ϕ6H7 铰刀		
7	锉削	倒角 2-C3				
8	检验					

注意：(1) 横梁导轨板在导轨槽中上下移动，加工中应注意其厚度尺寸的平行度要求和端面垂直度要求。

(2) 2-ϕ6 深 10 是弹簧工作导向孔，其深度尺寸 10 mm 有一致性要求，否则两弹簧工作压力会不同，引起横梁导轨板做功时上下移动不均匀，在导轨槽中产生阻滞现象。

6．压力杆定位套

压力杆定位套及技术要求见图9-17，其加工工艺见表9-7(读者自行填写)。

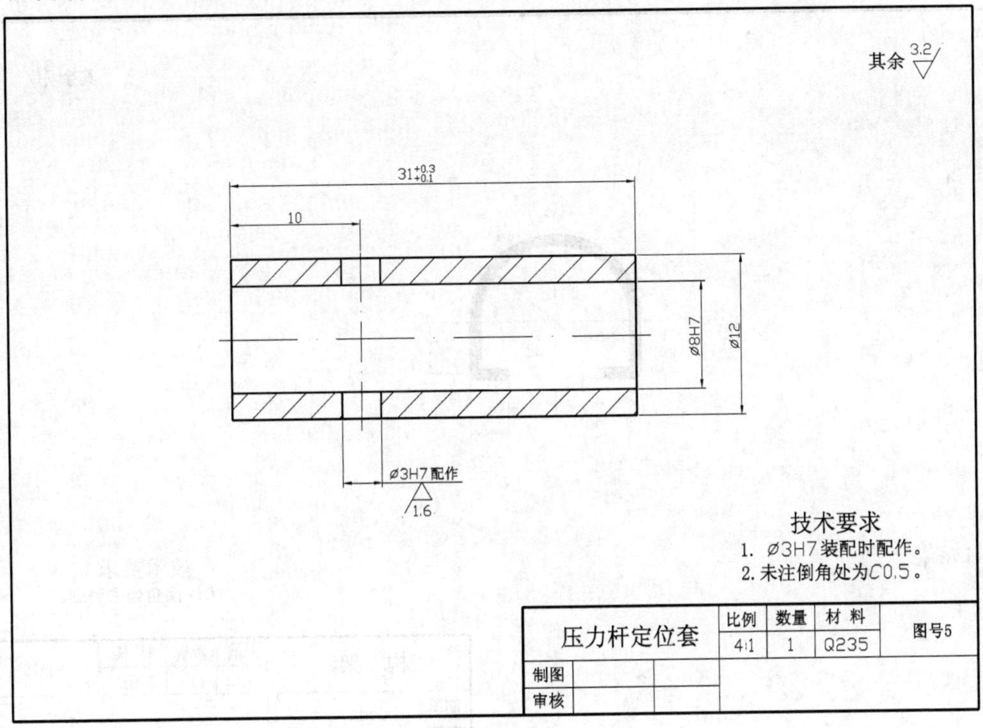

图 9-17

表 9-7　压力杆定位套加工工艺规程

机械加工工艺过程卡		产品名称		零件图号		共　页
				零件名称		第　页
材料牌号		毛坯种类	毛坯尺寸			件数	
工序	名称	工　序　内　容		设备	工艺装备	工　时	
						单件	准终

7．构架

构架及其技术要求见图 9-18，其加工工艺见表 9-8。

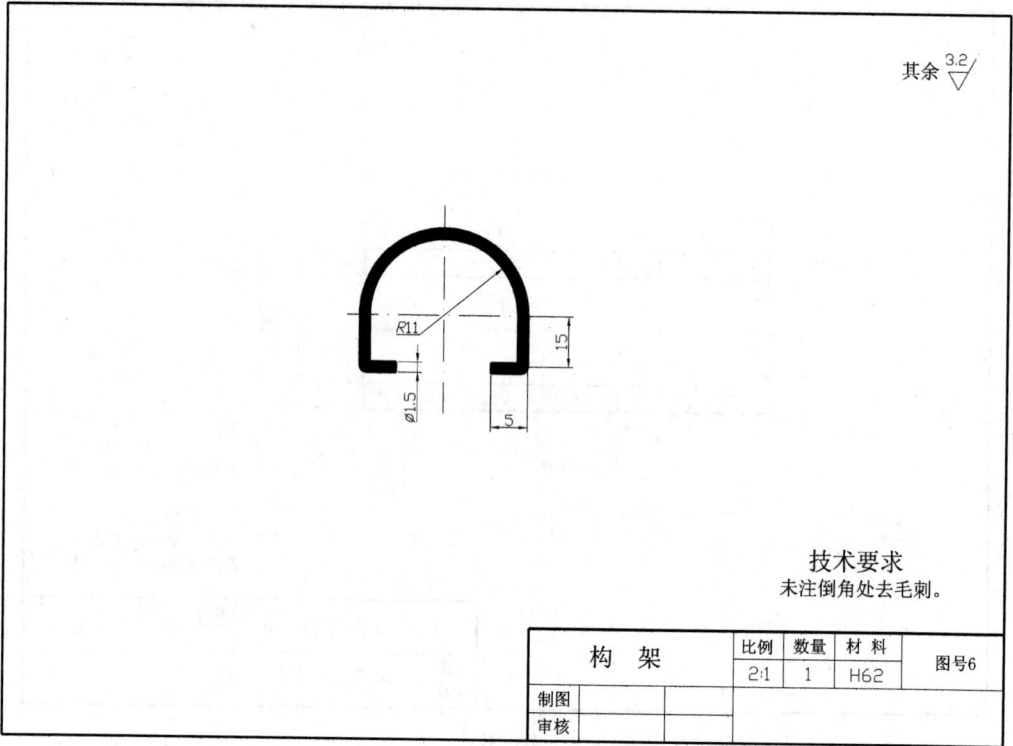

其余 $\sqrt{\frac{3.2}{}}$

技术要求
未注倒角处去毛刺。

构 架	比例 2:1	数量 1	材料 H62	图号6
制图				
审核				

图 9-18

表 9-8　构架加工工艺规程

机械加工工艺过程卡		产品名称	折弯机		零件图号	6	共　页	
					零件名称	构架	第　页	
材料牌号	H62	毛坯种类	铜丝	毛坯尺寸	$\phi 1.5 \times 65$		件数	1
工序	名称	工　序　内　容			设备	工艺装备	工　时	
							单件	准终
1	锯削	(1) 计算展开尺寸						
		(2) 截取总长尺寸				游标卡尺		
2	倒角	两端倒角						
3	弯形	(1) 折弯两端尺寸 $5 \times 90°$						
		(2) 弯形圆弧 R11						
		(3) 矫正图样要求						
4	检验							

8. 弹簧定位板

弹簧定位板及技术要求见图 9-19，其加工工艺见表 9-9(读者自行填写)。

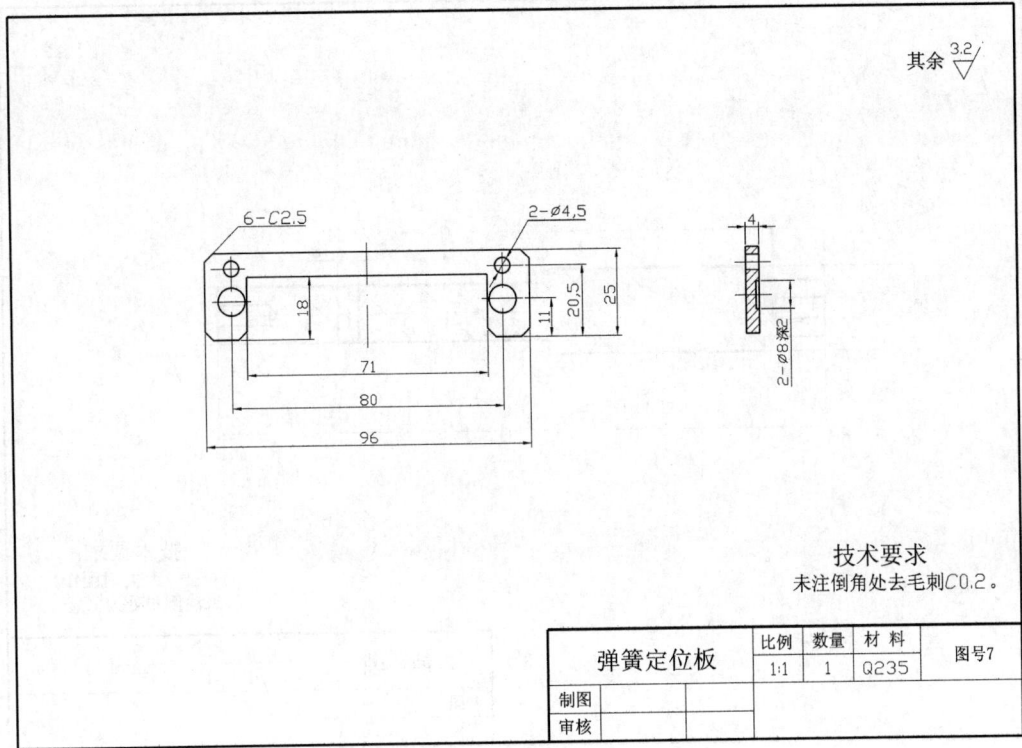

图 9-19

表 9-9 弹簧定位板加工工艺规程

机械加工工艺过程卡			产品名称			零件图号			共 页	
						零件名称			第 页	
材料牌号		毛坯种类			毛坯尺寸				件数	
工序	名称		工 序 内 容			设备	工艺装备		工 时	
									单件	准终

9. 销轴

销轴及技术要求见图9-20，其加工工艺见表9-10(读者自行填写)。

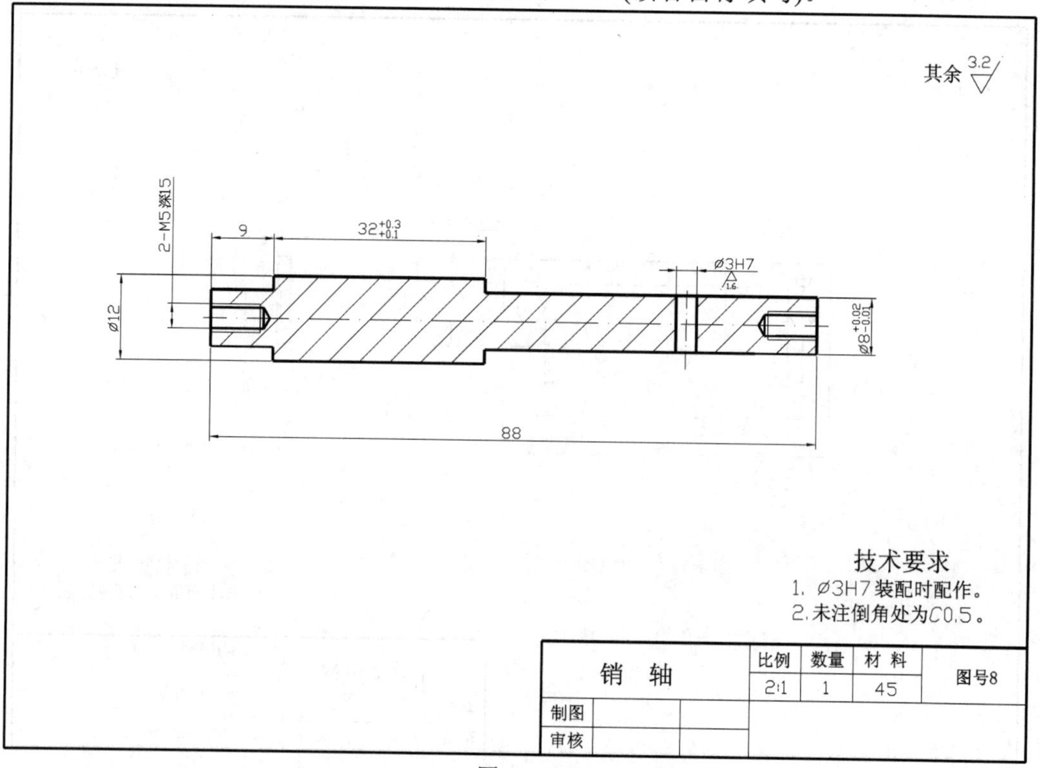

图 9-20

表 9-10 销轴加工工艺规程

机械加工工艺过程卡		产品名称		零件图号		共　页	
				零件名称		第　页	
材料牌号		毛坯种类		毛坯尺寸		件数	
工序	名称	工　序　内　容		设备	工艺装备	工　时	
						单件	准终

10．压力杆加工工艺

压力杆及技术要求见图 9-21，其加工工艺见表 9-11(读者自行填写)。

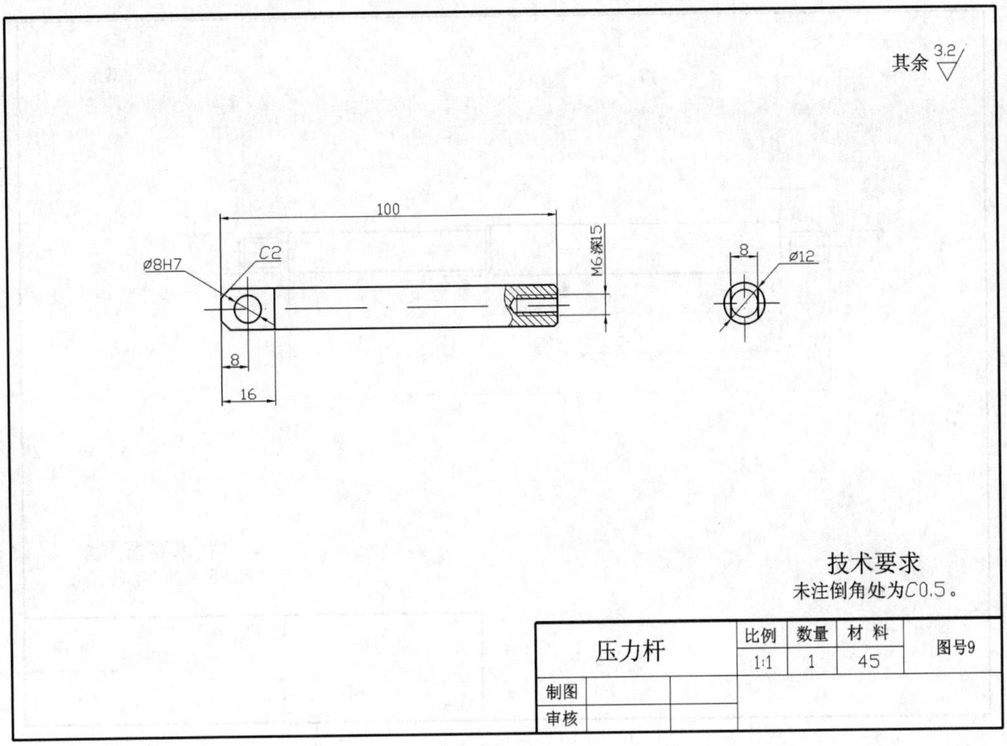

图 9-21

表 9-11 压力杆加工工艺规程

机械加工工艺过程卡		产品名称			零件图号		共 页	
					零件名称		第 页	
材料牌号		毛坯种类		毛坯尺寸			件数	
工序	名称	工 序 内 容			设备	工艺装备	工 时	
							单件	准终

11. 加力杆

加力杆及技术要求见图 9-22,其加工工艺见表 9-12(读者自行填写)。

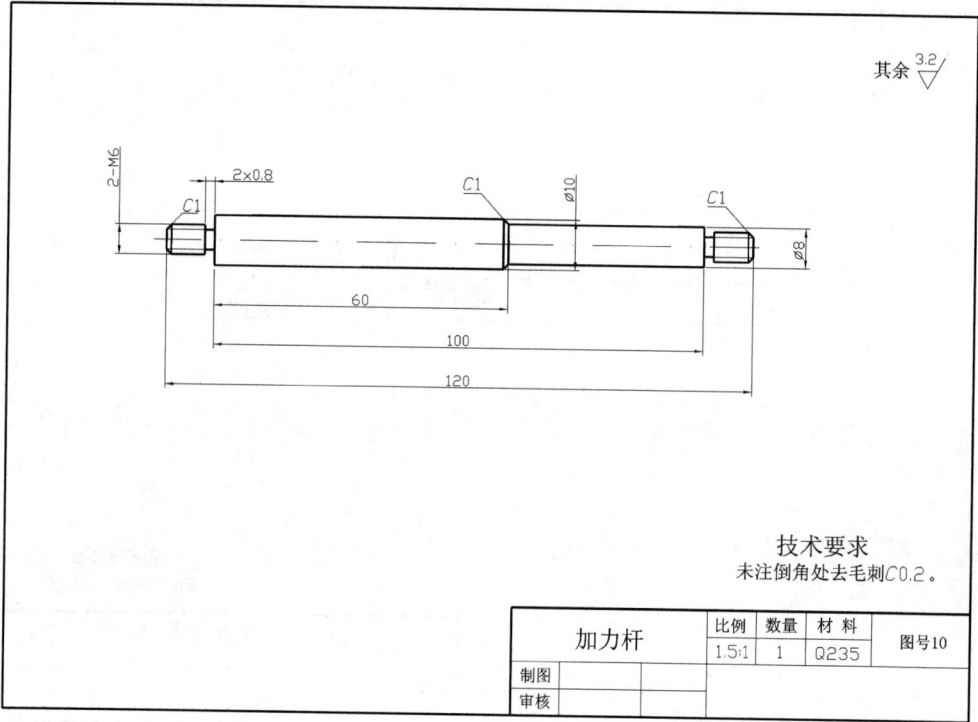

图 9-22

表 9-12 加力杆加工工艺规程

机械加工工艺过程卡		产品名称			零件图号		共 页	
					零件名称		第 页	
材料牌号		毛坯种类		毛坯尺寸			件数	
工序	名称	工 序 内 容			设备	工艺装备	工 时	
							单件	准终

12. 上模

上模杆及技术要求见图 9-23,其加工工艺见表 9-13。

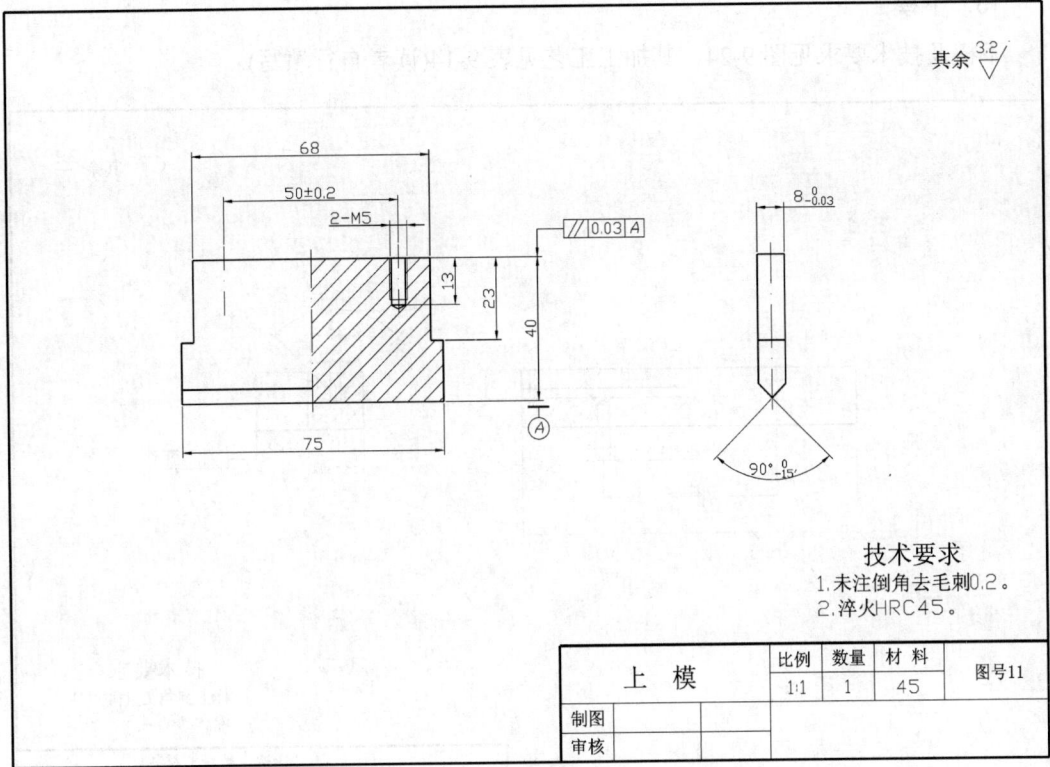

其余 $\sqrt{3.2}$

技术要求
1. 未注倒角去毛刺0.2。
2. 淬火HRC45。

上　模	比例	数量	材　料	图号11
	1:1	1	45	
制图				
审核				

图 9-23

表 9-13　上模加工工艺规程

机械加工工艺过程卡		产品名称		折弯机	零件图号			共　页	
					零件名称		上模	第　页	
材料牌号	45	毛坯种类	扁钢	毛坯尺寸		80×10×43		件数	1
工序	名称	工　序　内　容			设备	工艺装备		工　时	
								单件	准终
1	铣削	(1) 铣削尺寸 75，⊥≤0.03，Ra3.2			立铣	游标卡尺			
		(2) 铣削尺寸 40 成 40.3，//≤0.05，Ra3.2							
		(3) 铣削尺寸 68×23，Ra3.2				游标卡尺、角尺			
		(4) 铣削尺寸 8 成 8.3，//≤0.05，Ra3.2				盘铣刀			
		(5) 铣削角度 $90°\,^{0}_{-15'}$，Ra3.2				角度平口钳			
2	磨削	(1) 磨削两平面，尺寸 $8\,^{0}_{-0.03}$，//≤0.02，Ra1.6			平磨	千分尺			
		(2) 磨削尺寸 40，//≤0.02，Ra1.6				精密平口钳			
3	划线	划出 2-M5 加工界线							
4	钻孔	(1) 钻 2-M5 底孔φ4.2 深 17			台钻	φ4.2 钻头			
		(2) 倒角 C1				倒角钻			
		(3) 攻 2-M5 螺纹				M5 丝锥			
		(4) 修磨角度 $90°\,^{0}_{-15'}$，Ra1.6							
5	检验								

13. 下模

下模及技术要求见图 9-24，其加工工艺见表 9-14(读者自行填写)。

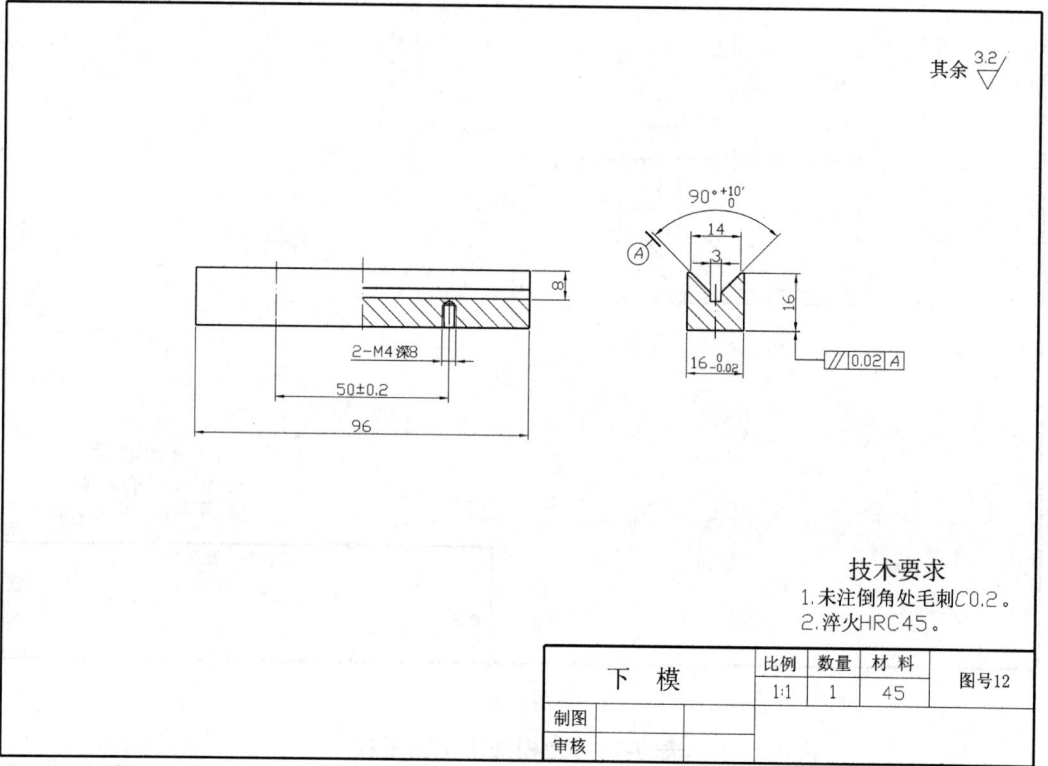

图 9-24

表 9-14　下模加工工艺规程

机械加工工艺过程卡		产品名称		零件图号			共　页	
				零件名称			第　页	
材料牌号		毛坯种类		毛坯尺寸			件数	
工序	名称	工　序　内　容			设备	工艺装备	工　时	
							单件	准终

14．尺寸定位架

尺寸定位架及技术要求见图 9-25，其加工工艺见表 9-15(读者自行填写)。

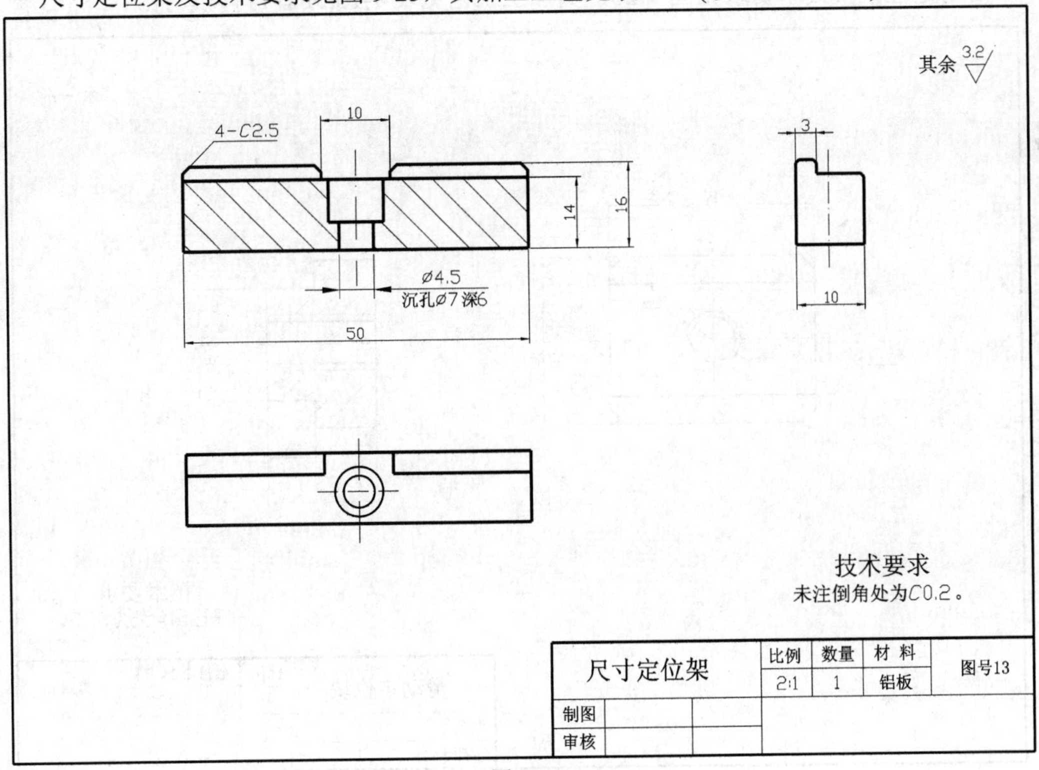

图 9-25

表 9-15　尺寸定位架加工工艺规程

机械加工工艺过程卡		产品名称		零件图号		共　页	
				零件名称		第　页	
材料牌号		毛坯种类		毛坯尺寸		件数	
工序	名称	工　序　内　容		设备	工艺装备	工　时	
						单件	准终

15．滑动定位块

滑动定位架及技术要求见图 9-26，其加工工艺见表 9-16(读者自行填写)。

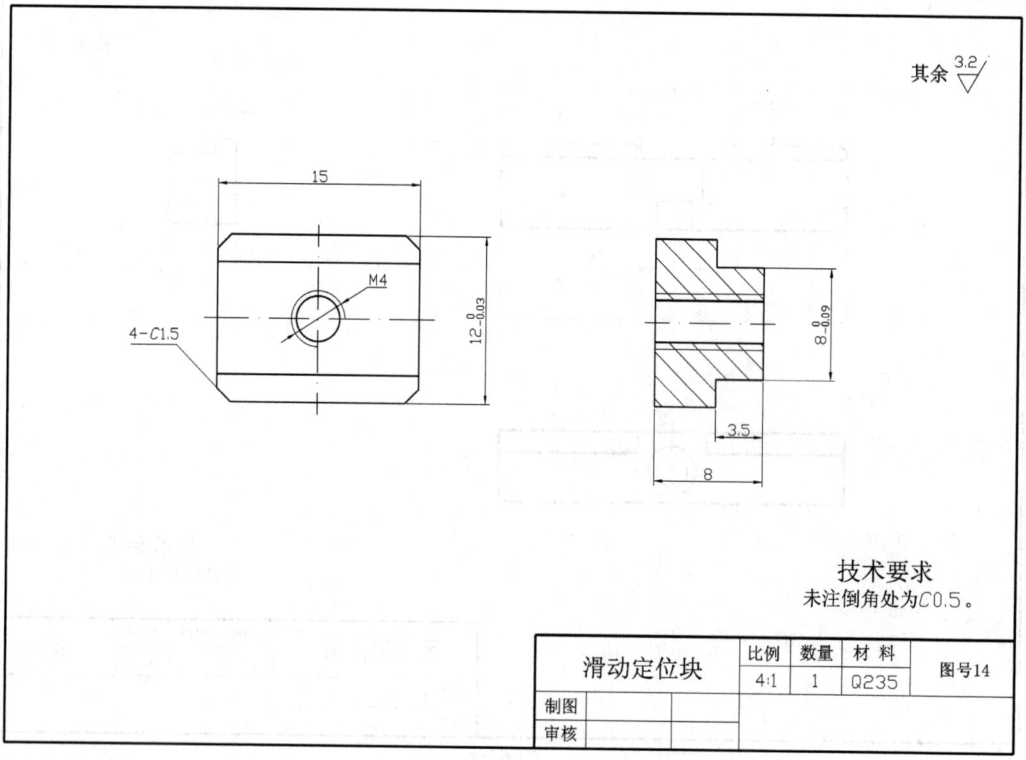

其余 $3.2 \sqrt{}$

技术要求

未注倒角处为 C0.5。

滑动定位块	比例	数量	材料	图号14
	4:1	1	Q235	
制图				
审核				

图 9-26

表 9-16 滑动定位块加工工艺规程

机械加工工艺过程卡		产品 名称			零件图号			共　页	
					零件名称			第　页	
材料牌号		毛坯种类		毛坯尺寸				件数	
工序	名称	工　序　内　容				设备	工艺装备	工　时	
								单件	准终

16. 导向轮

导向轮及技术要求见图 9-27，其加工工艺见表 9-17(读者自行填写)。

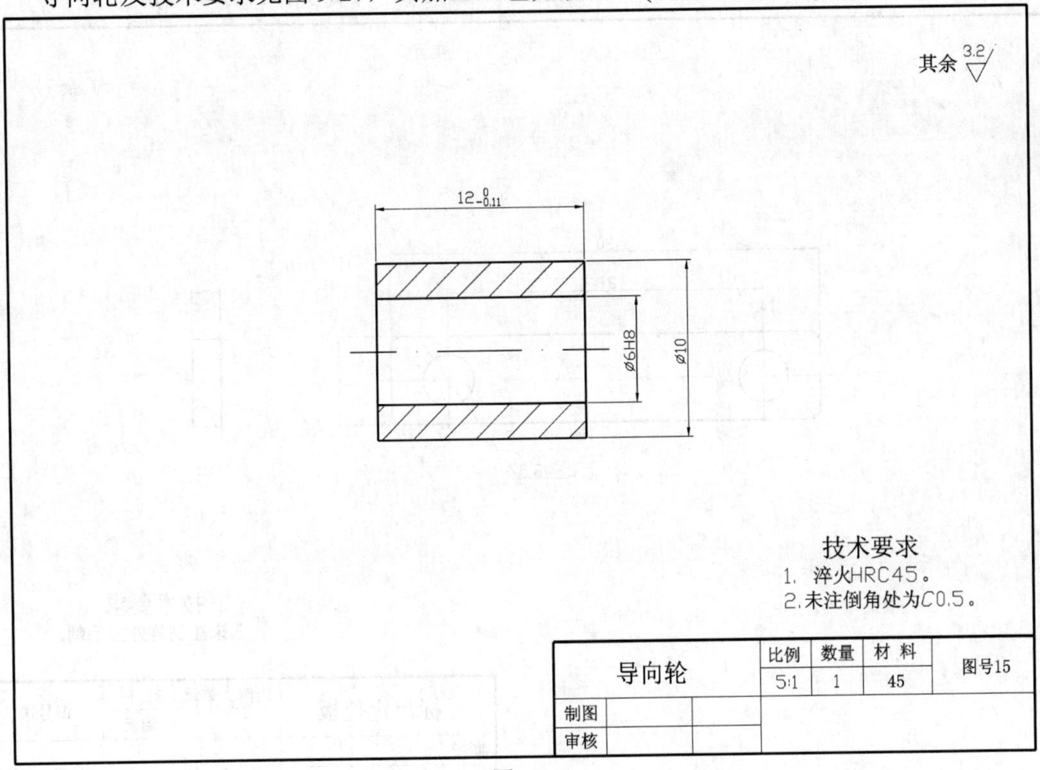

图 9-27

表 9-17 导向轮加工工艺规程

机械加工工艺过程卡		产品 名称		零件图号			共 页	
				零件名称			第 页	
材料牌号		毛坯种类		毛坯尺寸			件数	
工序	名称	工 序 内 容			设备	工艺装备	工 时	
							单件	准终

17．标尺定位板

标尺定位板及技术要求见图9-28，其加工工艺见表9-18(读者自行填写)。

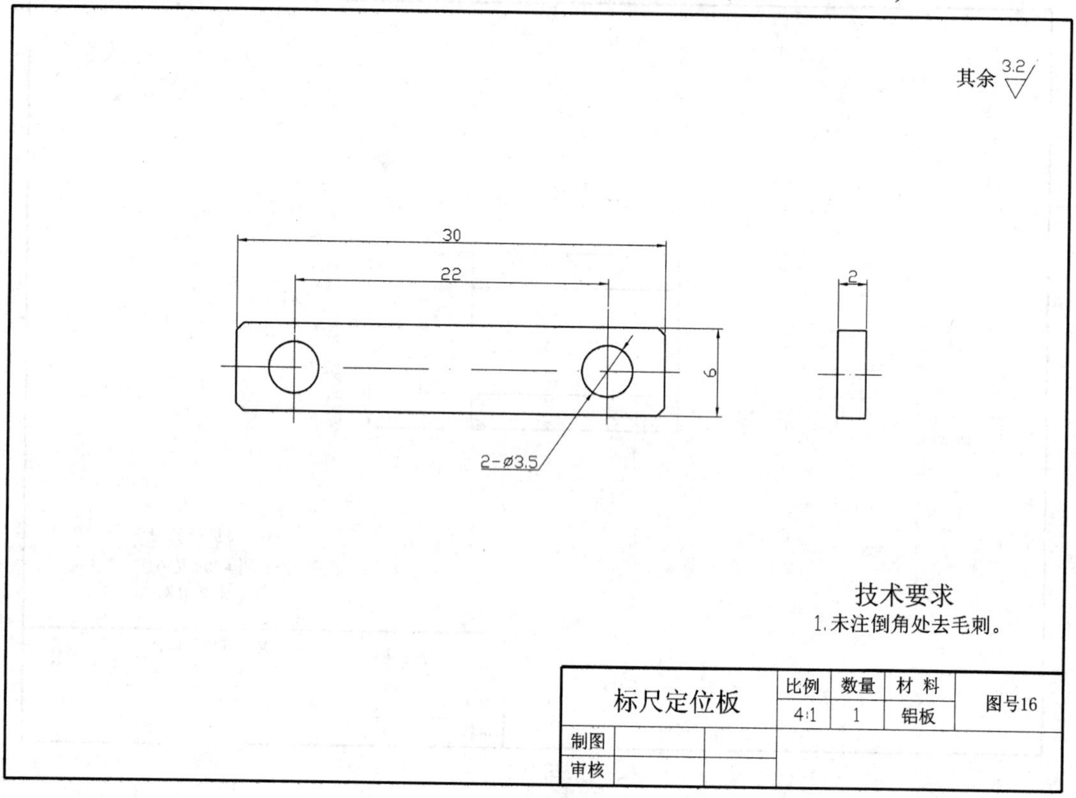

其余 $3.2 \over \triangledown$

30

22

2

6

2-∅3.5

技术要求
1.未注倒角处去毛刺。

标尺定位板	比例	数量	材 料	图号16
	4:1	1	铝板	
制图				
审核				

图 9-28

表 9-18　标尺定位板加工工艺规程

机械加工工艺过程卡		产品名称		零件图号		共　页	
				零件名称		第　页	
材料牌号		毛坯种类		毛坯尺寸		件数	
工序	名称	工　序　内　容		设备	工艺装备	工　时	
						单件	准终

五、装配

1．装配前的准备

根据项目装配技术要求，做好装配前准备。

(1) 清点装配零件和标准件，保证数量正确。

(2) 清理装配场地，确定装配工具和检测量具。

(3) 检测各零件质量情况，去除毛刺等。

(4) 清洗与擦净各零件。

(5) 分析装配图纸，确定装配工艺规程。

2．销轴定位套组合

取压力杆 14 和压力杆定位套 25 与销轴 13 结合，钻铰定位销 ϕ3H7 孔，配入圆柱销 22，检测销轴凸台阶至定位套端面装配尺寸要求，方法如图 9-29 所示。所测尺寸应大于横梁导轨板 6 实际长度尺寸 0.03～0.05，0.03～0.05 为横梁导轨板端面的配合间隙。

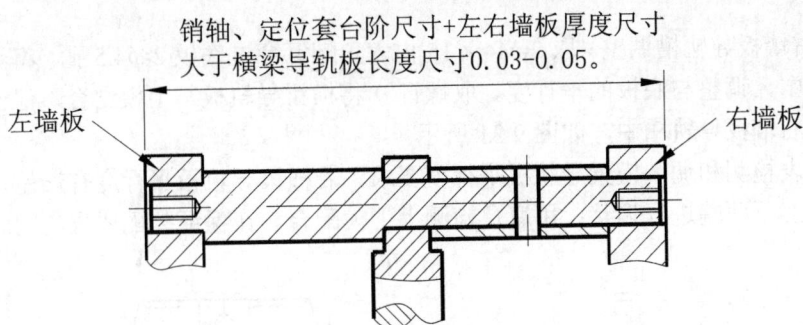

图 9-29

注意：

(1) 若所测尺寸大于横梁导轨板实际长度尺寸 0.05，应拆除定位销 22，修整定位套右端面至尺寸要求。

(2) 若所测尺寸小于横梁导轨板实际长度尺寸 0.03，在装配左右墙板时，应配入所需厚度的调整垫片。

(3) 调整压力杆与销轴之间的配合间隙，压力杆应轻松转动无阻滞现象，轴向窜动量控制在 0.2 以内。

3．机架装配

机架由底板和左右墙板装配组成，有较多装配基准面。因此，机架装配的优劣会影响整机的装配质量。

(1) 底板与墙板结合：把底板置于平板上，销轴定位套组合两端装入左右墙板 ϕ8H7 孔，内六角螺栓 4 穿过底板 4-ϕ5.5 孔与左右墙板 2-M5 螺孔旋合，旋合至墙板无松动有阻力即可，如图 9-30(b)所示。

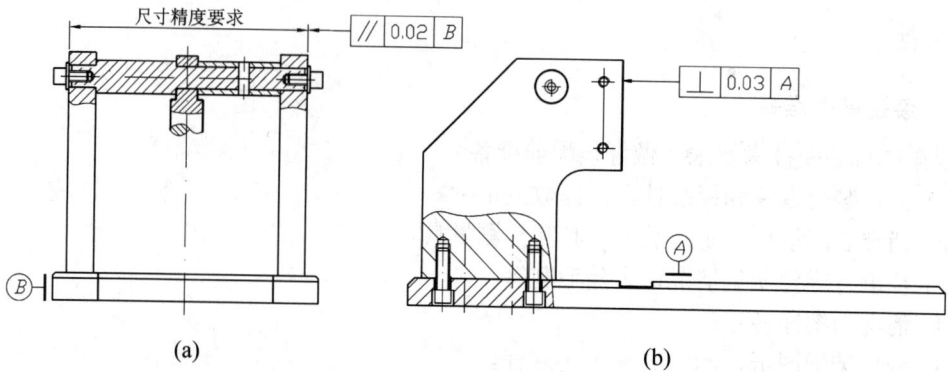

(a)　　　　　　　　　　　　　(b)

图 9-30

(2) 调整：

① 销轴定位套组合两端装上垫圈 5 和内六角螺栓 4。用角尺检测和调整左右墙板与底板的垂直度，用千分尺检测和调整左右墙板结合尺寸精度，用杠杆百分表检测和调整平行度。

② 左右墙板导轨槽调整。取 2-M4×15 内六角螺钉穿过底板 2-ϕ4.5 孔，将下模固定于底板定位槽中，调整与底板的平行度。取螺钉 9 将横梁导轨板与上模结合，保证平行度要求后置于左右墙板导轨槽中，如图 9-31 所示。

用百分表检测和调整横梁导轨板平行度要求，若横梁导轨板平行度有误差，用铜棒轻敲左右墙板上下两端进行调整；用塞尺检测上下模配合，在保证装配要求的同时逐步拧紧各固定螺钉。

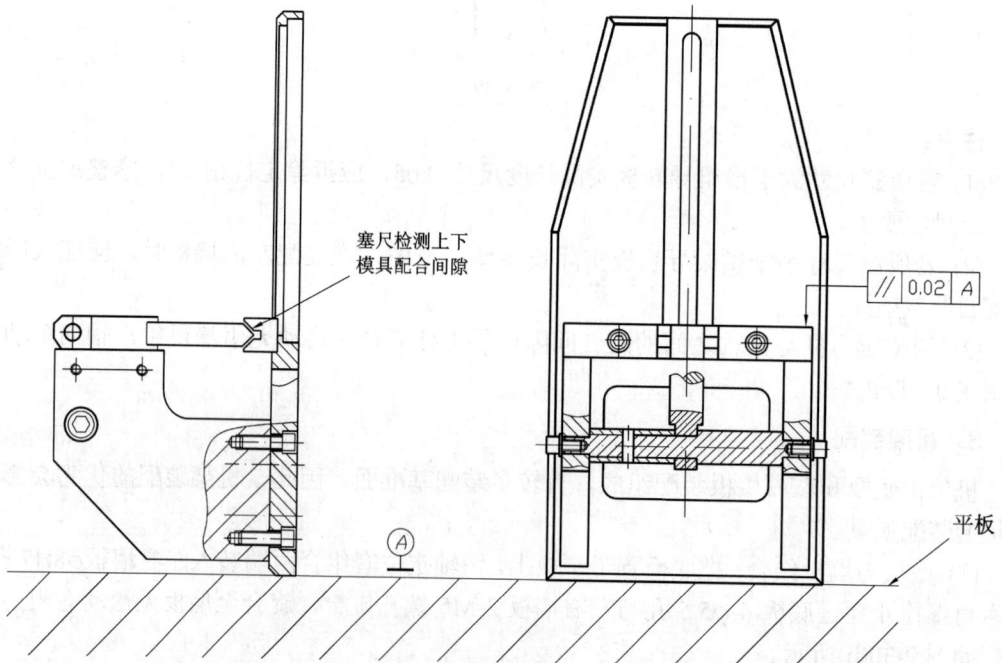

图 9-31

4. 横梁导轨板与导轨定位板的装配

(1) 取内六角螺栓 12 穿过弹簧定位板旋入左右墙板导轨面下端 M4 螺孔。

(2) 取圆柱销 15 将导向轮 7 配入横梁导轨板凸台槽中，装配后导向轮能转动。

(3) 取弹簧 10 配入横梁导轨板左右两端弹簧导向孔，将横梁导轨板置于左右墙板导轨槽内，调整弹簧另一端配入弹簧定位板的定位浅孔内。

(4) 取内六角螺栓 4、垫圈 5 将导轨定位板固定在左右墙板两侧的 2-M4 螺孔位置，旋合至导轨定位板无松动有阻力即可，如图 9-32 所示。

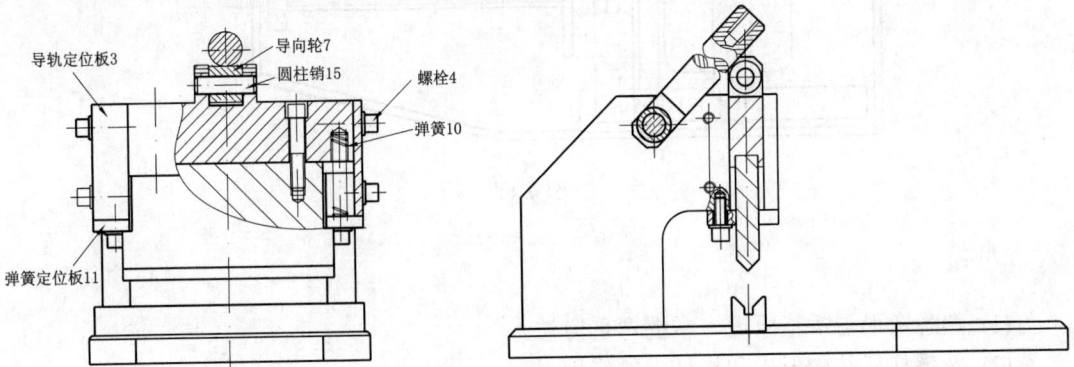

图 9-32

(5) 调整：

① 塞尺检测横梁导轨板和导轨压板之间的配合间隙，使之小于等于 0.05，逐步调整并拧紧内六角螺钉至要求。

② 拧紧弹簧定位板固定螺栓。

5. 尺寸定位架的装配

(1) 截取标尺长度尺寸 122 mm，在尺寸 117 mm 处钻φ4.5 孔，去毛刺，如图 9-33 所示。

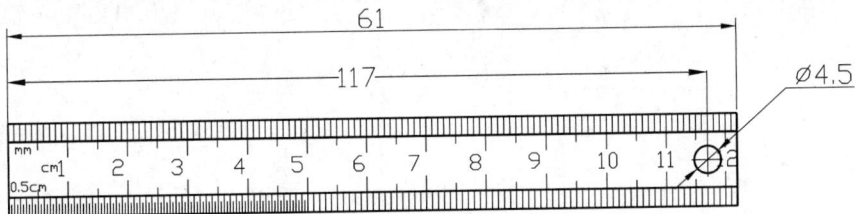

图 9-33

(2) 尺寸定位架 20 通过内六角螺钉 26 固定于滑动定位块 21 上，标尺的一端通过内六角螺钉 26 固定于尺寸定位架与滑动定位块之间，另一端通过标尺定位板 28 和螺钉 29 配合固定于底板尾端。

(3) 尺寸定位架装配后，标尺组合在底板移动槽中应能前后移动，标尺装配的起始尺寸为 15 mm，如图 9-34 所示。

6. 加力杆与构架装配

(1) 将加力杆一端螺纹 M6 旋入压力杆端面 M6 螺孔中并紧固，把 M6 胶木球安装于加力杆的另一端 M6 螺纹上。

(2) 将构架安装于横梁导轨板凸台两侧ϕ1.5 孔中，构架起限制压力杆绕销轴 13 反向摆动的作用，并便于提携。

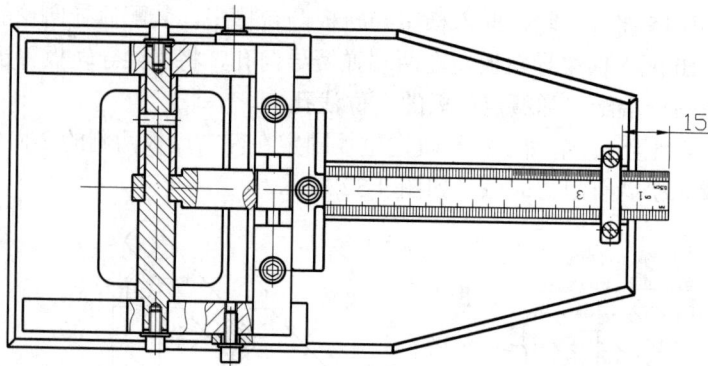

图 9-34

六、小结

(1) 熟悉弯形与矫正原理，掌握弯形方法。
(2) 熟悉杠杆结构形式和杠杆力的应用。
(3) 掌握机械操作基础，保证安全操作。
(4) 掌握折弯机装配工艺和检测调整方法。

项目十　平　口　钳

一、项目学习任务书

项目名称	平口钳		制作方法	按图纸要求综合制作
工作任务		知 识 要 求		能 力 要 求
1	项目学习与操作准备	・熟悉图纸、分析技术要求。 ・收集项目相关知识。 ・制订项目制作计划		・确定项目操作基本方法。 ・确定操作应用工、量具。 ・编制项目加工工艺规程
2	项目备料与实施操作	・确定项目备料尺寸要求。 ・确定应用设备、安全操作要求。 ・确定项目加工进度要求		・实施项目操作加工工艺。 ・掌握设备操作基本方法。 ・具备加工进度控制能力
3	项目装配检测与调试	・根据图纸要求,检测装配零件质量。 ・熟悉装配要求,分析装配工艺规程。 ・结合学习要求,总结操作质量情况		・有装配调整和检测质量分析能力。 ・有分析问题和解决问题的基本能力。 ・能正确评价学习与操作掌握程度
4	参考教材	・公差配合与技术测量(机械工业出版社) ・简明机械手册(湖南科学技术出版社) ・机械设计基础(机械工业出版社)		

二、平口钳

平口钳(见图 10-1)属于机床附件,是机械零件加工中的通用夹具。平口钳结构简单,操作方便,常用于中小零件的加工中。

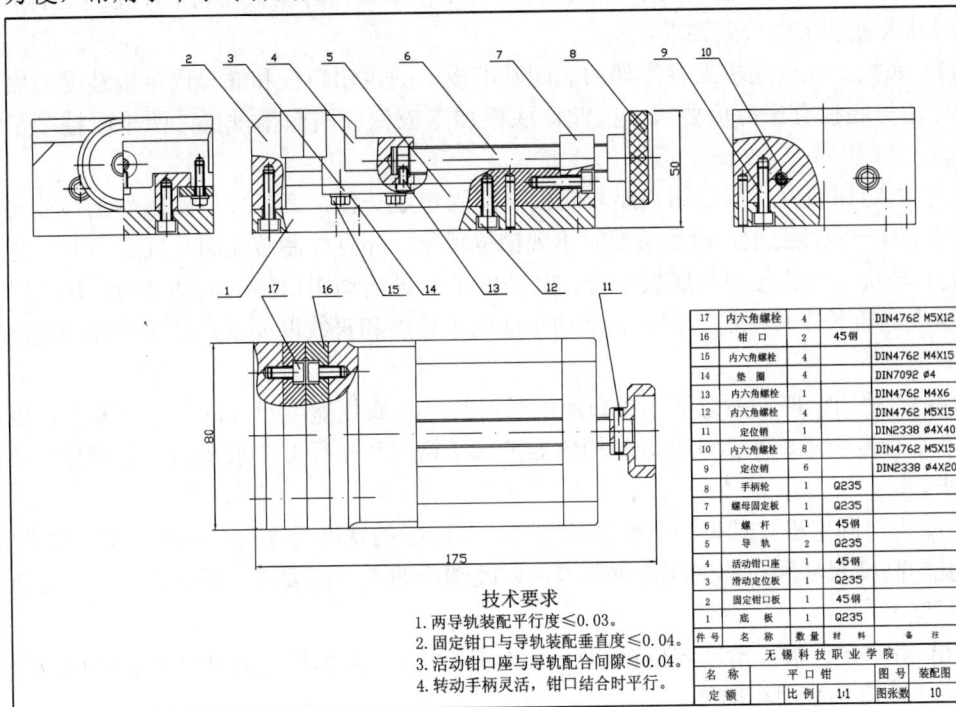

技术要求
1. 两导轨装配平行度≤0.03。
2. 固定钳口与导轨装配垂直度≤0.04。
3. 活动钳口座与导轨配合间隙≤0.04。
4. 转动手柄灵活,钳口结合时平行。

件号	名 称	数量	材料	备 注
17	内六角螺栓	4		DIN4762 M5X12
16	钳 口	2	45钢	
15	内六角螺栓	4		DIN4762 M4X15
14	垫 圈	4		DIN7092 Ø4
13	内六角螺栓	1		DIN4762 M4X6
12	内六角螺栓	4		DIN4762 M5X15
11	定位销	1		DIN2338 Ø4X40
10	内六角螺栓	8		DIN4762 M5X15
9	定位销	6		DIN2338 Ø4X20
8	手柄轮	1	Q235	
7	螺母固定板	1	Q235	
6	螺 杆	1	45钢	
5	导 轨	2	Q235	
4	活动钳口座	1	45钢	
3	滑动定位板	1	Q235	
2	固定钳口板	1	45钢	
1	底 板	1	Q235	

无锡科技职业学院

名 称		平 口 钳	图 号	装配图
定额		比例	1:1	图张数	10

图 10-1

1. 平口钳的特点

平口钳的适用性强、夹紧可靠，装夹不需调整或稍加调整即可适用一定范围内的各种工件。

2. 平口钳的结构

常用平口钳的结构以螺旋传动为主，传动形式有螺母位移和螺杆位移两种。螺杆位移结构的平口钳采用矩形平面导轨，全钢材料制作，螺栓紧定、圆柱销定位(见图10-1)。

当逆时针转动平口钳手柄轮 9 时，圆柱销 11 传递动力，带动螺杆 6 旋转；螺杆 6 在螺母固定板 7 螺纹孔内旋转产生位移。活动钳口座 4 与平面导轨 5 为间隙配合，限位螺栓 13 连接螺杆 6 和活动钳口座，使其能带动活动钳口座跟随螺杆作松开移动。顺时针转动手柄轮 9 时，活动钳口作夹紧移动功能。

3. 平口钳的组成

(1) 机架。机架由底板 1、固定钳口座 2、导轨 5 和螺母固定板 7 组成，用螺钉紧定、圆柱销定位。

(2) 传动机构。传动机构由手柄轮 9、定位销 11、螺杆 6 和螺母固定板 7 组成。因螺母固定板与机架组成一体，因此，螺杆旋转时可产生位移。

(3) 活动钳口座。活动钳口座 4 和滑动定位板 3 固定结合，与平面导轨 5 组成间隙配合，通过螺杆旋转带动其往复运动。

(4) 钳口 8 通过螺钉分别紧定在固定钳口座和活动钳口座内侧。

4. 平口钳制作分析

根据平钳口结构、技术要求和装配特点，制作平口钳时注意控制单件孔加工的基本要求、尺寸公差和形位公差要求。

(1) 底板。底板是机架各零件的装配基准板，固定钳口板和螺母固定板装配与底板垂直，导轨与底板有平行度要求。因此，底板加工应保证四面相垂直，两平面控制平行度要求。

(2) 固定钳口座。固定钳口座与底板装配固定成一体，其长度的实际加工尺寸与底板宽度尺寸有一致性要求，避免装配时出现错位现象，注意控制装配面垂直度和平行度。

(3) 导轨。导轨主要与底板结合，其功能是引导活动钳口座的运动方向。加工时注意控制两根导轨长度尺寸的一致性、滑动平面的平行度和直线度要求。装配时控制宽度尺寸的平行度。

(4) 活动钳口座。注意活动钳口座的长度尺寸与底板宽度尺寸的一致性要求，以及垂直度和平行度要求，重点注意导轨槽的加工尺寸精度和平行度要求及$\phi12$ 孔对称中心和深度要求。

(5) 螺母固定板。螺母固定板的长度尺寸与底板的宽度尺寸有一致性要求，注意 M12 螺纹孔的高度尺寸和对称中线位置要求，以及端面的垂直度要求。保证装配时与导轨之间的平行度。

(6) 滑动定位板。滑动定位板和活动钳口座结合，是保证导轨间隙的固定板，制作时要考虑平面度和表面粗糙度。

三、加工工艺分析

1. 备料及工、量具设备

平口钳备料单见表 10-1，平口钳制作所需的工、量具见表 10-2。

表 10-1　平口钳备料单

序号	零件名称	材料牌号	数量	坯料尺寸	型材规格
1	底板	Q235	1	80×10×150	80×10 扁钢
2	固定钳口座	45 钢	1	40×16×80	40×16 扁钢
3	滑动定位板	Q235	2	40×10×4	15×4 扁钢
4	活动钳口座	45 钢	1	40×30×80	40×30 方钢
5	导轨	Q235	2	16×16×120	16×16 扁钢
6	螺杆	45 钢	1	$\phi12\times112$	$\phi14$ 圆钢
7	螺母固定板	Q235	1	30×16×80	40×16 扁钢
8	钳口	50	2	20×8×80	20×8 扁钢
9	手柄轮	Q235	1	$\phi40\times20$	$\phi40$ 圆钢
10	内六角螺栓		4	M5×20	DIN4672
11	圆柱销		7	$\phi4h7\times20$	DIN2338
12	内六角螺栓		8	M5×16	DIN4672
13	内六角螺栓		1	M4×6	DIN4672
14	垫圈		4	$\phi4$	DIN7092
15	内六角螺栓		4	M4×12	DIN4672
16	内六角螺栓		4	M5×12	DIN4672

表 10-2　平口钳制作所需工具

序号	名称	规格	精度	数量	备注
1	高度游标卡尺	0～300	0.02 mm	1	
2	游标卡尺	0～150	0.02 mm	1	
3	刀口角尺	100×80		1	
4	千分尺	0～25、25～50、50～75、75～100	0.01 mm	各 1	
5	万能角度尺	0～320°	2′	1	
6	塞尺	0.02～1		1	
7	塞规	$\phi4$	H7	1	
8	锉刀	300、200	粗齿	各 1	
9	锉刀	150	细齿	1	
10	整形锉	$\phi5$		1 套	
11	麻花钻	$\phi3.3$、$\phi3.9$、$\phi4.2$、$\phi5.5$、$\phi10.5$		各 1	
12	钻头	倒角钻、Ø5 沉孔钻		各 1	

序号	名称	规格	精度	数量	备注
13	手用或机用铰刀	$\phi 4$	H7	1	
14	手用或机用丝锥	M4、M5、M12×1.5		各1	
15	铰杠	150、300		各1	
16	平口钳			1	
17	铜丝刷及毛刷			1	
18	手锤	1 kg		1	
19	铜棒			1	
20	划线工具	划针、钢尺、样冲		各1把	
21	锯弓、锯条、			1	
22	划线测量平板				
23	内六角扳手	4 mm		1	
24	钻床	台式			

2. 底板

底板及其技术要求见图10-2，其加工工艺见表10-3(读者自行填写)。

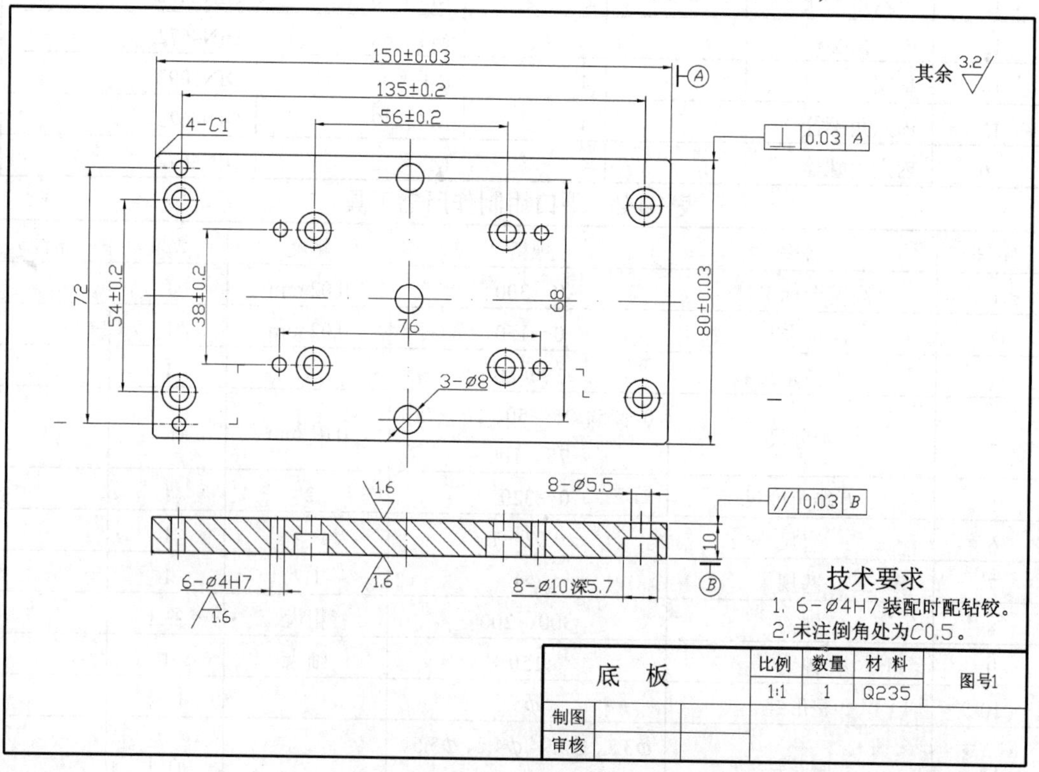

技术要求
1. 6-∅4H7 装配时配钻铰。
2. 未注倒角处为C0.5。

底 板	比例	数量	材料	图号1
	1:1	1	Q235	
制图				
审核				

图 10-2

表 10-3　底板加工工艺规程

机械加工工艺过程卡		产品名称				零件图号		共　页
						零件名称		第　页
材料牌号		毛坯种类		毛坯尺寸			件数	
工序	名称	工　序　内　容			设备	工艺装备	工　时	
							单件	准终

3．固定钳口座

固定钳口座及其技术要求见图 10-3，其加工工艺见表 10-4(读者自行填写)。

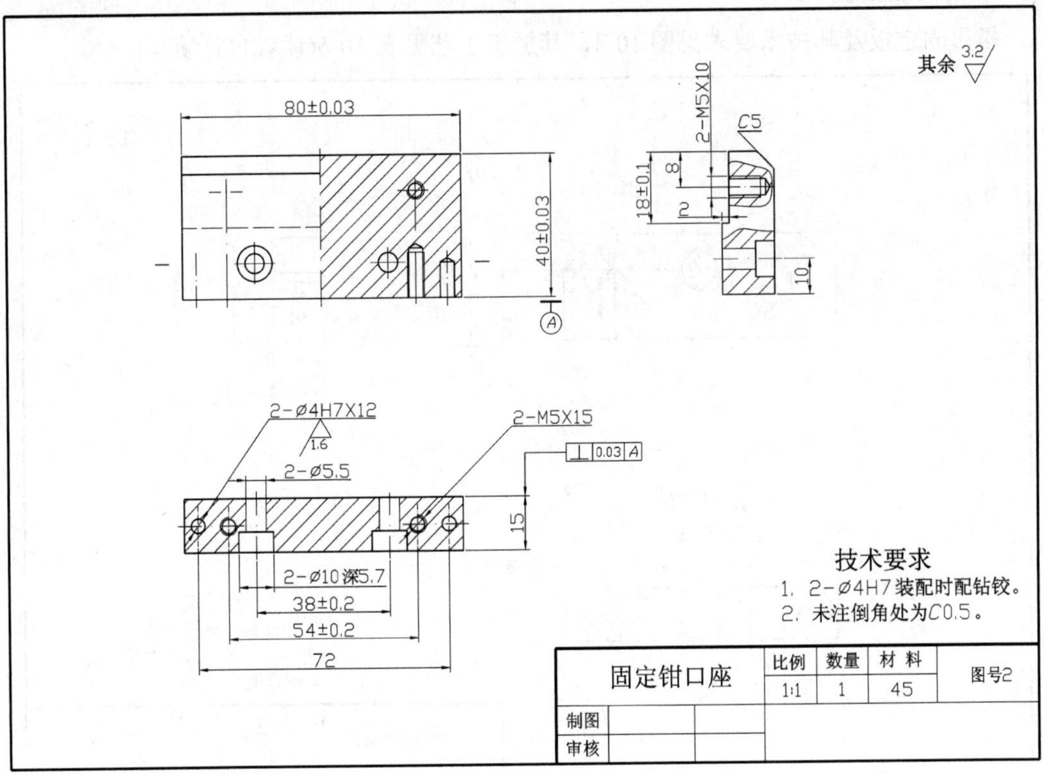

技术要求
1. 2-Ø4H7 装配时配钻铰。
2. 未注倒角处为 C0.5。

固定钳口座	比例	数量	材料	图号2
	1:1	1	45	
制图				
审核				

图 10-3

表 10-4　固定钳口座加工工艺规程

机械加工工艺过程卡		产品名称		零件图号			共　页
				零件名称			第　页
材料牌号		毛坯种类		毛坯尺寸		件数	
工序	名称	工　序　内　容	设备	工艺装备	工时		
					单件	准终	

4. 螺母固定板

螺母固定板及其技术要求见图 10-4，其加工工艺见表 10-5(读者自行填写)。

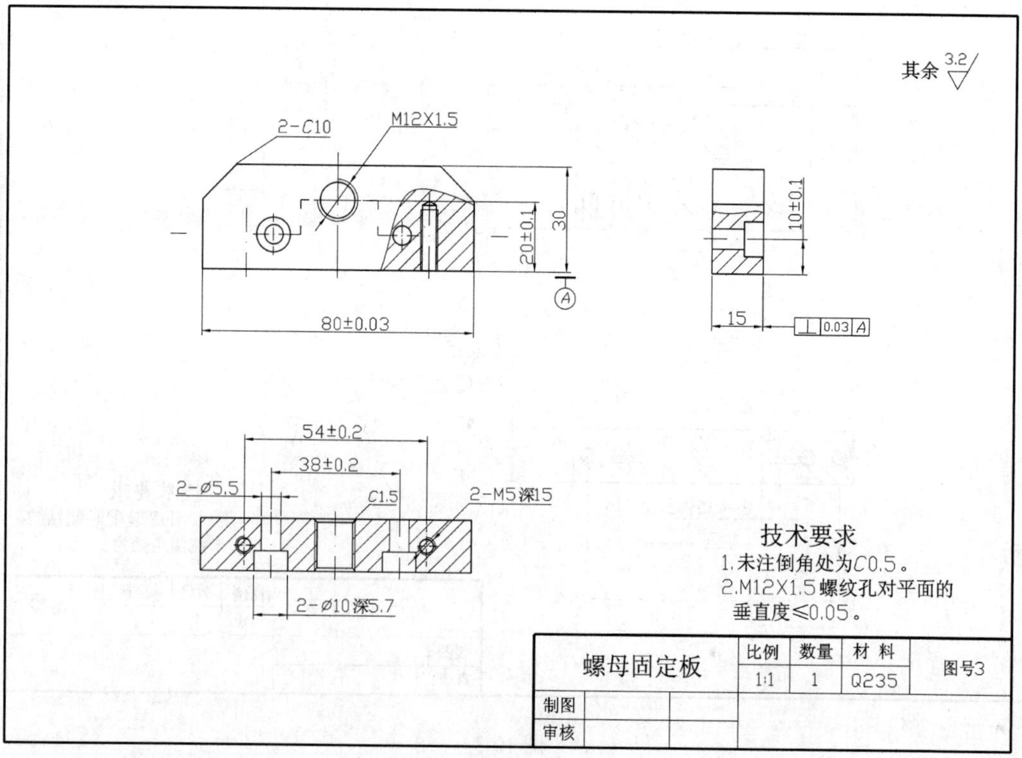

其余 3.2
2-C10
M12X1.5
30
20±0.1
A
80±0.03
10±0.1
15
⊥ 0.03 A
54±0.2
38±0.2
2-ø5.5
C1.5
2-M5深15
2-ø10深5.7
技术要求
1.未注倒角处为C0.5。
2.M12X1.5螺纹孔对平面的垂直度≤0.05。
螺母固定板
比例 数量 材 料
1:1 1 Q235
图号3
制图
审核

图 10-4

表 10-5　螺母固定板加工工艺规程

机械加工工艺过程卡	产品名称		零件图号		共　页	
			零件名称		第　页	
材料牌号		毛坯种类	毛坯尺寸		件数	
工序	名称	工　序　内　容	设备	工艺装备	工　时	
					单件	准终

5. 导轨

导轨及其技术要求见图 10-5，其加工工艺见表 10-6(读者自行填写)。

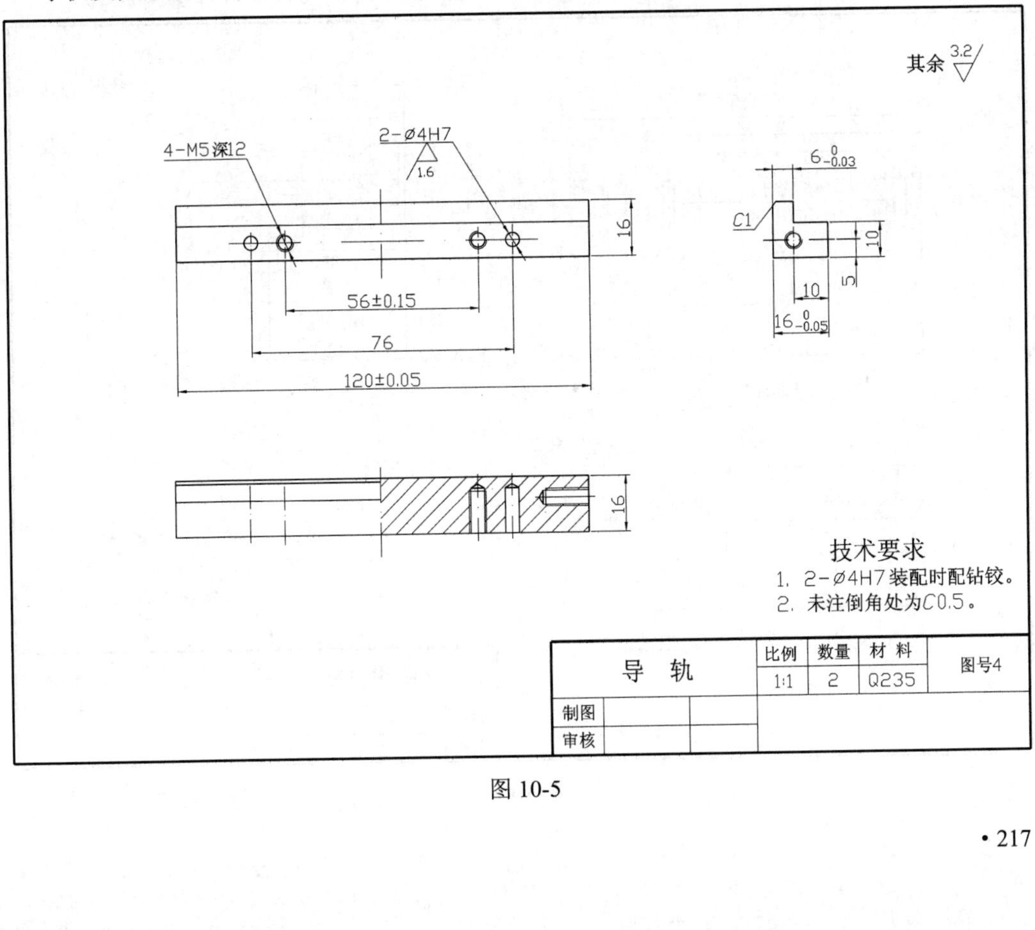

其余 3.2
4-M5深12
2-Ø4H7
1.6
16
56±0.15
76
120±0.05
16
C1
10
5
10
技术要求
1. 2-Ø4H7装配时配钻铰。
2. 未注倒角处为C0.5。
导　轨
比例
数量
材 料
1:1
2
Q235
图号4
制图
审核

图 10-5

表 10-6　导轨加工工艺规程

机械加工工艺过程卡		产品 名称				零件图号			共　页	
						零件名称			第　页	
材料牌号		毛坯种类		毛坯尺寸					件数	
工 序	名称	工　序　内　容				设备	工艺装备		工　时	
									单件	准终

6. 活动钳口座

活动钳口座及其技术要求见图 10-6，其加工工艺见表 10-7(读者自行填写)。

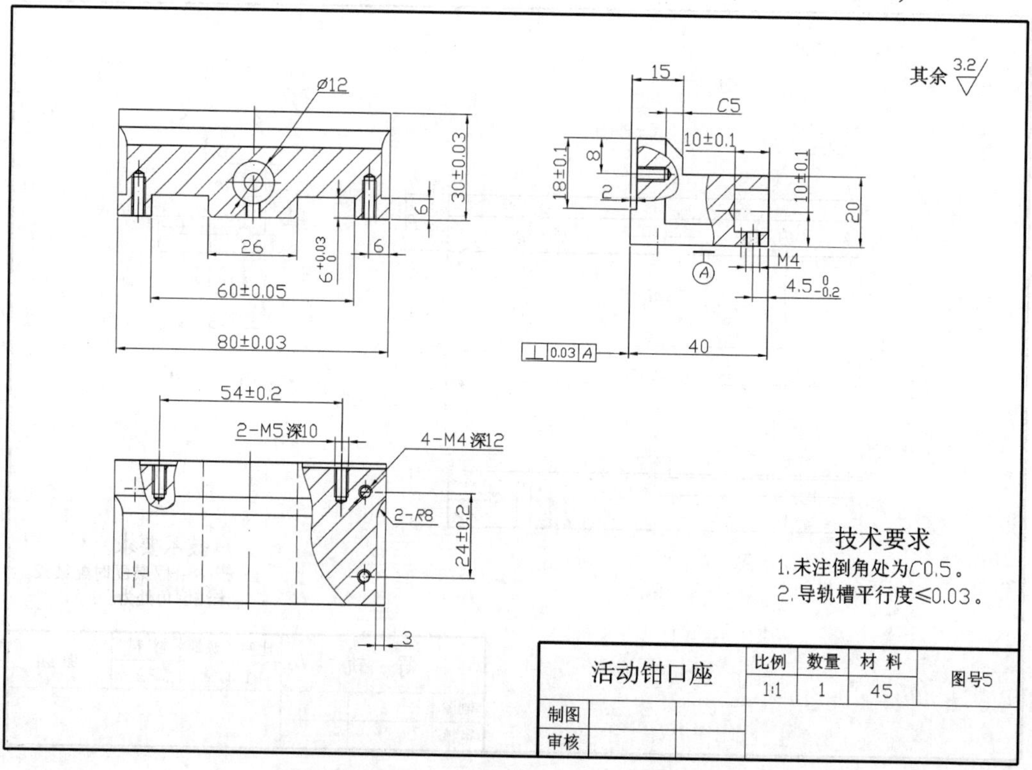

图 10-6

表 10-7　活动钳口座加工工艺规程

机械加工工艺过程卡		产品名称		零件图号		共　页
				零件名称		第　页
材料牌号		毛坯种类		毛坯尺寸		件数
工序	名称	工　序　内　容	设备	工艺装备	工　时	
					单件	准终

7．滑动定位板

滑动定位板及其技术要求见图 10-7，其加工工艺见表 10-8(读者自行填写)。

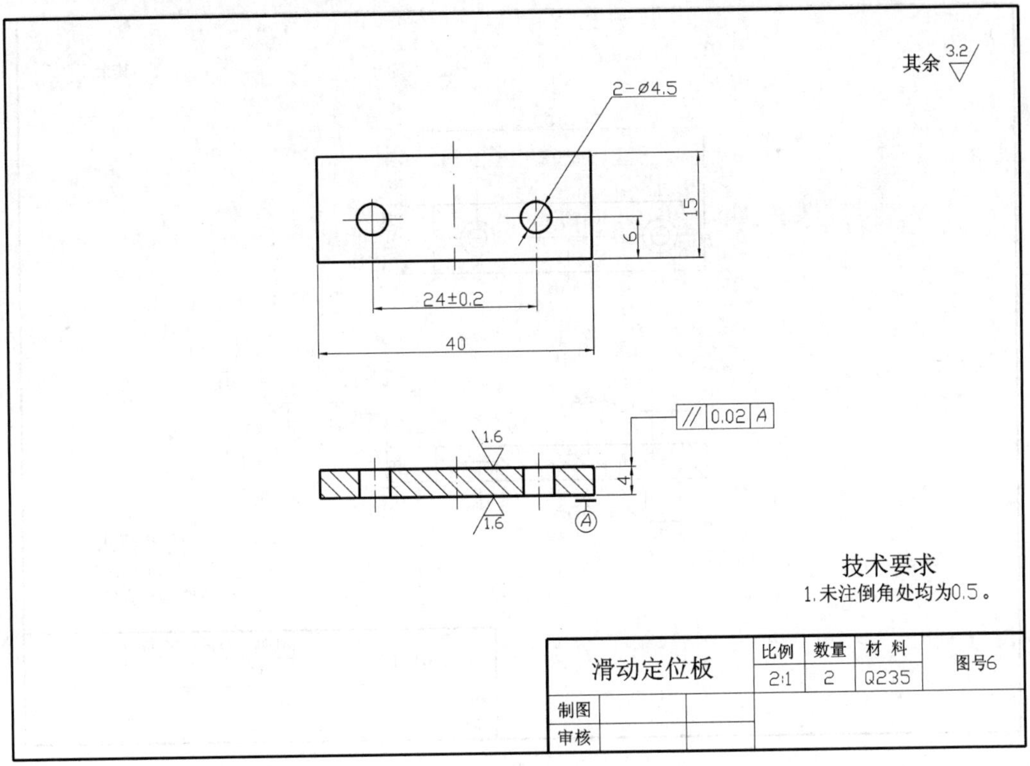

其余 3.2
2-ø4.5
15
6
24±0.2
40
// 0.02 A
1.6
4
1.6
A
技术要求
1.未注倒角处均为0.5。
滑动定位板
比例
数量
材 料
2:1
2
Q235
图号6
制图
审核

图 10-7

表 10-8 滑动定位板加工工艺规程

机械加工工艺过程卡		产品 名称				零件图号		共　页	
						零件名称		第　页	
材料牌号		毛坯种类		毛坯尺寸				件数	
工 序	名称	工　序　内　容				设备	工艺装备	工　时	
								单件	准终

8. 钳口

钳口及其技术要求见图 10-8，其加工工艺见表 10-9(读者自行填写)。

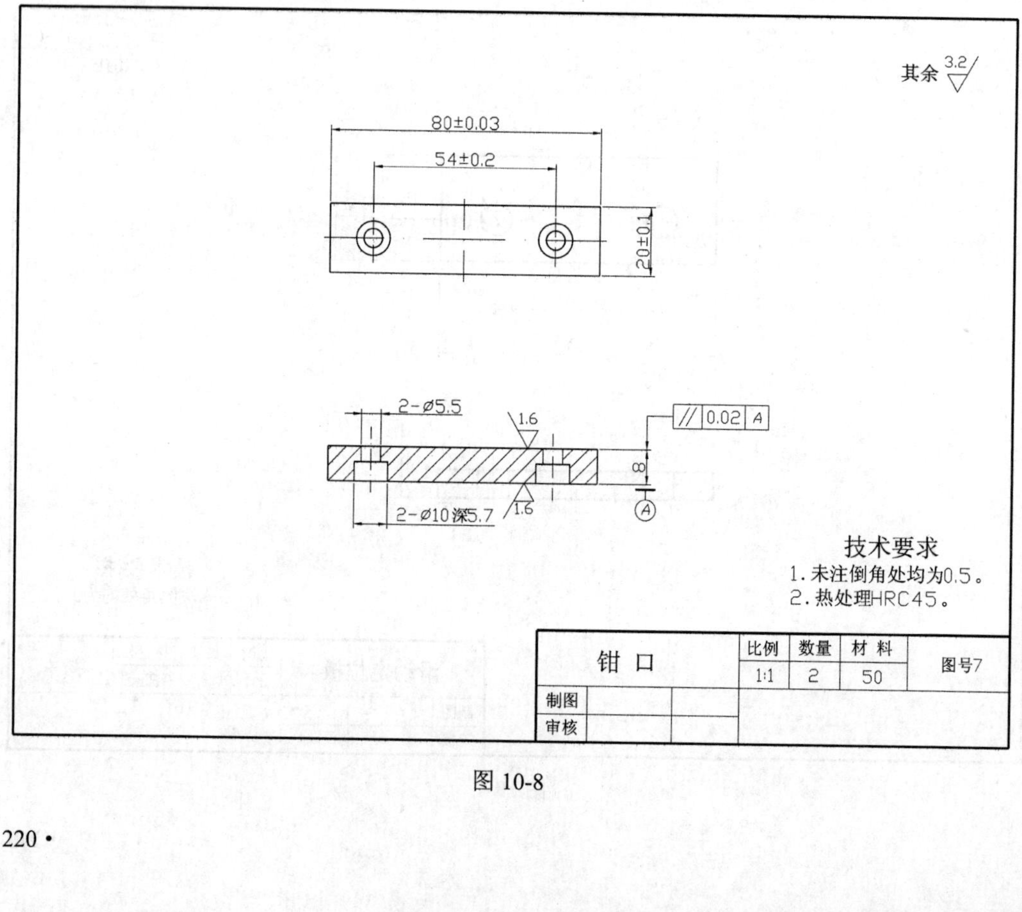

图 10-8

表 10-9　钳口加工工艺规程

机械加工工艺过程卡		产品名称		零件图号		共　页
				零件名称		第　页
材料牌号		毛坯种类	毛坯尺寸		件数	
工序	名称	工　序　内　容	设备	工艺装备	工时	
					单件	准终

9．螺杆

螺杆及其技术要求见图 10-9，其加工工艺见表 10-10(读者自行填写)。

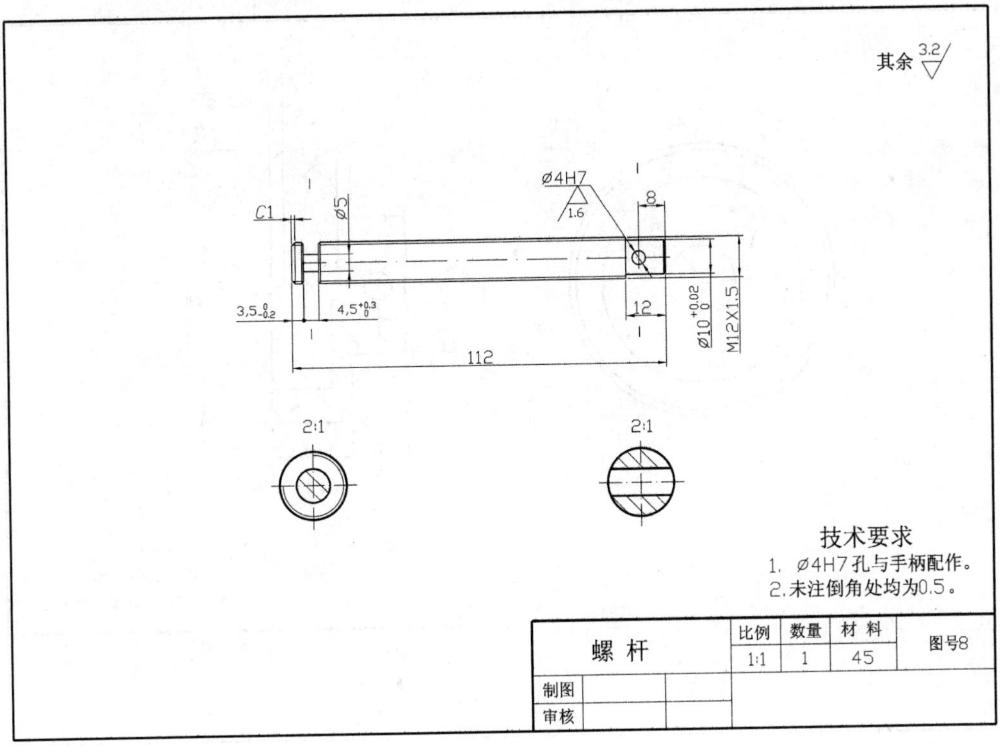

其余 3.2
Ø4H7
1.6
8
C1
Ø5
3,5-0.2
4,5+0.3
12
Ø10+0.02
M12X1.5
112
2:1
2:1
技术要求
1. Ø4H7孔与手柄配作。
2.未注倒角处均为0.5。
螺 杆
比例
数量
材 料
1:1
1
45
图号8
制图
审核

图 10-9

表 10-10　螺杆加工工艺规程

机械加工工艺过程卡		产品名称				零件图号			共　页	
						零件名称			第　页	
材料牌号		毛坯种类		毛坯尺寸				件数		
工序	名称	工　序　内　容				设备	工艺装备		工　时	
									单件	准终

10．手柄

手柄及其技术要求见图 10-10，其加工工艺见表 10-11(读者自行填写)。

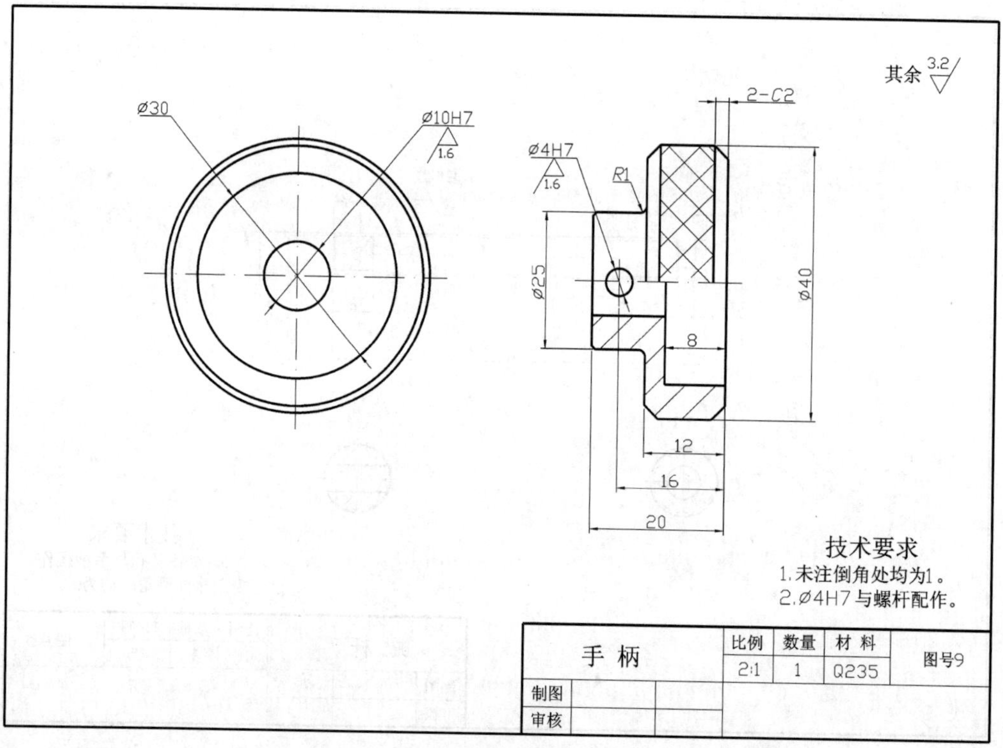

技术要求
1.未注倒角处均为1。
2.∅4H7与螺杆配作。

图 10-10

表 10-11　手柄加工工艺规程

机械加工工艺过程卡		产品 名称				零件图号			共　页
						零件名称			第　页
材料牌号		毛坯种类		毛坯尺寸				件数	
工序	名称	工　序　内　容				设备	工艺装备	工　时	
								单件	准终

四、小结

(1) 项目制作前，分析图纸，熟悉加工方法，编制零件加工工艺。

(2) 零件制作时，熟悉其加工特点与作用，以利于保证加工质量。

(3) 根据装配工艺过程，做好每项装配工作，保证项目装配质量。

(4) 配作定位销时，先要检测调整装配间隙要求和形位公差要求。

参 考 文 献

[1]　蒋增福. 钳工工艺与技能训练. 北京：中国劳动社会出版社，2003
[2]　杨昌义. 极限配合与测量技术基础. 北京：中国劳动社会出版社，2007
[3]　陈刚. 杨举銮. 钳工. 北京：中国劳动社会出版社，2004
[4]　张绍甫. 吴善元.机械基础. 北京：高等教育出版社，1994
[5]　姜波. 钳工工艺学. 北京：中国劳动社会出版社，2005
[6]　杜永亮. 手工工具零件加工. 北京：北京邮电大学出版社，2012
[7]　徐茂功. 公差配合与技术测量. 北京：机械工业出版社，2012
[8]　李炜新. 金属材料与热处理. 北京：机械工业出版社，2007
[9]　乌尔里希·菲舍尔等. 简明机械手册. 长沙：湖南科学技术出版社，2010
[10]　陈长生. 机械基础. 北京：机械工业出版社，2010
[11]　陈成，崔业军. 机械零件加工. 西安：西安电子科技大学出版社，2014